TRAINING Grundwissen
MATHEMATIK

Alfred Müller

Geometrie 9. Klasse

Aufgaben mit Lösungen

STARK

Bildnachweis

Umschlagbild: Peter Kornherr, Dorfen

S. 39 u. 55: alpha, 24 (1990) 3, Volk und Wissen, Berlin; S. 56 u. 166: Konrad Weller, Industrielle Fertigung und Anwendung von Montagebauweisen, Kohlhammer Verlag, Stuttgart 1989, S. 89; S. 63: alpha, 12 (1988) 3, Volk und Wissen, Berlin, Titelblatt von W. Fahr, Berlin; S. 71: Deutsches Museum, München; S. 92: Time Life International; S. 95: Marianne Meyer, Meinhard; S. 113: Gyorgy Kepes, Ed. La Connaissance, Brüssel 1969

ISBN-13: 978-3-89449-254-0
ISBN-10: 3-89449-254-6

D-85318 Freising · Postfach 1852 · Tel. (08161) 1790

Inhalt

Pyramide

Anhang

Die Text-Passagen dieses Buches sind nach den Regeln der neuen deutschen Rechtschreibung abgefasst.

Autor: Alfred Müller

Vorwort

Liebe Schülerin, lieber Schüler,

der Mathematikstoff der 9. Klasse ist wieder zweigeteilt in Algebra und Geometrie. Während die Algebra sich besonders mit den quadratischen Funktionen auseinander setzt, dringt die Geometrie neu in folgende Gebiete ein: zentrische Streckung als Ähnlichkeitsabbildung und Strahlensatz, Satzgruppe des Pythagoras sowie die Pyramide in der Raumgeometrie. Wie in den beiden Vorjahren verlangt die Geometrie neben der mathematischen Exaktheit im logischen Denken, eine große Exaktheit in der Ausführung von Konstruktionen. Auch wenn diese immer mehr durch Berechnungen zurückgedrängt werden, benötigst du nicht nur gutes und gepflegtes „Handwerkszeug", sondern auch den Willen, die geforderte Genauigkeit zu erbringen.

Dieses Buch „Mathematik Training, Geometrie 9. Klasse" will dir helfen, dass du dich auch in diesem Jahr in Geometrie gut zurechtfindest.

- Jeder Abschnitt beginnt mit Erklärungen und Regeln, durch die in übersichtlicher und kompakter Weise das notwendige **Grundwissen** vermittelt wird. Daran schließen sich vollständig ausgearbeitete **Beispiele** an.
- Charakteristische und häufig umfangreichere **Übungsaufgaben** mit mehreren Teilaufgaben ermöglichen **individuelles Üben**. Zu allen Aufgaben sind die **Lösungen** ausführlich vorgerechnet. Die Zeichnungen im Lösungsteil sind meist im Maßstab 1 : 1 gezeichnet, damit du deine Zeichnungen über die im Buch legen und so vergleichen kannst.
- Neben dem Unterricht kannst du das Buch zur **Wiederholung und Festigung** des Lehrstoffs einsetzen.
- Du kannst dich damit auch gezielt auf **Klassen- bzw. Schularbeiten** vorbereiten.

Ich wünsche dir viel Spaß und Erfolg in Geometrie!

Alfred Müller

Ich danke meinen Fachkollegen vom Gymnasium Casimirianum Coburg, die mir freundlicherweise Aufgaben überlassen haben, sowie Herrn Johannes Stark, der mir sein Buch zur zentrischen Streckung zur Verfügung gestellt hat.

Zentrische Streckung und Ähnlichkeit

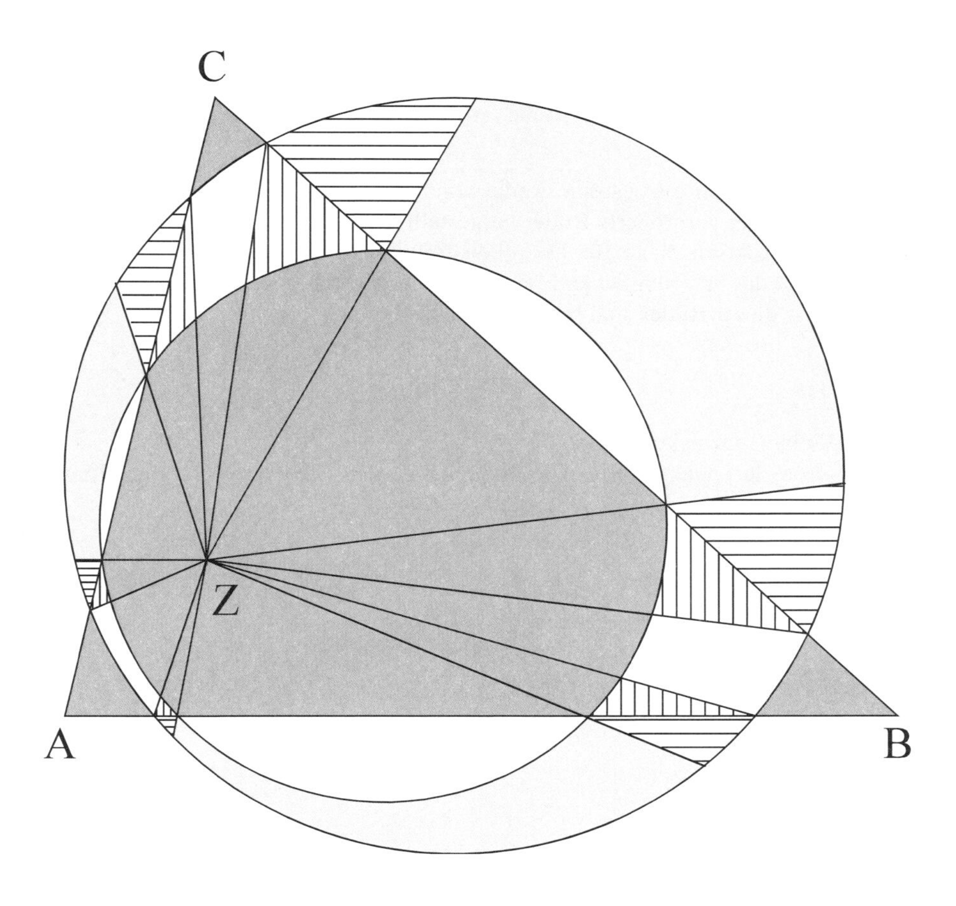

Alle Strahlen quellen aus dem Zentrum Z und bewirken die Abbildung auf ähnliche Figuren, z. B. wird der innere Kreis auf dem äußeren Kreis abgebildet. Für die Inhalte gleich gezeichneter Flächen gibt es interessante Zusammenhänge.

1 Zentrische Streckung

1.1 Definition der zentrischen Streckung

In der 7. und 8. Klasse wurden Kongruenzabbildungen der Ebene, d. h. längen- und winkeltreue Abbildungen besprochen. Figur und Bildfigur haben dieselbe Größe und dieselbe Gestalt (siehe auch Wiederholung im Anhang dieses Buches).

Im täglichen Leben gibt es eine Reihe von Vorgängen, bei denen von Figuren verkleinerte oder vergrößerte Bilder hergestellt werden, z. B. Fotografieren, Baupläne, Konstruktionspläne für Detailkonstruktionen, Diaprojektion. Die Bilder stimmen mit der ursprünglichen Figur nur in der Gestalt überein. Beteiligt an der Herstellung dieser Bilder sind häufig optische Geräte.

Beispiele:

1. Schattenprojektion
   Von der punktförmigen Lichtquelle Z, dem Zentrum Z, gehen Lichtstrahlen aus.

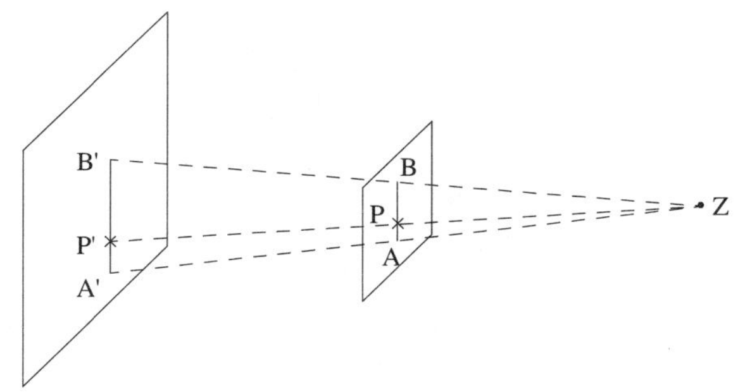

2. Projektion mit Hilfe einer Linse
   Von einem beleuchteten Dia gehen Strahlen aus, die in der punktförmig zu denkenden Linse, dem Zentrum Z, gesammelt und von dort auf einen Schirm projiziert werden.

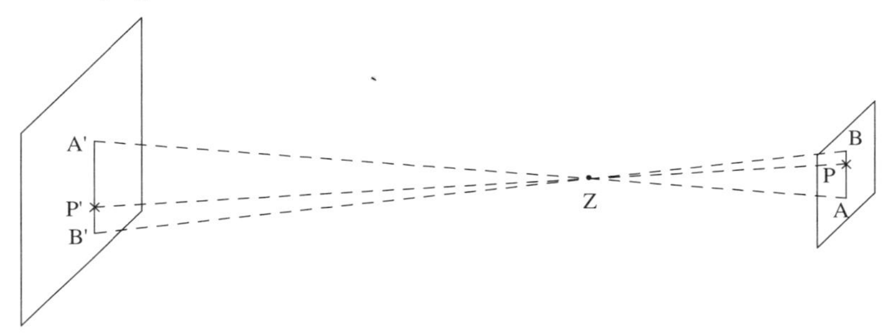

Bei beiden Projektionsarten wird nicht nur der Punkt A auf den Punkt A' und der Punkt B auf den Punkt B' abgebildet, sondern alle Punkte der Strecke [AB] werden auf Punkte der Strecke [A'B'] abgebildet.

Verbindet man z. B. den Originalpunkt A mit seinem Bildpunkt A' und dem Zentrum Z, so entsteht eine Gerade. Es gilt immer: **Originalpunkt P und Zentrum Z liegen auf einer Geraden**.

Ferner sieht man aus den beiden Bildern mit einer Verdoppelung der Bildgröße: Die Entfernung $\overline{ZP'}$ ist zweimal so groß wie die Entfernung $\overline{ZP}$. Bei m-facher Vergrößerung der Bildgröße ist die Entfernung $\overline{ZP'}$ m-mal so groß wie die Entfernung $\overline{ZP}$. Dabei gilt:
m ist **positiv** ($m > 0$), falls wie im Beispiel 1 (Schattenprojektion) das Zentrum Z **außerhalb** der Strecke [AA'] liegt und damit Strecke [AB] und Bildstrecke [A'B'] gleiche Richtung besitzen.
m ist **negativ** ($m < 0$), falls wie im Beispiel 2 (Diaprojektion) das Zentrum Z **innerhalb** der Strecke [AA'] liegt und damit Strecke [AB] und Bildstrecke [A'B'] umgekehrte Richtung besitzen.

Damit erhält man folgende **Abbildungsvorschrift** für die neue Abbildung **zentrische Streckung**:

Bei der **zentrischen Streckung** mit dem Streckzentrum Z und dem Streckfaktor m wird jedem Punkt P der Ebene ein Bildpunkt P' wie folgt zugeordnet:

1. Z ist der einzige Fixpunkt der Abbildung, d. h. für P = Z gilt: P' = P.
2. Falls $P \neq Z$: P und P' bestimmen eine Gerade durch Z mit $\overline{ZP'} = |m| \cdot \overline{ZP}$. Für $m > 0$ liegt das Zentrum außerhalb, für $m < 0$ innerhalb der Strecke [PP'].

Bezeichnung:

$S_{Z;\,m}$: P → P': Die zentrische Streckung mit dem Zentrum Z und dem Abbildungsfaktor m bildet den Punkt P auf den Punkt P' ab.

Andere Schreibweisen:
S (Z; m): P → P' oder P (Z; m) P'

Anwendung:

1. Grundkonstruktion

Konstruiere den Bildpunkt P' des Punktes P bei der zentrischen Streckung $S_{Z;\,m}$ mit m = 2:

Gegeben:

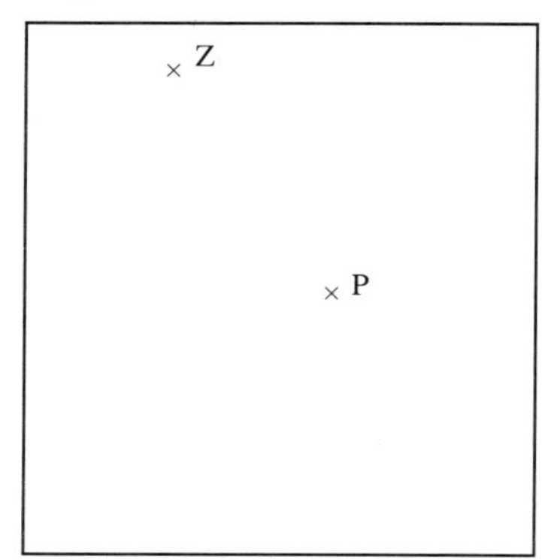

Lösung:

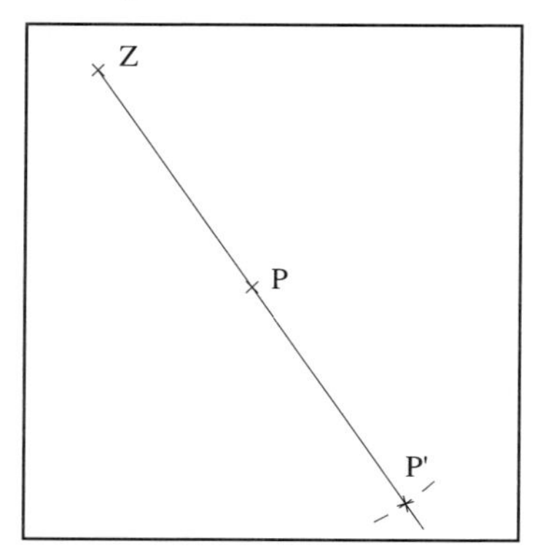

Der Bildpunkt P' liegt auf der Geraden ZP rechts von P so, dass $\overline{ZP'} = 2\,\overline{ZP}$ gilt, d. h. die Strecke $\overline{ZP'}$ ist doppelt so lang wie die Strecke $\overline{ZP}$.

2. Grundkonstruktion

Konstruiere den Bildpunkt P' des Punktes P bei der zentrischen Streckung $S_{Z;\,m}$ mit m = –2:

Gegeben:

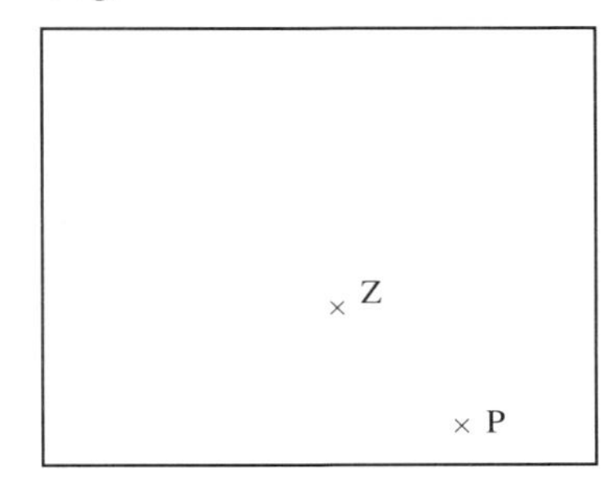

Lösung:

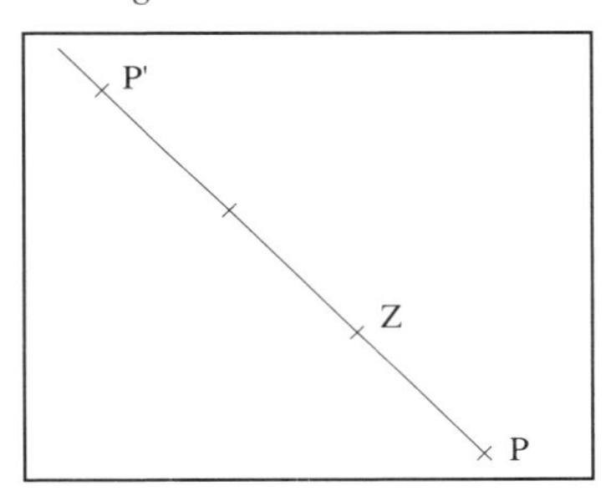

Der Bildpunkt P' liegt auf der Geraden ZP links von Z so, dass $\overline{ZP'} = 2\overline{ZP}$ gilt, d. h. die Strecke $\overline{ZP'}$ ist doppelt so lang wie die Strecke $\overline{ZP}$.

Aufgaben

1. Zeichne ein selbstgewähltes Beispiel für eine zentrische Streckung $S_{Z;\,-1}$. Wie heißt diese Abbildung auch noch?

2. Ermittle jeweils den Bildpunkt P' bei der Abbildung $S_{Z;\,m}$ für

a) Z (2 | 5), m = 3, P (4 | 4)

b) Z (4 | 2), m = 2, P (1 | 1)

c) Z (9 | 1), m = 1,5, P (5 | 3)

d) Z (5 | 3), m = –2,5, P (7 | 1)

1.2 Eigenschaften der zentrischen Streckung

Abbildung einer Strecke

Beispiele:

1. Die Strecke [AB] mit A (1 | 2), B (3 | 1) soll durch zentrische Streckung mit dem Faktor m = –1,5 vom Zentrum Z (3 | 3) aus gestreckt werden.

   Lösung:
   Die Bildstrecke [A'B'] wird festgelegt durch die Bildpunkte A' und B', die nach der 2. Grundkonstruktion konstruiert werden.

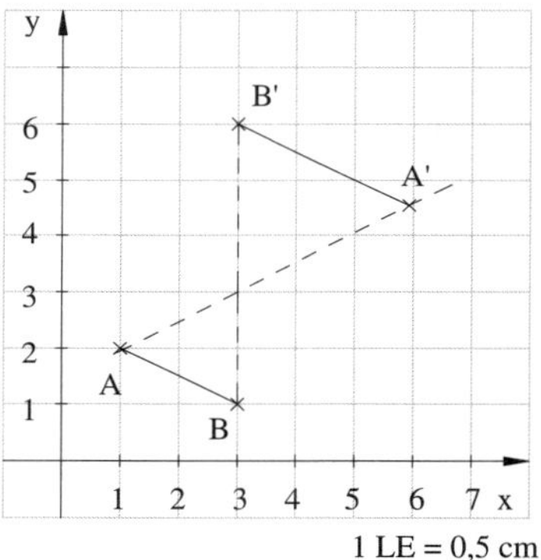

1 LE = 0,5 cm

2. Die Strecke [AB] mit A (3 | 1), B (8 | 2) soll durch zentrische Streckung mit dem Faktor m = $\frac{1}{2}$ vom Zentrum Z (3 | 6) gestreckt werden.

   Lösung:
   Die Bildstrecke [A'B'] wird durch die Punkte A' und B' festgelegt. Diese werden nach der 1. Grundkonstruktion konstruiert.

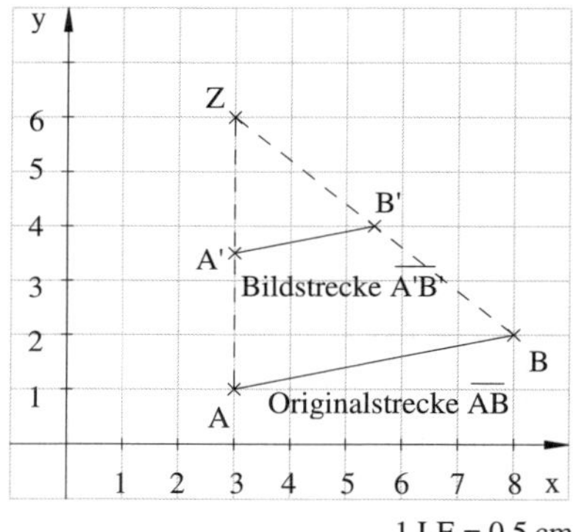

1 LE = 0,5 cm

Es gilt stets:

> Die zentrische Streckung $S_{Z;\,m}$ bildet jede Strecke auf eine dazu **parallele** Strecke ab, die die **|m|-fache Länge** der ursprünglichen Strecke besitzt.

Für $-1 < m < 1$ ($|m| < 1$) ergibt sich eine Verkleinerung, für $m < -1$ oder $m > 1$ ($|m| > 1$) eine Vergrößerung.

Folgerung: Gerade und **Bildgerade** sind bei einer zentrischen Streckung parallel. Geraden durch Z werden auf sich selbst abgebildet.

Übersicht: Originalstrecke [AB] wird mit verschiedenen Faktoren m am Zentrum Z gestreckt.

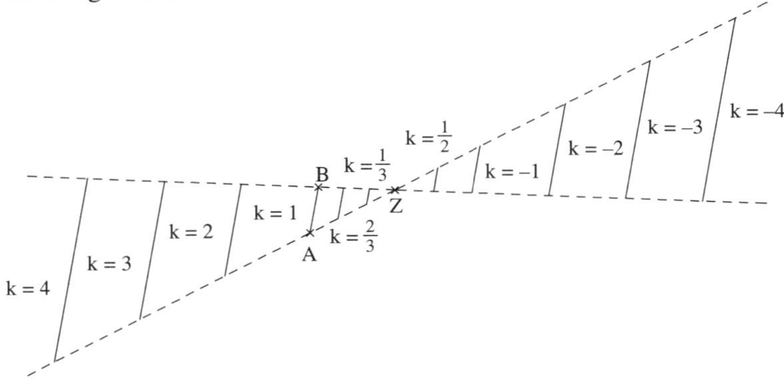

Aufgaben

3. Konstruiere jeweils die Bildstrecke [A'B'] für

a) A (3|5), B (9|1), Z (9|7), $m = \frac{1}{2}$

b) A (1|5), B (6|3), Z (1|0), $m = -\frac{1}{2}$

4. Konstruiere jeweils das Bilddreieck A'B'C' für

a) A (7|4), B (7|7), C (1|7), Z (1|1), $m = -\frac{1}{3}$

b) A (0|2), B (0|–1), C (–3|0), Z = A, $m = -\frac{3}{2}$

c) A (1|1), B (4|1), C (4|3), Z (5|4), $m = -1$

Inverse Abbildung

Wegen $\overline{ZP'} = m \cdot \overline{ZP} \Rightarrow \overline{ZP} = \frac{1}{m} \cdot \overline{ZP'}$ gilt:

$S_{Z;\,m}: P \to P' \Rightarrow S_{Z;\,\frac{1}{m}}: P' \to P$

> Die zentrische Streckung $S_{Z;\,m}$ wird durch die zentrische Streckung $\mathbf{S_{Z;\,\frac{1}{m}}}$ rückgängig gemacht.

Beispiel:

Gib die Abbildung $S_{Z';\,m'}$ an, die die zentrische Streckung $S_{Z;\,-\frac{1}{2}}$ rückgängig macht.

Lösung:

Es gilt $Z' = Z$; $m' = \frac{1}{m} = \frac{1}{-\frac{1}{2}} = -2$

Aufgaben

5. Gib jeweils die Umkehrabbildung an:

a) $S_{Z;\,2}: A \to A'$

b) $S_{Z;\,-\frac{1}{3}}: [BC] \to [B'C']$

c) $S_{Z;\,2{,}5}: \Delta ABC \to \Delta A'B'C'$

d) $S_{Z;\,-5}: R \to R'$

6. Die zentrische Streckung $S_{C;\,-2}: [AB] \to [DE]$ soll durch die zentrische Streckung $S_{Z;\,m}: [DE] \to [AB]$ rückgängig gemacht werden. Bestimme Z und m.

Winkeltreue Abbildung

Wegen [AB] || [A'B'] und [BC] || [B'C'] gilt:

$\alpha = \alpha'$

$$\left.\begin{array}{l}\beta_1 = \beta'_1 \\ \beta_2 = \beta'_2\end{array}\right\} \beta = \beta_1 + \beta_2 = \beta'_1 + \beta'_2 = \beta'$$

$\gamma = \gamma'$

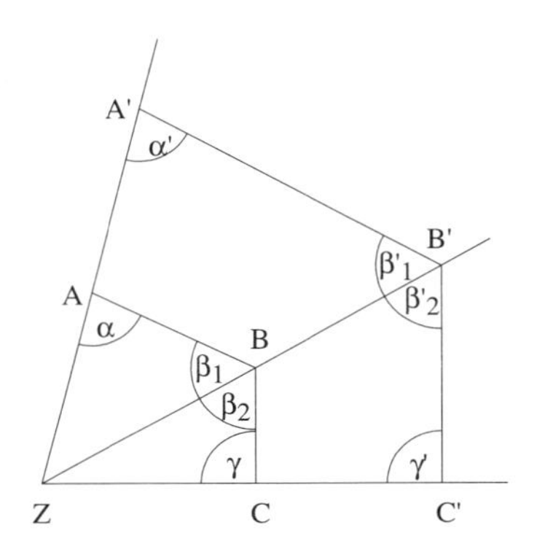

Die zentrische Streckung ist eine (gleichsinnig) winkeltreue Abbildung.

Beispiel:

Das Dreieck ABC mit c = 4 cm, $\alpha = 60°$, $\beta = 75°$ wird durch eine zentrische Streckung $S_{Z;\,1,5}$ auf ein Dreieck A'B'C' abgebildet. Bestimme die Länge der Strecke c' sowie die Größe der Winkel.

Lösung:

$c' = |m| \cdot c = 1{,}5 \cdot 4 \text{ cm} = 6 \text{ cm}$

$\alpha' = \alpha = 60°,\ \beta' = \beta = 75°,\ \gamma' = \gamma = 180° - 135° = 45°$

Aufgaben

7. Zeige: Bei jeder zentrischen Streckung ist das Bild der Winkelhalbierenden eines Dreiecks wieder Winkelhalbierende.
Warum gilt dies auch für Höhen, Seitenhalbierende, Mittelsenkrechte, Mittelparallele?

8. Welches Bild hat bei einer zentrischen Streckung $S_{Z;\,m}$ ein

a) gleichseitiges Dreieck
b) rechtwinkliges Dreieck
c) gleichschenkliges Dreieck
d) Rechteck
e) Quadrat
f) Parallelogramm?

Verhältnistreue der Abbildung

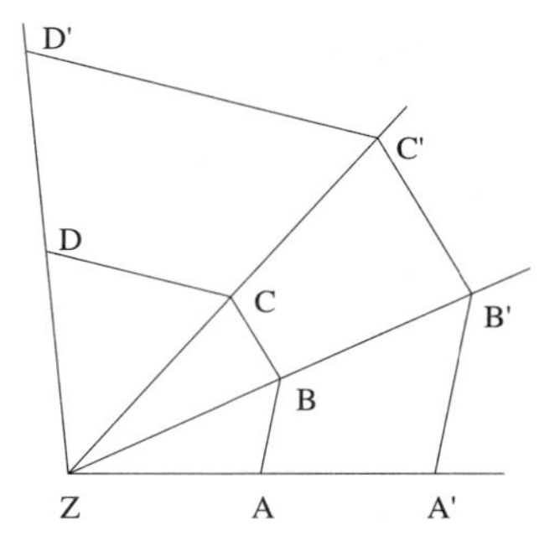

Wegen $\overline{A'B'} = m \cdot \overline{AB}$, $\overline{B'C'} = m \cdot \overline{BC}$, $\overline{C'D'} = m \cdot \overline{CD}$ gilt:
$\overline{A'B'} : \overline{B'C'} : \overline{C'D'} = \overline{AB} : \overline{BC} : \overline{CD}$

Die zentrische Streckung $S_{Z;\,m}$ ist eine **verhältnistreue** Abbildung, d. h. das Verhältnis der Längen von Strecken bleibt bei der zentrischen Streckung erhalten.

Folgerungen: Der Mittelpunkt M einer Strecke [AB] wird bei der zentrischen Streckung $S_{Z;\,m}$ auf den Mittelpunkt M' der Bildstrecke [A'B'] abgebildet.
Ein Kreis mit Radius r wird bei der zentrischen Streckung $S_{Z;\,m}$ auf einen Kreis mit dem Radius $r' = |m| \cdot r$ abgebildet.

Beispiel:

Berechne die Länge x aus der nebenstehenden Figur.

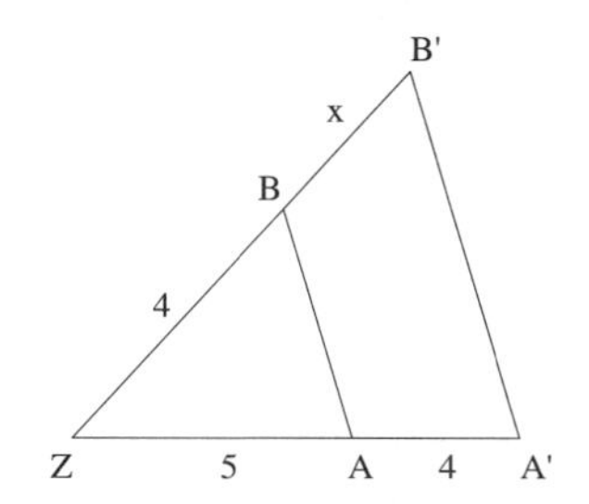

Lösung:
Die Dreiecke ABZ und A'B'Z' gehen durch zentrische Streckung an Z auseinander hervor. Es gilt (siehe Überlegungsfigur):
$\frac{4+x}{9} = \frac{4}{5} \Rightarrow 4 + x = 7{,}2 \Rightarrow x = 3{,}2$ cm

Aufgaben

9. Zeige: Das Mittendreieck $M_1M_2M_3$ eines Dreiecks ABC entsteht aus dem Dreieck ABC durch eine zentrische Streckung. Bestimme das Zentrum Z sowie den Faktor m.

10. Das gleichseitige Dreieck ABC mit der Seitenlänge a = 4 cm wird durch eine zentrische Streckung $S_{C;\,m}$ ($m < 1$) auf ein Dreieck A'B'C' mit $\overline{AA'} =$ 2,4 cm abgebildet. Welchen Faktor m' hat die zentrische Streckung $S_{A;\,m'}$: $A' \rightarrow C$?

Abbildung einer Fläche

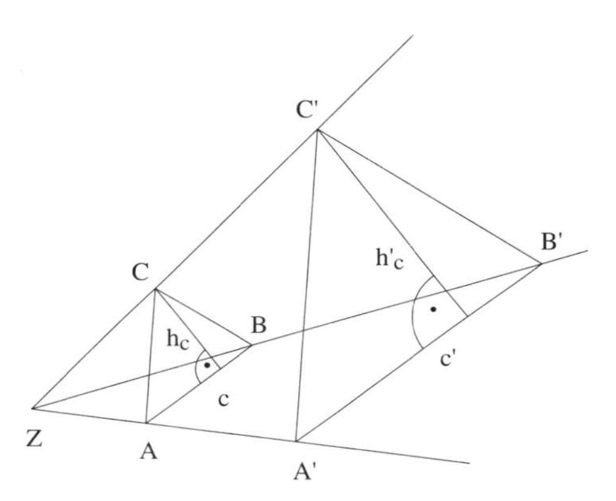

Für den Flächeninhalt des Dreiecks ABC gilt:

$A = \frac{1}{2} \cdot c \cdot h_c$

Für den Flächeninhalt des Dreiecks A'B'C' gilt:

$A' = \frac{1}{2} \cdot c' \cdot h'_c$

Wegen der Abbildung $S_{Z;\,m}$ gilt:

$c' = m \cdot c$ und $h'_c = m \cdot h_c \Rightarrow$

$A' = \frac{1}{2} \cdot m \cdot c \cdot m \cdot h_c$

$\quad = m^2 \cdot \frac{1}{2} \cdot c \cdot h_c = m^2 \cdot A$

Entsprechendes gilt für Vielecke, da diese in Dreiecke zerlegt werden können.

Bei einer zentrischen Streckung $S_{Z;\,m}$ hat die Bildfigur den **m^2-fachen Flächeninhalt** der Originalfigur.

Beispiel:

Das Dreieck ABC mit $c = 6$ cm und $h_c = 4$ cm wird durch eine zentrische Streckung $S_{Z;\,m}$ auf ein Dreieck A'B'C' mit $a' = 8$ cm und $h'_a = 6{,}75$ cm abgebildet.
Berechne die Seitenlänge c' des Dreiecks A'B'C' sowie die Seitenlänge a des Dreiecks ABC.

Lösung:

$$m^2 = \frac{A'}{A} = \frac{\frac{1}{2}a' \cdot h'_a}{\frac{1}{2}c \cdot h_c} = \frac{\frac{1}{2} \cdot 8 \cdot 6{,}75}{\frac{1}{2} \cdot 6 \cdot 4} = 2{,}25 \Rightarrow |m| = 1{,}5$$

$$\Rightarrow \quad c' = |m| \cdot c = 1{,}5 \cdot 6 \text{ cm} = 9 \text{ cm}$$

$$a' = |m| \cdot a \Rightarrow a = \frac{a'}{|m|} = \frac{8 \cdot 2}{3} \text{ cm} = \frac{16}{3} \text{ cm}$$

Aufgaben

11. Das Dreieck ABC mit $c = 8$ cm und $h_c = 4{,}5$ cm wird durch eine zentrische Streckung $S_{Z;\,m}$ auf das Dreieck A'B'C' mit einem Flächeninhalt $A' = 21{,}78\ \text{cm}^2$ abgebildet. Wie groß ist der Streckungsfaktor m?

12. Begründe: Ein Quader ABCDEFGH mit dem Volumen V wird durch eine zentrische Streckung $S_{Z;\,m}$ $(m > 0)$ auf einen Quader A'B'C'D'E'F'G'H' mit dem Volumen $V' = m^3 \cdot V$ abgebildet.

1.3 Konstruktion zur zentrischen Streckung

3. Grundkonstruktion

Konstruiere den Bildpunkt P' des Punktes P bei der zentrischen Streckung $S_{Z;\,m}$ mit $m = \frac{a}{b}$.

$m > 0$

Gegeben:

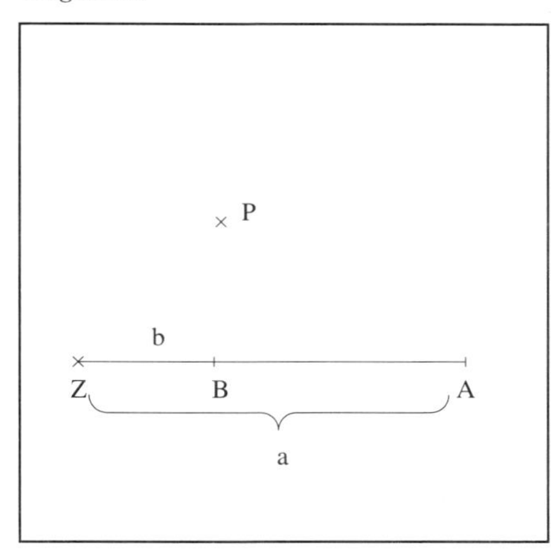

Lösung:

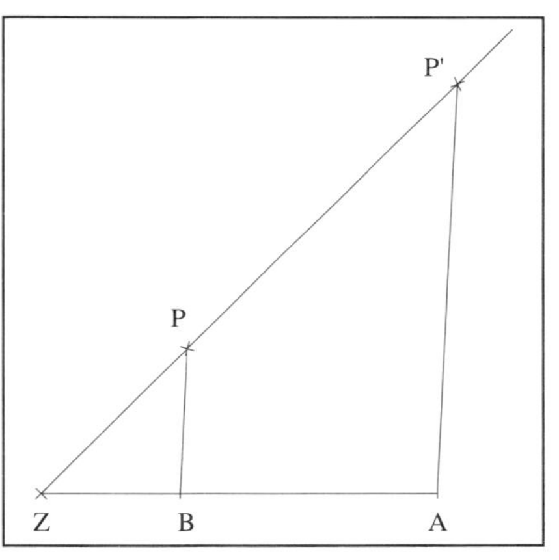

Die Parallele zu [PB] durch A schneidet ZP in P'.

$m < 0$

Gegeben:

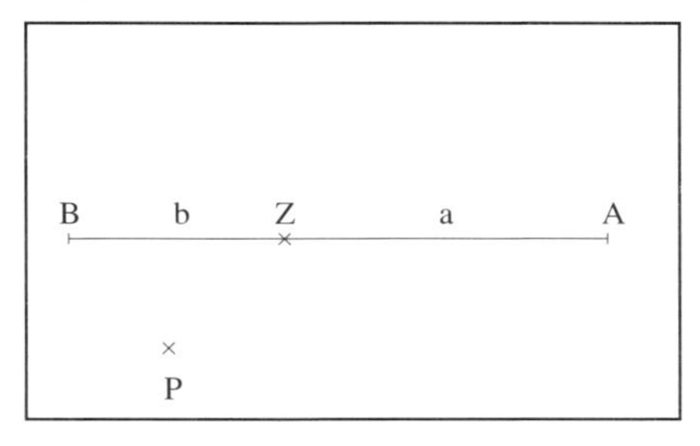

Lösung:

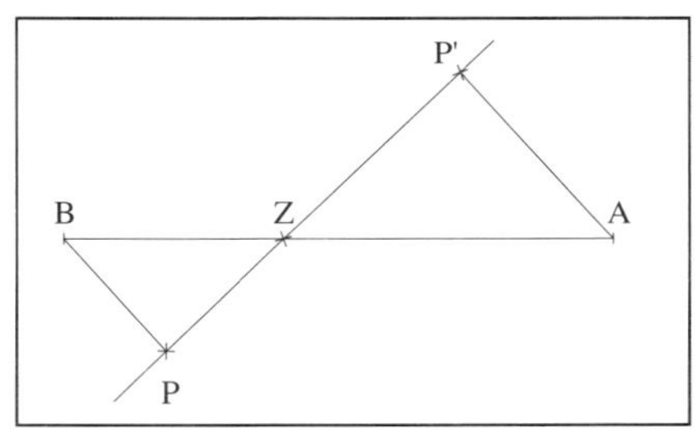

Die Parallele zu [PB] durch A schneidet ZP in P'.

Beispiel:

Das Rechteck ABCD mit den Seiten a = 4 cm und b = 3 cm soll durch eine zentrische Streckung $S_{A;\,m}$ so auf das Rechteck A'B'C'D' abgebildet werden, dass b' = a gilt.

Lösung:
Man trägt die Länge b am Zentrum A an und streckt die Seite [BC] nach der 3. Grundkonstruktion im Verhältnis $m = \frac{a}{b}$.

Die gesuchten Punkte B', C', D' findet man wie in der Zeichnung.

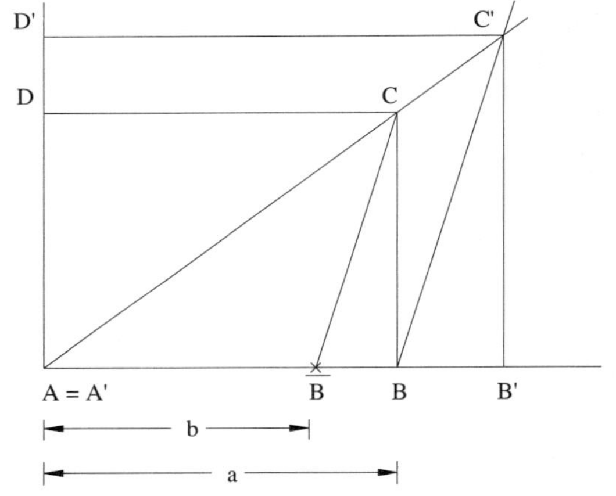

4. Grundkonstruktion

Bestimme das Zentrum Z einer zentrischen Streckung $S_{Z;\,m}$: P → P' mit $m = \frac{a}{b}$.

Gegeben:

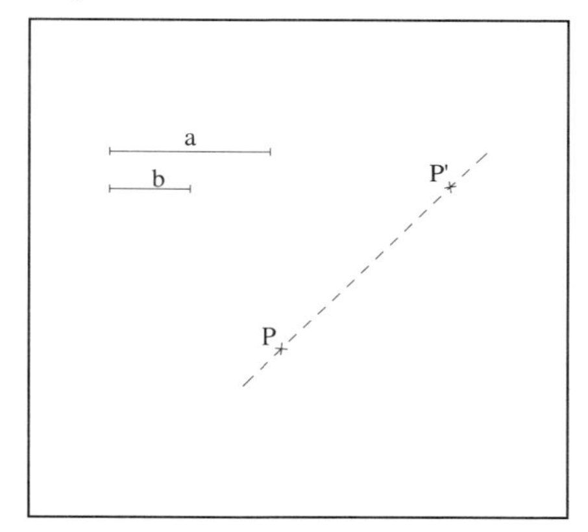

Lösung:

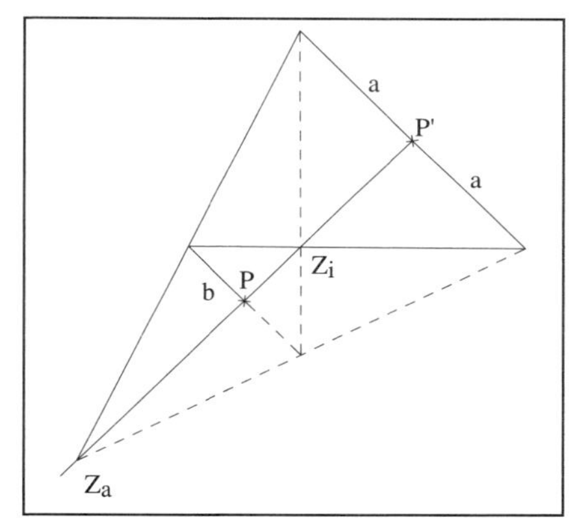

Man trägt in P' die Strecke a nach beiden Seiten, in P die Strecke b parallel zu a nach einer Seite ab. Die Verbindungen der Eckpunkte der jeweiligen Strecken schneiden die Gerade PP' in den Streckungszentren Z_a (für m > 0) und Z_i (für m < 0).

Beispiel:

Gegeben sind zwei parallele Strecken a und b. Konstruiere die Zentren Z_a und Z_i von zentrischen Streckungen $S_{Z_i;\,m}$, $S_{Z_a;\,m}$, die die beiden Strecken ineinander überführen.

Lösung:
Die Zentren Z_a und Z_i ergeben sich als Schnittpunkte der Verbindungsgeraden der Eckpunkte der beiden Strecken.

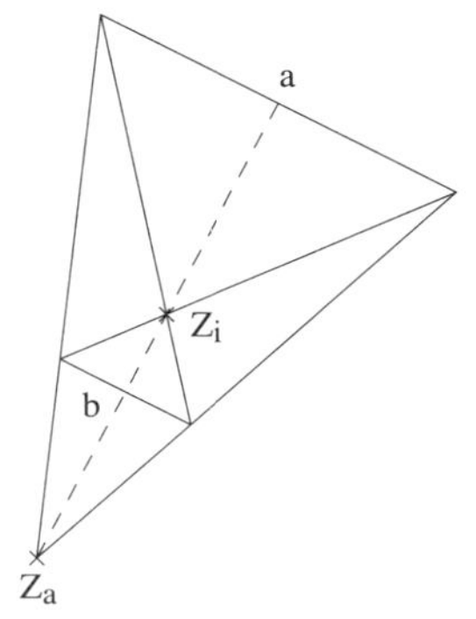

Aufgaben

13. Konstruiere das Zentrum Z einer zentrischen Streckung
$S_{Z;\frac{5}{2}}: P \to P'$.

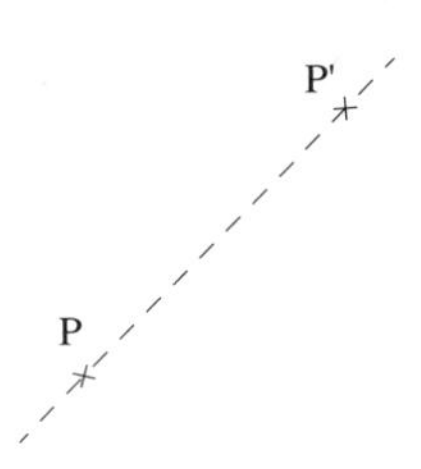

14. In einem rechtwinkligen Koordinatensystem sind die Punkte Z (0 | 0), A (5 | 1) und B (4 | 3) gegeben.

a) Konstruiere die Bildpunkte A' und B' bei einer zentrischen Streckung $S_{Z;\frac{7}{5}}$.

b) Berechne aus $\overline{ZB} = 5$ cm die Länge der Strecke [BB'].

c) In welchem Verhältnis stehen die Flächeninhalte der Dreiecke ZA'B' und ZAB?

Vermischte Aufgaben

15. In der Figur seien gegeben:
$\overline{AC} = 4{,}8$ cm, $\overline{BC} = 3{,}2$ cm,
$\sphericalangle ACB = 90°$, $\overline{AA'} = 1{,}6$ cm

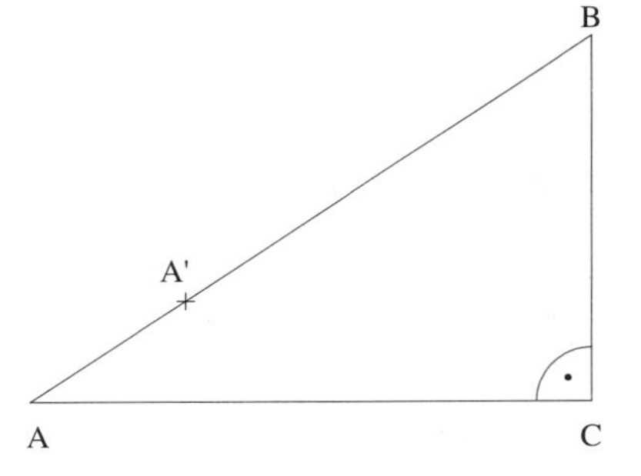

a) Konstruiere das Zentrum Z einer zentrischen Streckung
$S_{Z;\frac{2}{5}}: A \to A'$
und berechne die Längen $\overline{ZA}$ und $\overline{ZA'}$.

b) Zeichne ohne weitere Berechnung die Bildpunkte B' und C' der Punkte B und C bei der zentrischen Streckung aus Teilaufgabe a ein.

c) Bestimme aus den vorgegebenen Größen die Fläche des Dreiecks A'B'C'.

d) Welchen Abbildungsfaktor m* hat eine zentrische Streckung
$S_{A;\,m^*}: Z \to A'$?

(Skizze nur Überlegungsfigur)

16. Bei der zentrischen Streckung $S_{Z;\,m}$ wird der Punkt B auf den Punkt A und der Punkt D auf den Punkt C abgebildet.
Bestimme den Abbildungsfaktor m sowie die Länge der Strecke [AC].
(Skizze nur Überlegungsfigur, Längen in cm)

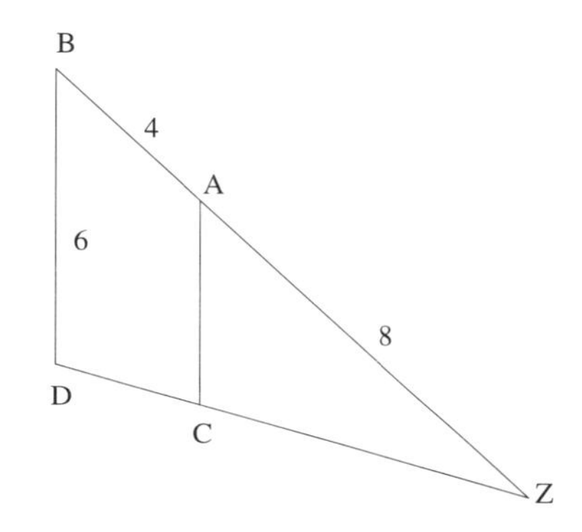

17. a) Konstruiere das Zentrum einer Streckung $S_{Z;\,\frac{7}{2}}: B \rightarrow B'$ und berechne die Länge $\overline{ZB}$.

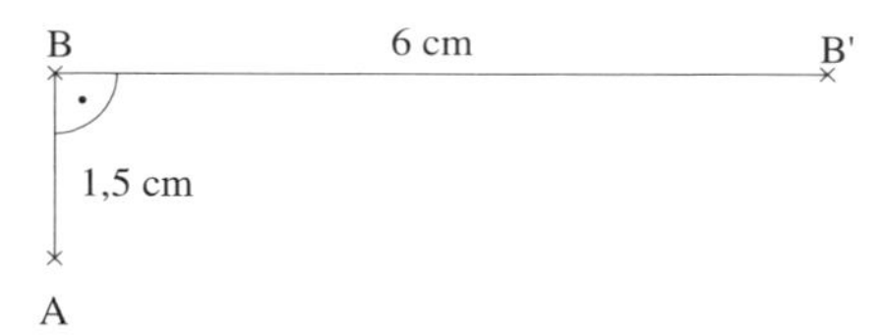

b) Konstruiere den Bildpunkt A' zu A bei der Streckung aus Teilaufgabe a.

c) Bestimme die Flächeninhalte der Dreiecke ZAB und ZA'B'.

d) Welche zentrische Streckung $S_{Z';\,m'}$ bildet A' auf A ab?

e) Wo liegt das Zentrum Z^* einer zentrischen Streckung $S_{Z^*;\,-2}$: $B \rightarrow B'$?

(Skizze nur Überlegungsfigur)

18. Die zentrische Streckung $S_{Z;\,m}$ bildet A auf A' und B auf B' ab. Der Flächeninhalt des Vierecks ABB'A' ist achtmal so groß wie die des Dreiecks ZAB.
Bestimme den Streckfaktor m.
(Skizze nur Überlegungsfigur)

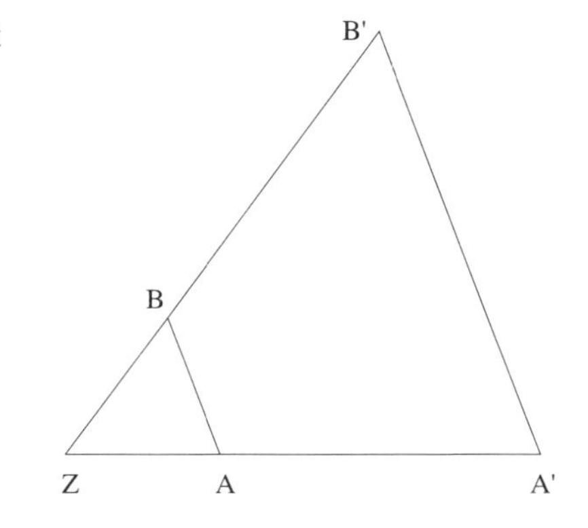

19. Die zentrische Streckung $S_{Z;\,m}$ bildet B auf A und F auf E ab.

a) Berechne den Abbildungsfaktor m.

b) Berechne die Längen $\overline{ZE}$, $\overline{AC}$, $\overline{DF}$.

(Skizze nur Überlegungsfigur, Längen in cm)

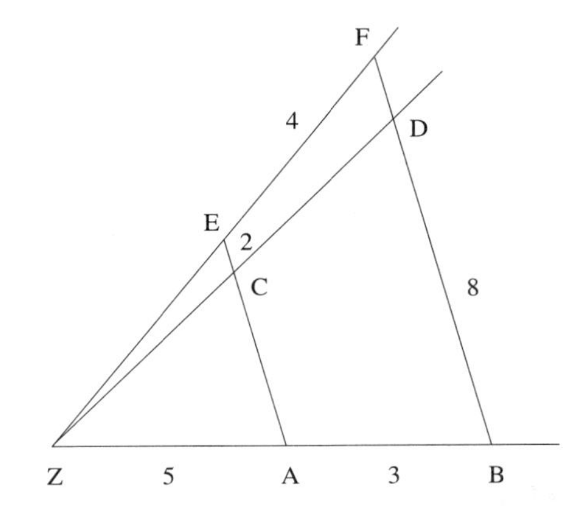

20. Ein Kreis k um den Mittelpunkt M mit dem Radius r besitzt den Flächeninhalt $A = 25\ cm^2$. Wie groß ist die Fläche des Kreises k', der sich aus k durch eine zentrische Streckung $S_{M;\,-\frac{8}{5}}$ ergibt?

Wie groß ist der neue Radius r', wo liegt der neue Mittelpunkt M'?

21. Gegeben ist das rechtwinklige Dreieck ABC durch c = 5 cm, b = 4 cm und a = 3 cm.

a) Konstruiere das Bilddreieck A'B'C' bei einer zentrischen Streckung $S_{Z;\,m}$, wobei Z der Mittelpunkt des Umkreises ist und m = 1,5 gilt.

b) Berechne die Länge der Seite a' sowie den Flächeninhalt des Dreiecks A'B'C'.

22. Die Punkte A (1 | 1), B (4,5 | 3) und C (1 | 4) bestimmen das Dreieck ABC.

a) Konstruiere den Bildpunkt B' von B bei der zentrischen Streckung $S_{A;\,\frac{5}{2}}$.

b) Bestimme mit Hilfe des Punktes B' den Bildpunkt C' von C ohne Konstruktion allein aus den Eigenschaften der zentrischen Streckung.

c) Welchen Abbildungsfaktor m' hat die zentrische Streckung mit dem Zentrum C', die C auf A abbildet?

23. Gegeben sind die Punkte A (3 | 8), A' (5 | 6) und B (1 | 2).

a) Konstruiere für die zentrische Streckung $S_{Z;\,\frac{2}{3}}: A \rightarrow A'$ das Zentrum Z sowie den Bildpunkt B' von B.

b) Berechne aus $\overline{AB} = 6{,}5$ cm und $\overline{AA'} = 2{,}5$ cm die Streckenlängen $\overline{A'B'}$ und $\overline{ZA'}$.

c) Welchen Zahlenwert hat der Quotient $\overline{ZB'} : \overline{BB'}$?

d) Wie verhalten sich die Flächeninhalte der Dreiecke ABZ und A'B'Z?

e) Welchen Abbildungsfaktor m* hat eine Streckung mit dem Zentrum A, die Z auf A' abbildet?

24. Gegeben sind die Punkte A (1 | 2), Z (–2 | 1) und B (–2 | 4).

a) Konstruiere den Bildpunkt A' der zentrischen Streckung $S_{Z;\,1,5}$: A → A'.

b) Zeichne die Gerade g = AB sowie die Parallele g' zu g durch den Punkt A'. Die Gerade h = ZB schneide g' im Punkt P. Gib die Abbildungsvorschrift an, die den Punkt B durch zentrische Streckung an Z in den Punkt P überführt.

c) Welche Größenbeziehung besteht zwischen den Streckenlängen $\overline{ZP}$ und $\overline{ZB}$?

d) Welche zentrische Streckung bildet den Punkt P in den Punkt B ab?

25. Gegeben sind die Punkte Z (8 | 8), B (8 | 4) und B' (8 | 2).

a) Fertige eine Zeichnung an und bestimme den Faktor m der zentrischen Streckung $S_{Z;\,m}$: B → B'.

b) Die Punkte Z, X (5 | 4) und Y (3,5 | 2) liegen auf einer Geraden. Für die Strecke [ZX] gilt: $\overline{ZX}$ = 5 cm. Kann daraus die Länge $\overline{ZY}$ berechnet werden?

c) Die Punkte Z, A (4 | 5) und A' (0 | 2) liegen ebenfalls auf einer Geraden. Es gilt $\overline{ZA}$ = 5 cm. Kann man die Länge der Strecke [ZA'] berechnen?

26. Die Punkte A und B haben eine Entfernung $\overline{AB}$ = 5 cm. Der Punkt C ist der Bildpunkt des Punktes B bei der zentrischen Streckung $S_{A;\,0,6}$.

a) Zeichne eine Planfigur und berechne die Länge der Strecke [AC].

b) Durch den Punkt B werde eine Gerade g_1 so gelegt, dass sie mit der Strecke [AB] den Winkel 50° einschließt. Die Gerade g_2 durch C bildet mit der Strecke [AC] den Winkel 50°. Der Kreis um A mit Radius r = 2,7 cm schneidet g_2 in den Punkten S und T. Die Geraden h_1 = AS und h_2 = AT schneiden g_1 in den Punkten D und E.
Vervollständige die Planfigur und gib die Abbildungsvorschrift derjenigen zentrischen Streckung mit dem Zentrum A an, die den Punkt D in den Punkt S abbildet.

c) Berechne die Länge $\overline{AE}$.

27. Zeichne die nebenstehende Figur mit den Längen $\overline{ZA} = 5$ cm, $\overline{ZB'} = 8$ cm und $\overline{ZA'} = 7$ cm.
Außerdem gilt [AB] ∥ [A'B'].

a) Berechne den Abbildungsfaktor m der zentrischen Streckung $S_{Z;\,m}$: A → A'.

b) Berechne die Länge $\overline{ZB}$ der Strecke [ZB].

c) Zeichne das Lot durch Z auf die Strecke [AB]. Der Schnittpunkt des Lotes mit [AB] sei F, mit [A'B'] der Punkt F'.
Berechne die Länge $\overline{ZF'}$, wenn $\overline{ZF} = 4$ cm gilt.

d) Welchen Winkel schließt die Strecke [ZF'] mit der Strecke [A'B'] ein?

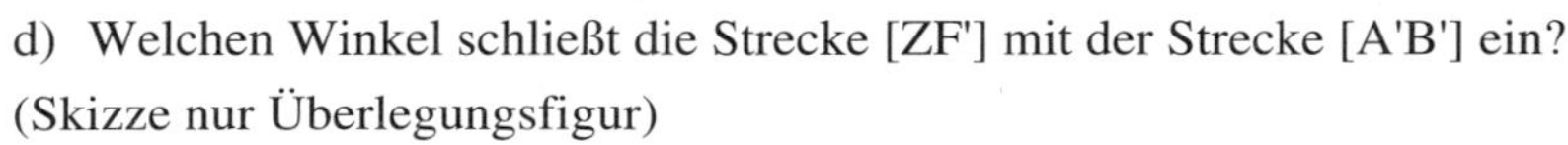

(Skizze nur Überlegungsfigur)

28. Zeichne die nebenstehende Figur mit den Längen $\overline{CA} = 4$ cm und $\overline{CD} = 2{,}4$ cm. Ferner gilt: [AB] ∥ [ED].

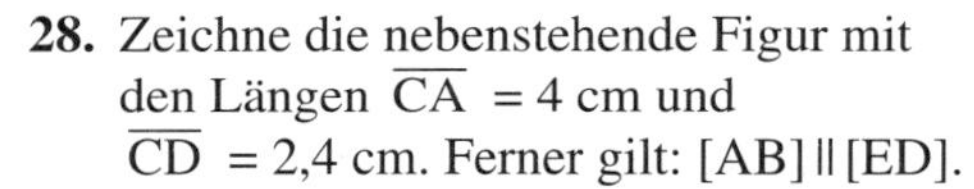

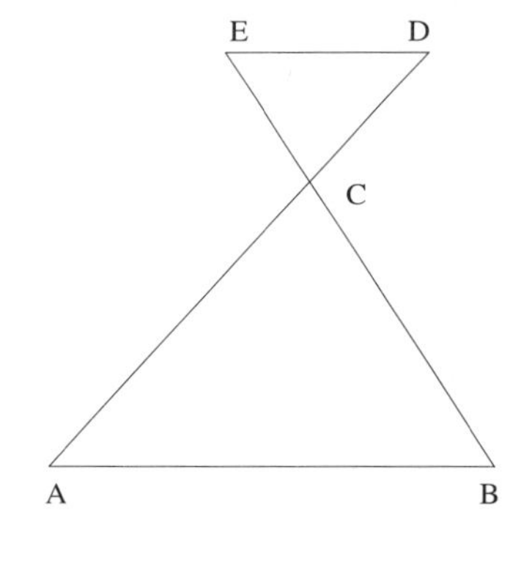

a) Durch welche zentrische Streckung $S_{Z;\,m}$ wird A auf D abgebildet?

b) Berechne die Länge $\overline{CB}$, wenn $\overline{CE} = 1{,}8$ cm gilt.

c) Welchen Abstand haben die Strecken [AB] und [ED], wenn der Punkt C von der Strecke [AB] einen Abstand von 2,5 cm besitzt?

d) Welche zentrische Streckung $S_{Z^*;\,m^*}$ bildet die Strecke [ED] auf die Strecke [AB] ab?

(Skizze nur Überlegungsfigur)

29. Gegeben ist die zentrische Streckung

a) $S_{Z;\,3}$: B → B' mit $\overline{BB'} = 3$ cm. Berechne $\overline{ZB}$ und $\overline{ZB'}$.

b) $S_{B;\,1{,}5}$: A → C mit $\overline{AC} = 4$ cm. Berechne $\overline{AB}$ und $\overline{BC}$.

c) $S_{Z;\frac{2}{3}}$: $A \rightarrow A'$ mit $\overline{AA'} = 0{,}5$ cm. Berechne $\overline{ZA}$ und $\overline{ZA'}$.

d) $S_{Z;-3}$: $P \rightarrow P'$ mit $\overline{PP'} = 7$ cm. Berechne $\overline{ZP}$ und $\overline{ZP'}$.

30. Zeichne die nebenstehende Figur mit den Maßen $\overline{SA} = 3$ cm, $\overline{AB} = 2$ cm und $\overline{DC} = 1{,}5$ cm.

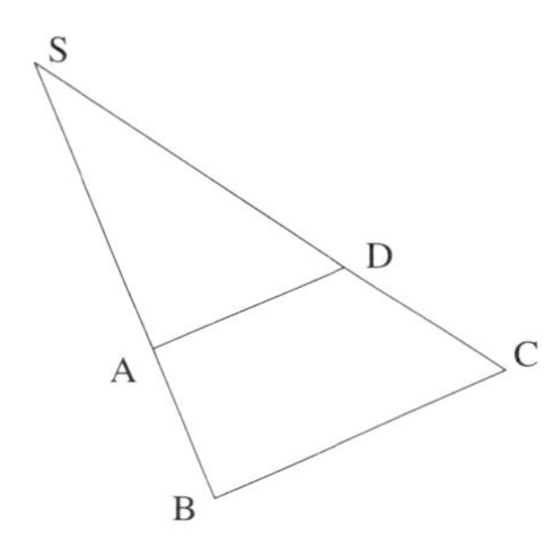

a) Welche zentrische Streckung mit dem Zentrum S bildet den Punkt B in den Punkt A ab?

b) Die Strecken [BC] und [AD] sind parallel. Berechne die Länge $\overline{SC}$ der Strecke [SC].

(Skizze nur Überlegungsfigur)

31. Gegeben sind die Punkte A (2 | 6), A' (0 | 4) und B' (8 | 1).

a) Konstruiere das Zentrum Z der zentrischen Streckung $S_{Z;\,1,5}$: $A \rightarrow A'$ sowie den Originalpunkt B zum Bildpunkt B' bei dieser Streckung.

b) Berechne die Länge $\overline{ZB}$, wenn $\overline{BB'} = 3{,}16$ cm gilt.

c) Wie verhalten sich die Umfänge und die Flächeninhalte der Dreiecke A'B'Z und ABZ?

d) Welchen Abbildungsfaktor m^* hat die zentrische Streckung mit dem Zentrum B, die Z auf B' abbildet? Konstruiere für diese Streckung den Bildpunkt A'' des Punktes A.

32. Beweise: In einem Trapez teilt die eine Diagonale die andere in zwei Teilstrecken, deren Längen sich so verhalten wie die beiden parallelen Seiten des Trapezes.

33. Gegeben sind die parallelen Geraden g und h mit d (g; h) = 4 cm.
Konstruiere ein Zentrum Z so, dass gilt: $S_{Z;-3}$: $g \rightarrow h$. Wie viele solche Zentren Z gibt es und wo liegen diese?

34. a) Bilde das Dreieck A (1 | 1), B (3 | 1), C (1 | 2) durch zentrische Streckung mit dem Zentrum Z_1 (0 | 0) und dem Abbildungsfaktor $m_1 = 2$ auf das Dreieck A'B'C' ab.

b) Das Dreieck A'B'C' soll vom Zentrum Z_2 (6|0) aus mit dem Faktor $m_2 = 1{,}5$ durch zentrische Streckung auf das Dreieck A"B"C" abgebildet werden. Führe die Abbildung aus.

c) Zeige, dass man diese beiden zentrischen Streckungen $S_{Z_1;\, m_1}$ und $S_{Z_2;\, m_2}$ durch eine zentrische Streckung $S_{Z_3;\, m_3}$: $\Delta ABC \rightarrow \Delta A''B''C''$ ersetzen kann durch Konstruktion des Streckungszentrums Z_3 und der Berechnung des Abbildungsfaktors m_3.

1.4 S-Multiplikation von Vektoren

Die Menge aller paralleler, gleichlanger und gleichgerichteter (parallelgleicher) (Verschiebungs-)Pfeile stellt einen Vektor $\vec{v}$ dar.
Ein Repräsentant des Vektors kann auch durch zwei Punkte dargestellt werden:
$\vec{v} = \overrightarrow{AB}$.

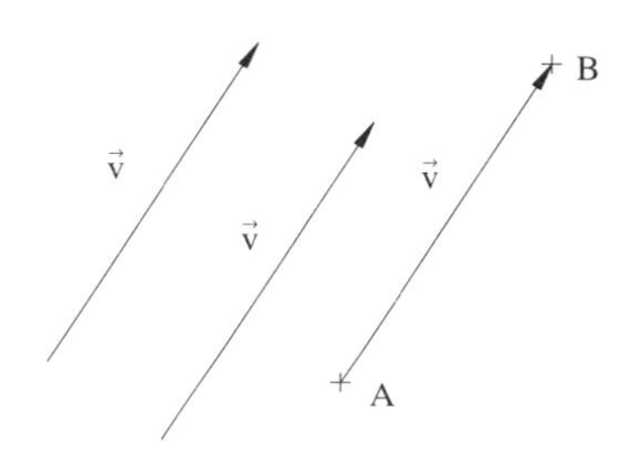

Im Koordinatensystem kann man den Vektor $\vec{v}$ in der Form $\vec{v} = \begin{pmatrix} v_1 \\ v_2 \end{pmatrix}$ darstellen.

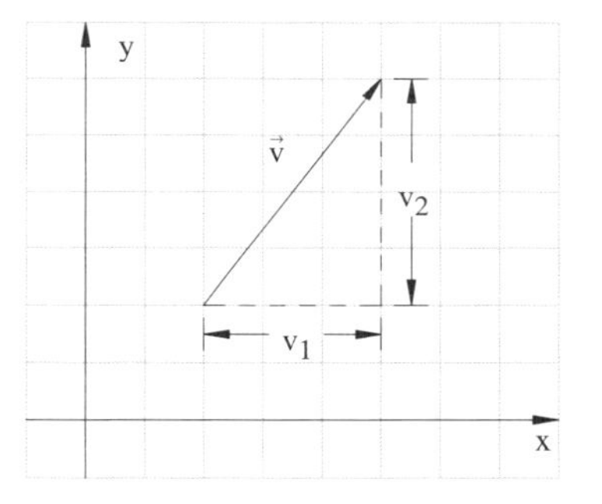

Für die Addition von Vektoren gilt:
$\vec{v} = \vec{a} + \vec{b}$ (siehe Skizze) bzw.
$\vec{a} = \begin{pmatrix} a_1 \\ a_2 \end{pmatrix}$, $\vec{b} = \begin{pmatrix} b_1 \\ b_2 \end{pmatrix}$ $\Rightarrow$
$\vec{v} = \vec{a} + \vec{b} = \begin{pmatrix} a_1 \\ a_2 \end{pmatrix} + \begin{pmatrix} b_1 \\ b_2 \end{pmatrix} = \begin{pmatrix} a_1 + b_1 \\ a_2 + b_2 \end{pmatrix}$

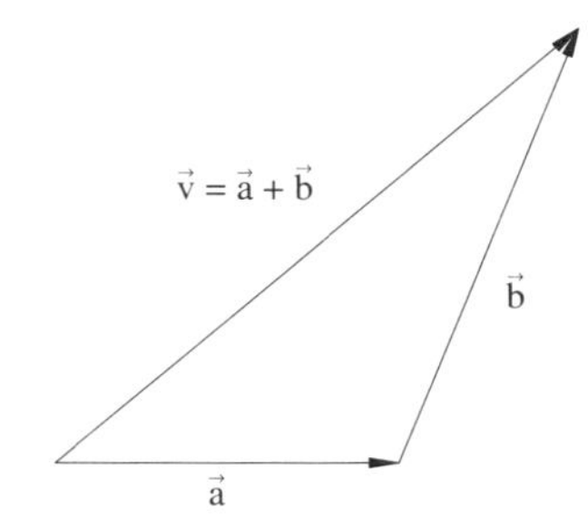

Vektoren werden subtrahiert, indem man den Gegenvektor addiert, d. h.
$\vec{v} = \vec{a} - \vec{b} = \vec{a} + (-\vec{b})$. Der Gegenvektor $-\vec{b}$ zu $\vec{b}$ ist gleich lang wie $\vec{b}$ und parallel zu $\vec{b}$, aber entgegengesetzt gerichtet wie $\vec{b}$.
Der Nullvektor $\vec{0}$ hat keine Länge und keine Richtung.

Die zentrische Streckung soll jetzt auf Vektoren angewendet werden.

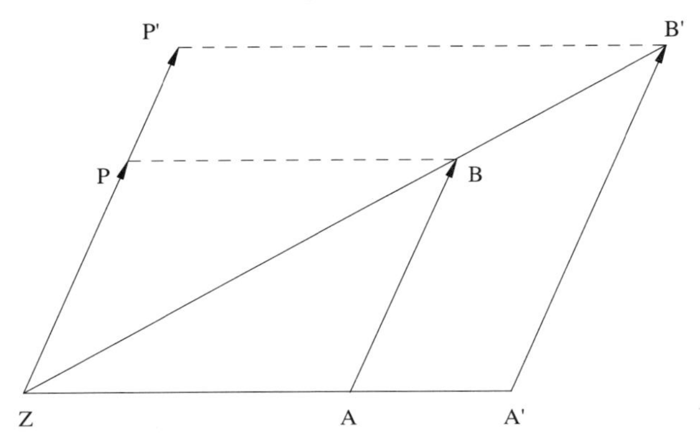

Die zentrische Streckung $S_{Z;\,m}$ bilde den Punkt P auf den Punkt P' ab. Dann gilt:
$\overline{ZP'} = m \cdot \overline{ZP}$

Da aber $\overrightarrow{ZP'}$ und $\overrightarrow{ZP}$ auch Vektoren sind, gilt auch die Gleichung

$\overrightarrow{ZP'} = m \cdot \overrightarrow{ZP}$.

In der Skizze gilt auch für den Vektor $\overrightarrow{AB}$: $\overrightarrow{AB} = \overrightarrow{ZP}$ und wegen

$\overrightarrow{A'B'} = m \cdot \overrightarrow{AB}$ folgt $\overrightarrow{A'B'} = \overrightarrow{ZP'}$.

Damit gilt:

Die zentrische Streckung $S_{Z;\,m}$ bildet einen Vektor $\vec{v}$ wieder auf einen Vektor $\vec{v}\,'$ ab, für den gilt: $\vec{v}\,' = m \cdot \vec{v}$.

Für $m > 0$ gilt: $\vec{v}'$ hat die gleiche Richtung wie $\vec{v}$ und die m-fache Länge.
Für $m < 0$ gilt: $\vec{v}'$ hat die umgekehrte Richtung wie $\vec{v}$ und die $|m|$-fache Länge.

Die durch die zentrische Streckung erzeugte Multiplikation eines Vektors mit einer Zahl wird auch **S-Multiplikation** genannt.

Beispiel:

Bestimme zum Vektor $\vec{v}$ die Vektoren $2 \cdot \vec{v}$ und $\frac{1}{2} \cdot \vec{v}$.

Lösung:

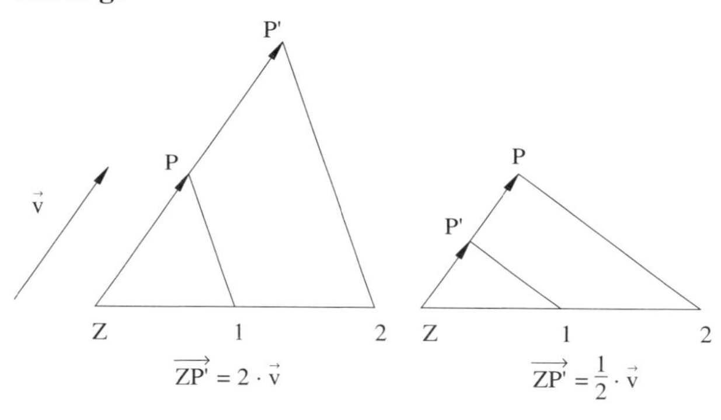

Sonderfälle:

$1 \cdot \vec{v} = \vec{v}$; $(-1) \cdot \vec{v} = -\vec{v}$; $0 \cdot \vec{v} = \vec{0}$

Für die S-Multiplikation gelten folgende Gesetzmäßigkeiten:

1. Distributivgesetz:
$m \cdot (\vec{v}_1 + \vec{v}_2) = m \cdot \vec{v}_1 + m \cdot \vec{v}_2$

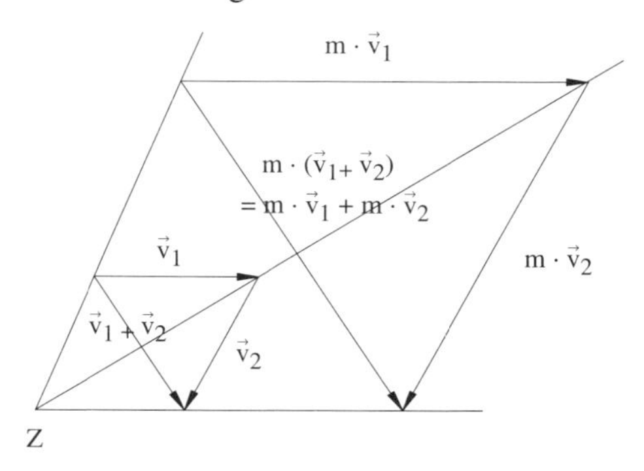

2. Distributivgesetz
$(m+n)\cdot\vec{v} = m\cdot\vec{v} + n\cdot\vec{v}$

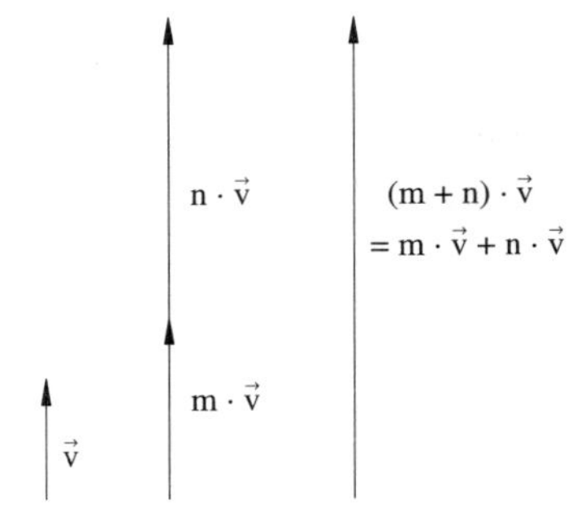

Gemischtes Assoziativgesetz
$m\cdot(n\cdot\vec{v}) = (m\cdot n)\cdot\vec{v}$

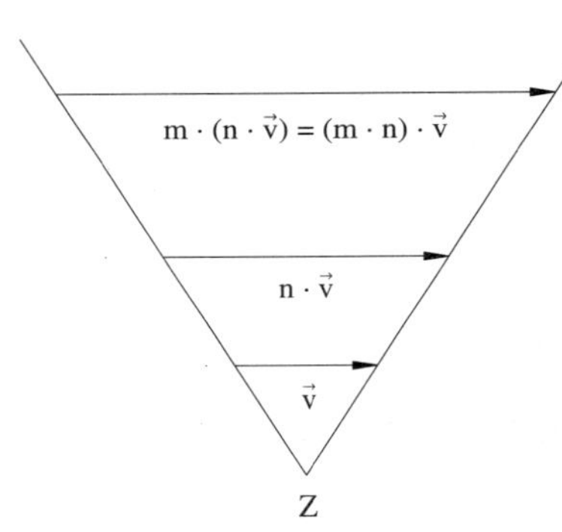

Beispiele:

1. Berechne:

   $3\cdot(\vec{a}+\vec{b}) - 2\cdot(\vec{b}-\vec{a}) =$

   Lösung:

   $3\cdot(\vec{a}+\vec{b}) - 2\cdot(\vec{b}-\vec{a}) = 3\cdot\vec{a} + 3\cdot\vec{b} - 2\cdot\vec{b} + 2\cdot\vec{a} = 5\cdot\vec{a} + \vec{b}$

2. Berechne $\vec{x}$:

   $2\cdot(2\vec{a}-\vec{b}) + \vec{x} = 3\cdot(\vec{b}-2\vec{a})$

   Lösung:

   $$2\cdot(2\vec{a}-\vec{b}) + \vec{x} = 3\cdot(\vec{b}-2\vec{a})$$
   $$4\vec{a} - 2\vec{b} + \vec{x} = 3\vec{b} - 6\vec{a}$$
   $$\vec{x} = 5\vec{b} - 10\vec{a}$$

Im Koordinatensystem gilt:
In der Skizze:

$\vec{v} = \binom{2}{1}$; Z (0 | 0); m = 2

$2 \cdot \vec{v} = \binom{4}{2} = 2 \cdot \binom{2}{1}$

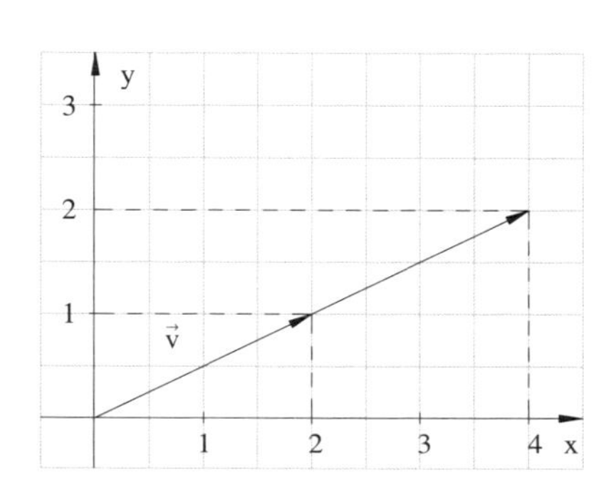

Allgemein:

$m \cdot \vec{a} = m \cdot \binom{a_1}{a_2} = \binom{m \cdot a_1}{m \cdot a_2}$

Beispiele:

1. Bestimme die Koordinaten des Vektors $\vec{x} = 3 \cdot \vec{v}$ mit $\vec{v} = \overrightarrow{AB}$ und A (1 | 0), B (0 | 2) durch zentrische Streckung von Z (0 | 0) aus und durch Berechnung.

   Lösung:
   Rechnung:

   $\vec{v} = \overrightarrow{AB} = \binom{0}{2} - \binom{1}{0} = \binom{-1}{2}$

   $\vec{x} = 3 \cdot \vec{v} = 3 \cdot \binom{-1}{6} = \binom{-3}{6}$

   Konstruktion:

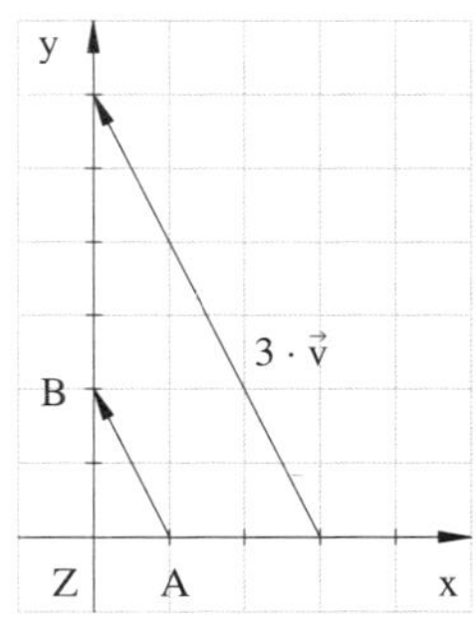

1 LE = 0,5 cm

2. $a = \binom{3}{2}$, $b = \binom{-1}{4}$. Berechne $\vec{x} = 2 \cdot \vec{a} - 3 \cdot \vec{b}$.

   Lösung:

   $\vec{x} = 2 \cdot \binom{3}{2} - 3 \cdot \binom{-1}{4} = \binom{6}{4} - \binom{-3}{12} = \binom{9}{-8}$

Aufgaben

35. Um was für ein Viereck ABCD handelt es sich jeweils, falls gilt:

a) $\overrightarrow{AB} = \overrightarrow{DC}$

b) $\overrightarrow{AB} = \frac{1}{2} \cdot \overrightarrow{DC}$

c) $\overrightarrow{AB} = 2 \cdot \overrightarrow{DC}$

36. Prüfe durch Berechnung von $\overrightarrow{AB}$ und $\overrightarrow{AC}$, ob die Punkte ABC auf einer Geraden liegen.

a) A (8 | 2), B (–4 | –4), C (2 | –1)

b) A (1 | 1), B (5 | 3), C (2 | –1)

37. Konstruiere und berechne zum Vektor $a = \begin{pmatrix} 2 \\ -4 \end{pmatrix}$ die Vektoren

a) $\frac{1}{2} \cdot \vec{a}$

b) $-1{,}5 \cdot \vec{a}$

c) $0 \cdot \vec{a}$

d) $-1 \cdot \vec{a}$

38. Vereinfache:

a) $\frac{1}{2} \cdot (\vec{a} - \vec{b}) + \frac{1}{3} \cdot (2\vec{a} - 3\vec{b}) + \frac{1}{4} \cdot (2\vec{a} + 5\vec{b}) =$

b) $0{,}5\vec{a} - 2 \cdot \left(0{,}5\vec{b} - \frac{1}{2}\vec{a}\right) + 2{,}5\vec{b} =$

39. Gegeben sind die Vektoren $\vec{a}$, $\vec{b}$ und $\vec{x}$ der folgenden Zeichnungen.
Drücke jeweils den Vektor $\vec{x}$ durch die Vektoren $\vec{a}$ und $\vec{b}$ aus. Gib dann die Vektoren $\vec{a}$ und $\vec{b}$ jeweils in der Spaltenschreibweise an und berechne jeweils $\vec{y} = -1{,}5 \cdot \vec{a} + 1{,}2 \cdot \vec{b}$

a)

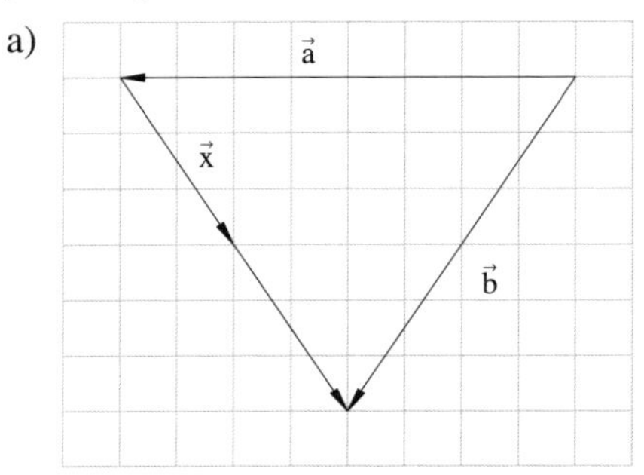

1 LE = 0,5 cm

b)

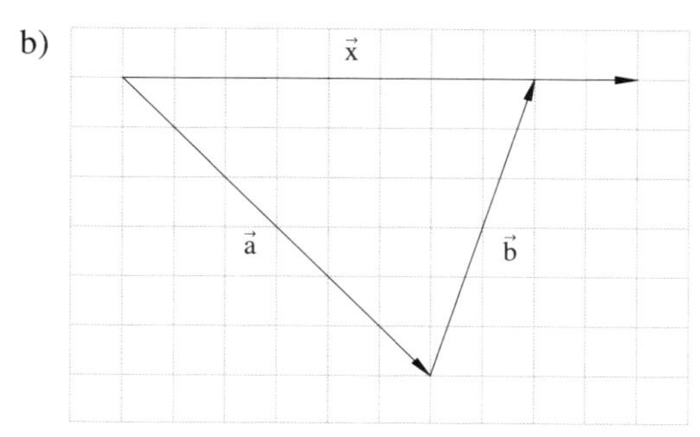

1 LE = 0,5 cm

40. Im Trapez ABCD gilt:

$\overrightarrow{SD} = \frac{3}{7} \cdot \overrightarrow{BD}$

Berechne den Vektor $\vec{x} = \overrightarrow{BS}$ in Abhängigkeit von den Vektoren $\vec{a}$ und $\vec{b}$.

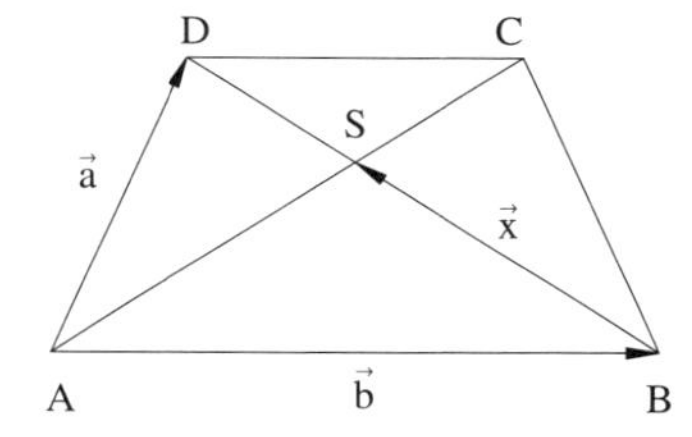

2 Ähnlichkeit

2.1 Ähnliche Figuren

Das Parallelogramm ABCD (Figur F_1) mit A (1 | 3), B (5 | 1), C (7 | 1), D (3 | 3) wird zuerst mit dem Vektor $\vec{v} = \binom{7}{2}$ verschoben, danach an der Achse a = P_1P_2 mit P_1 (0 | 5), P_2 (12 | 5) gespiegelt und dann vom Zentrum Z (7 | 0) mit dem Faktor $m = \frac{1}{2}$ gestreckt. Es entsteht das Parallelogramm $A^*B^*C^*D^*$ (Figur F_2).

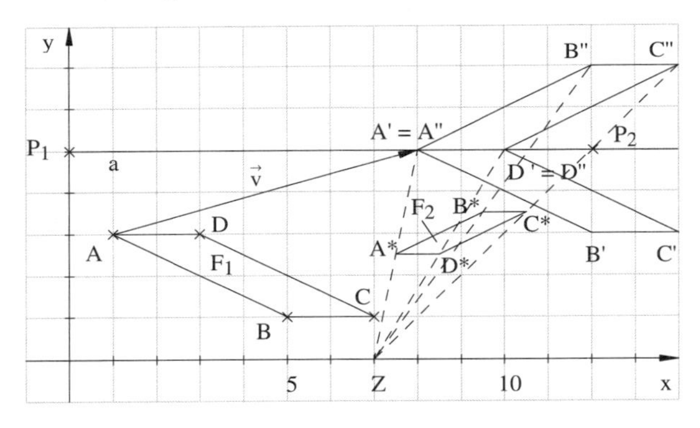

Figuren F_1 und F_2, die durch zentrische Streckungen und Kongruenzabbildungen auseinander hervorgehen, heißen **ähnliche** Figuren. Die Zusammensetzung solcher Abbildungen ergibt **Ähnlichkeitsabbildungen**.
(Im obigen Bild: $\ddot{A} = S_{Z;\,m} \circ S_a \circ S_{\vec{v}}$).

Man schreibt für ähnliche Figuren F_1 und F_2: $\mathbf{F_1 \sim F_2}$.
(Im Bild sind F_1 und F_2 gegensinnig ähnlich, da sich der Umlaufsinn wegen der einen Achsenspiegelung umgedreht hat.)

Da zentrische Streckungen und Kongruenzabbildungen winkeltreu, Streckungen verhältnistreu und Kongruenzabbildungen längentreu sind, gilt:

In ähnlichen Figuren sind entsprechende Winkel kongruent, entsprechende Strecken stehen im gleichen Verhältnis.

Folgerung: Vieleck F_1 ~ Vieleck F_2: Die Seiten von F_2 sind m-mal so lang wie die Seiten von F_1, der Flächeninhalt von F_2 ist m^2-mal so groß wie der von F_1 und entsprechende Winkel sind kongruent.

Beispiele:

1. Alle Quadrate sind zueinander ähnlich.
2. Rechtecke mit $\frac{a}{b} = \frac{a'}{b'}$ sind zueinander ähnlich.
3. Rauten mit $\alpha = \alpha'$ sind zueinander ähnlich.
4. Gleichseitige Dreiecke sind zueinander ähnlich.
5. Kreise sind zueinander ähnlich.
6. Alle regulären Vielecke mit der gleichen Eckenzahl sind zueinander ähnlich.

Aufgaben

41. Die Vielecke F_1 und F_2 sind ähnlich. Für ihre Flächeninhalte gilt: $A_{F_1} = 40\ cm^2$, $A_{F_2} = 48{,}4\ cm^2$. Das Vieleck F_2 hat den Umfang $u_2 = 77$ cm. Wie groß ist der Umfang u_1 des Vielecks F_1?

42. Ein reguläres Fünfeck mit der Seite a = 6 cm ist ähnlich einem zweiten regulären Fünfeck mit der Seite a' = 8 cm. Wie verhalten sich die Umfänge und die Flächen der beiden Fünfecke?

2.2 Ähnlichkeitssätze für Dreiecke

Bei Dreiecken ist die Ähnlichkeit besonders einfach feststellbar, denn die Dreiecke ABC und $A_1B_1C_1$ sind genau dann ähnlich, wenn ΔABC durch eine zentrische Streckung auf ein zum $\Delta A_1B_1C_1$ kongruentes Dreieck A'B'C' abgebildet werden kann.

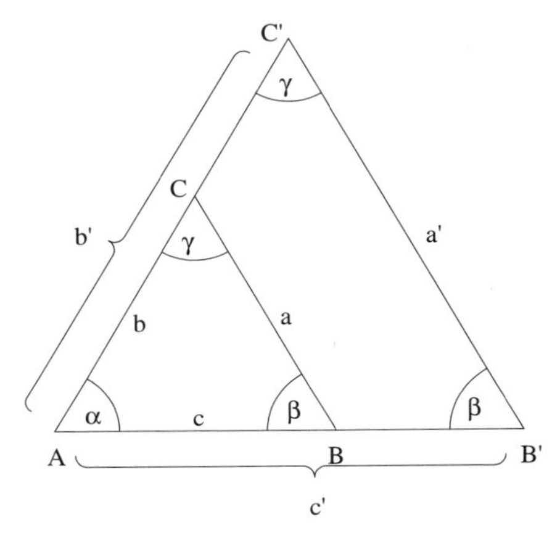

Entsprechend den vier Kongruenzsätzen ergeben sich folgende **Ähnlichkeitsmerkmale** für Dreiecke:

Dreiecke sind bereits ähnlich, wenn
1. entsprechende Seiten im gleichen Verhältnis stehen ($\hat{=}$ sss-Satz),
2. sie im Verhältnis zweier Seiten und im Zwischenwinkel übereinstimmen ($\hat{=}$ sws-Satz),
3. sie in zwei Winkeln übereinstimmen ($\hat{=}$ wsw-Satz),
4. sie im Verhältnis zweier gleichliegender Seiten und im Gegenwinkel der größeren der beiden Seiten übereinstimmen ($\hat{=}$ ssw_g-Satz).

Beispiele:

1. Zeige, dass für die Dreiecke BCE und ACD gilt: $\Delta BCE \sim \Delta ACD$

   Lösung:
   Da die beiden Dreiecke im rechten Winkel (90°) und im Winkel bei C übereinstimmen, folgt nach dem 3. Ähnlichkeitsmerkmal für Dreiecke die Behauptung.

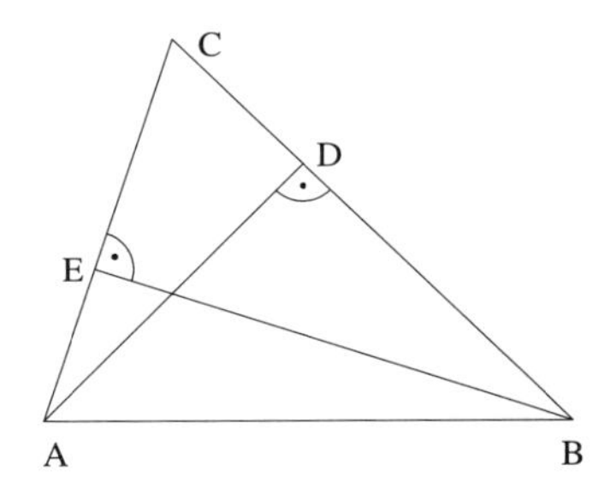

2. Sind die folgenden Dreiecke ABC und DEF ähnlich?

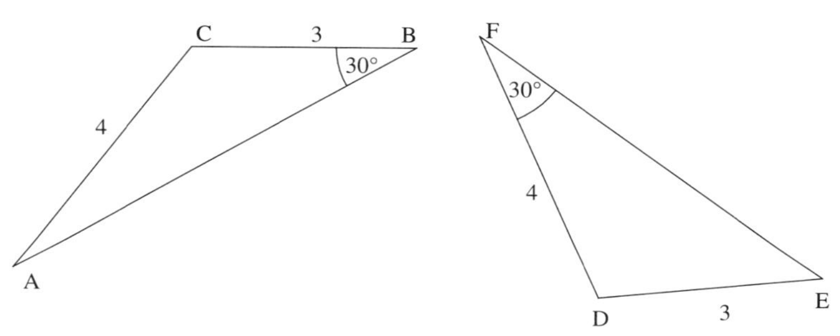

Lösung:
Die beiden Dreiecke haben zwar zwei gleiche Seiten und einen gleichen Winkel, aber der Winkel liegt jedesmal einer anderen Seiten gegenüber, so dass die beiden Dreiecke weder kongruent noch ähnlich sind.

3. Ein Turm der Höhe h wirft einen Schatten von 42,6 m, ein lotrechter Stab der Länge 1 m einen von 0,6 m. Wie hoch ist der Turm?

Lösung:

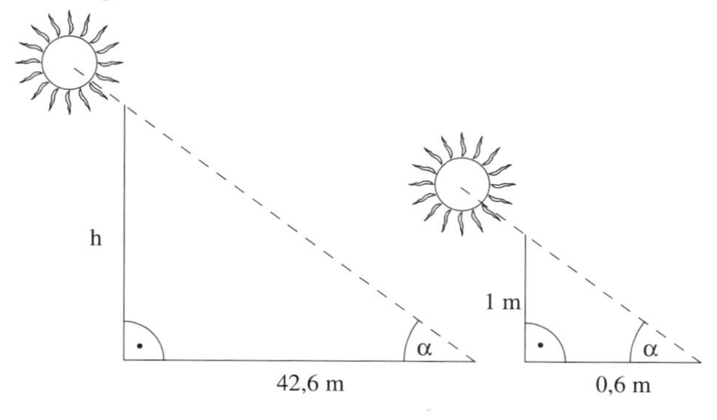

Es gilt: $\Delta ABC \sim \Delta A'B'C'$ (Übereinstimmung von zwei Winkeln) $\Rightarrow$ Seiten stehen im gleichen Verhältnis, d. h. es gilt:

$$\frac{h}{42{,}6} = \frac{1}{0{,}6} \quad \Rightarrow \quad h = 71 \text{ m}$$

Der Turm ist 71 m hoch.

Aufgaben

43. Untersuche, ob die folgenden Angaben ähnliche Dreiecke festlegen, wenn die in der Skizze verwendeten Bezeichnungen zu Grunde liegen. (Skizze nur Überlegungsfigur)

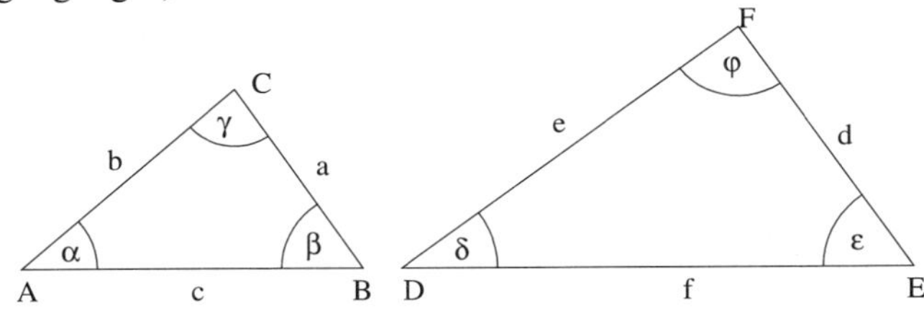

a) $\alpha = \delta, \ \gamma = \varphi$

b) $\frac{a}{e} = \frac{b}{f} = \frac{c}{d}$

c) $\frac{a}{c} = \frac{e}{f}; \ \beta = \delta$

d) $\frac{a}{b} = \frac{d}{e}; \ \alpha = \varphi$

44. Zeichne ein Sehnenviereck ABCD und in dieses die Diagonalen e und f. Welche Teildreiecke sind zueinander ähnlich?

45. a) Dreieck ABC ist gleichschenklig, der Winkel an der Spitze beträgt 36°. Zeige, dass die Winkelhalbierende w_α das Dreieck so zerlegt, dass ein Teildreieck dem ganzen Dreieck ähnlich ist.

b) Sind gleichschenklige Dreiecke stets ähnlich? (Begründung!)

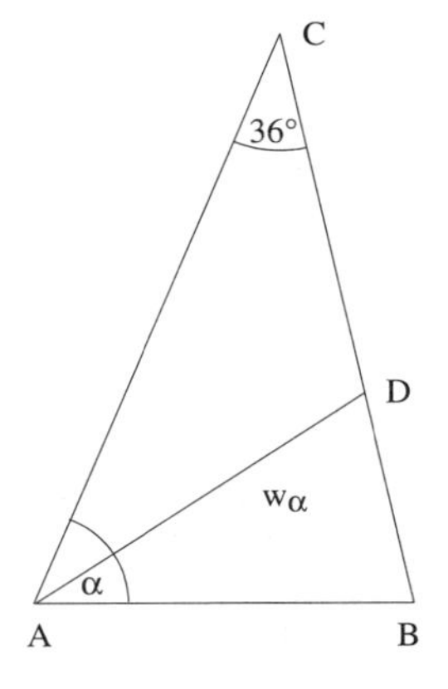

2.3 Ähnlichkeitskonstruktionen

Soll man eine geometrische Figur konstruieren und man hat bereits eine dazu ähnliche Figur, dann reicht eine zentrische Streckung aus, um aus der vorhandenen Figur die gesuchte Figur zu erhalten. Man wählt in der Regel einen Punkt der Figur als Streckungszentrum.

Beispiele:

1. Konstruiere ein Dreieck ABC aus a : b : c = 3 : 4 : 5, $s_c = 4$ cm.

   Lösung:

   Vorüberlegung:

   Man konstruiert ein Dreieck A'B'C' aus a' = 3 cm, b' = 4 cm und c' = 5 cm, das zum gesuchten Dreieck ABC ähnlich ist.

   ΔA'B'C' wird im Verhältnis $m = \frac{s_c}{s_c'}$ von C' = C aus in das Dreieck ABC gestreckt.

   Konstruktion:

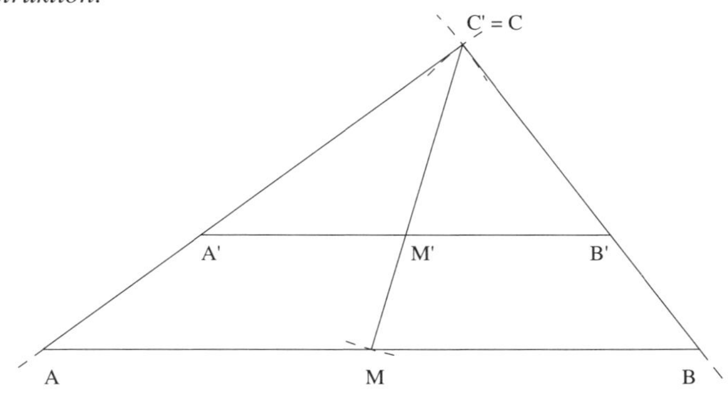

2. Konstruiere ein Dreieck ABC aus $a : b = 3 : 2$, $\gamma = 60°$ und $h_c = 4$ cm.

Lösung:

Vorüberlegung:
Man konstruiert $\Delta A'B'C'$ aus $a' = 3$ cm, $b' = 2$ cm und $\gamma = 60°$, das zum gesuchten ΔABC ähnlich ist.

$\Delta A'B'C'$ wird von $C' = C$ aus im Verhältnis $m = \frac{h_c}{h'_c}$ in das gesuchte ΔABC gestreckt.

Konstruktion:

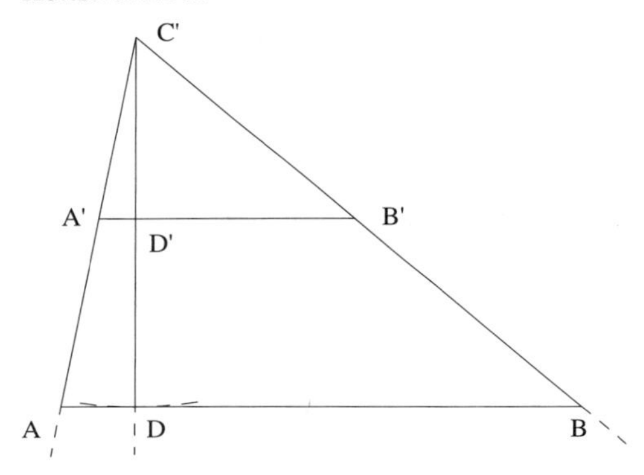

3. Konstruiere ein Dreieck ABC aus $a : b : c = 2 : 3 : 4$ und dem Umfang $u = 12$ cm.

Lösung:

Vorüberlegung:
Man konstruiert das $\Delta A'B'C'$ aus $a' = 2$ cm, $b' = 3$ cm und $c' = 4$ cm, das zum ΔABC ähnlich ist.

$\Delta A'B'C'$ wird von $A' = A$ aus im Verhältnis $m = \frac{u}{u'}$ in das gesuchte ΔABC gestreckt.

Konstruktion:

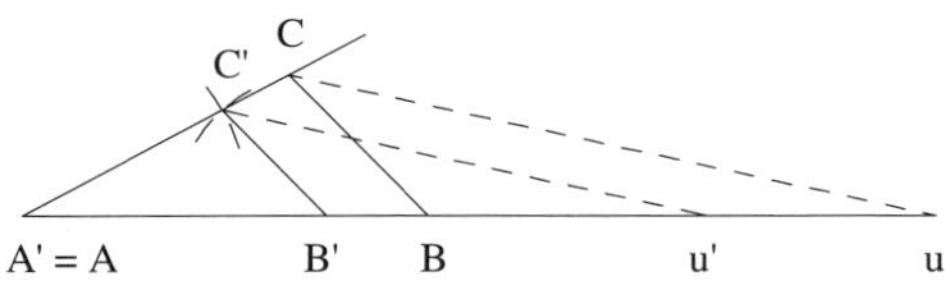

Maßstab 1 : 2

4. Einem gegebenen Viereck ABCD soll ein Rechteck mit $\frac{a}{b} = \frac{2}{1}$ einbeschrieben werden.

Lösung:

Vorüberlegung:

Man zeichnet ein zum Rechteck ähnliches Rechteck mit a' = 2 cm und b' = 1 cm so in das Viereck ein, dass drei Ecken bereits auf Viereckseiten liegen. Die vierte Ecke erhält man durch Streckung des Punktes G', bis er auf einer Seite des Vierecks liegt.

Konstruktion:

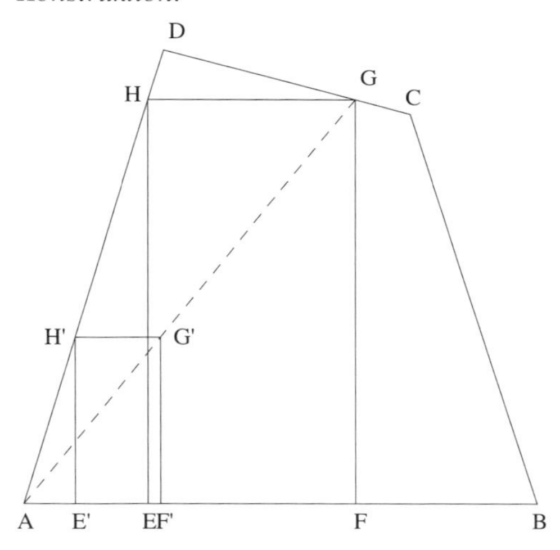

Aufgaben

46. Konstruiere ein Dreieck ABC aus

a) $\alpha = 40°$, $\beta = 50°$, $w_\alpha = 4$ cm

b) $b : c = 3 : 4$, $\alpha = 50°$, $a = 5$ cm

c) $a : b : c = 2 : 3 : 4$, $h_b = 4$ cm

d) $a : c = 2 : 3$, $\beta = 75°$, $h_c = 4$ cm

47. Konstruiere ein Rechteck ABCD aus $a : b = 1 : 2$ und $e = 4$ cm.

48. Konstruiere eine Raute ABCD mit dem Winkel $\alpha = 60°$, in der die Diagonalenlängen eine Summe $s = 10$ cm besitzen.

49. Einem Dreieck ABC mit $a = 4$ cm, $b = 4{,}5$ cm und $c = 5$ cm ist ein Rechteck einzubeschreiben, dessen Seiten sich wie $1 : 2$ verhalten.

50. Einem Halbkreis ist ein Quadrat so einzubeschreiben, dass zwei Ecken auf dem Kreis und zwei Ecken auf dem Durchmesser liegen.

Strahlensatz

Mithilfe der modernen Technik ist es heute einfacher geworden Entfernungen zu messen. Aber auch die einfachen Methoden und Geräte aus dem 16. Jahrhundert beruhten auf den gleichen „alten“ geometrischen Tatsachen wie heute.

3 Streckenverhältnisse und Teilung einer Strecke

Um zwei Strecken miteinander vergleichen zu können, muss man sie in der gleichen Maßeinheit e messen.

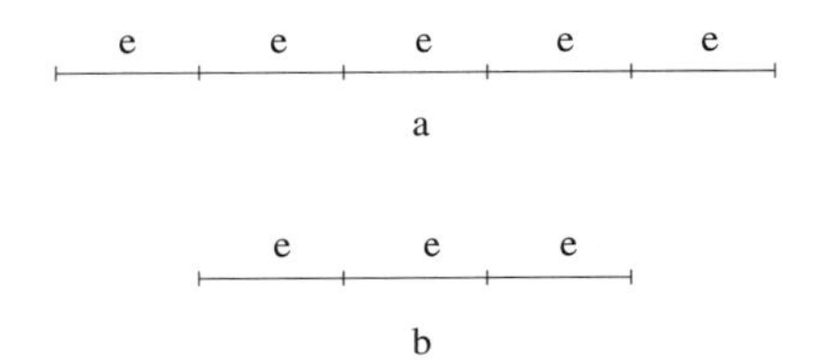

Der Quotient $\frac{a}{b}$ der Maßzahlen zweier Strecken, bezogen auf die gemeinsame Maßeinheit, heißt das **Verhältnis** der beiden Strecken. Das Verhältnis ist eine Zahl, die von der Wahl der Maßeinheit unabhängig ist.

Sind zwei Verhältnisse gleich, z. B. $\frac{a}{b} = \frac{c}{d}$, so entsteht eine **Verhältnisgleichung** oder **Proportion**. Es gilt:

$\frac{a}{b} = \frac{c}{d} \Rightarrow a : b = c : d \Rightarrow a \cdot d = b \cdot c$

In einer Proportion ist das Produkt der „Außenglieder“ a und d gleich dem Produkt der „Innenglieder“ b und c.

Beispiel:

Zwei Dreiecke besitzen die gleiche Grundlinie g und unterschiedliche Höhen h_1 und h_2. In welchem Verhältnis stehen die Flächen der beiden Dreiecke?

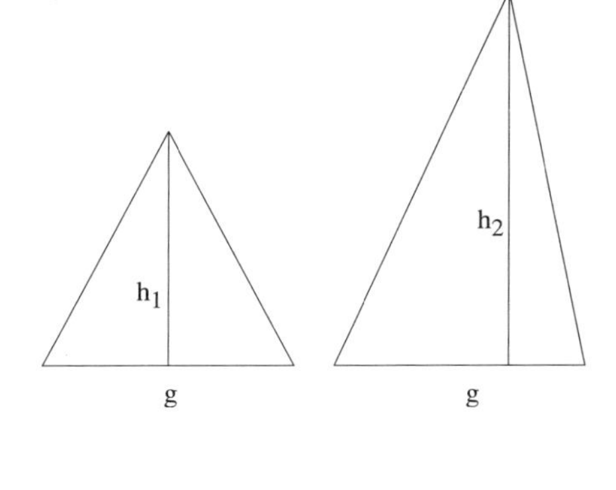

Lösung:

$A_1 = \frac{1}{2} g \cdot h_1$; $A_2 = \frac{1}{2} g \cdot h_2$

$$A_1 : A_2 = \frac{A_1}{A_2} = \frac{\frac{1}{2} g \cdot h_1}{\frac{1}{2} g \cdot h_2}$$

$$= \frac{h_1}{h_2} = h_1 : h_2$$

Die Flächen der Dreiecke verhalten sich so wie die zur Grundlinie gehörenden Höhen.

Um eine Strecke [AB] in n gleiche Teile zu teilen, geht man wie folgt vor:

Man trägt in A unter einem beliebigen Winkel eine Gerade an und auf ihr, von A ausgehend, n gleiche Strecken x mit dem Zirkel ab.
Die Parallelen zu [BX] durch die Teilpunkte auf der Geraden AX teilen die Strecke [AB] in n gleiche Teile.
Der Punkt T teilt zum Beispiel die Strecke [AB] im Verhältnis
$3 : 2 = \frac{3}{2}$. T teilt [AB] im **Teilverhältnis** $\tau = \frac{3}{2}$.

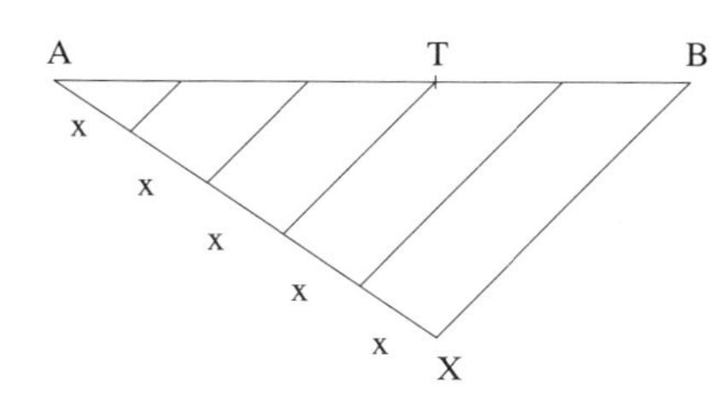

Da die Konstruktion der bei der zentrischen Streckung entspricht, legen wir fest:

Ein Punkt T teilt die Strecke [AB] im **Verhältnis** $\tau = \frac{a}{b}$,

wenn $\overrightarrow{AT} = \tau \cdot \overrightarrow{TB}$ gilt.

T ist **innerer Teilpunkt T_i**, wenn $\tau > 0$.
T ist **äußerer Teilpunkt T_a**, wenn $\tau < 0$.

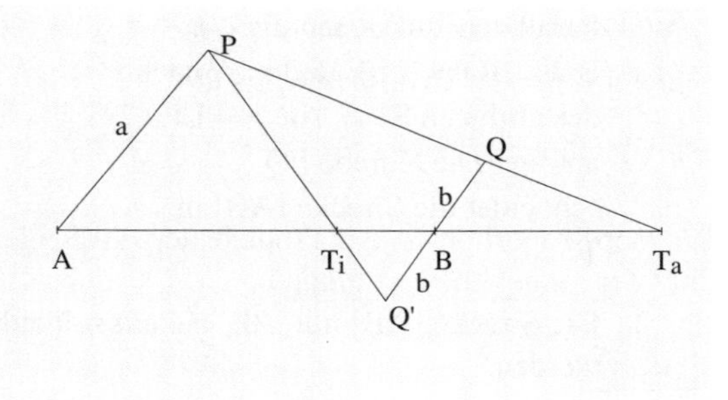

Beachte: Die Reihenfolge der Punkte in der Definition des Teilverhältnisses ist immer Anfangspunkt-Teilpunkt-Teilpunkt-Endpunkt. Vertauscht man Anfangs- und Endpunkt, so gilt:

$\overrightarrow{BT} = \tau' \cdot \overrightarrow{TA}$ mit $\tau' = \frac{1}{\tau}$.

Anmerkung: Aus der Algebra kennt man Streckenverhältnisse (siehe Skizze), die sich **nicht** durch eine rationale Zahl ausdrücken lassen.
In der Skizze gilt:
$\overline{AT} : \overline{TB} = \sqrt{2} : 1$

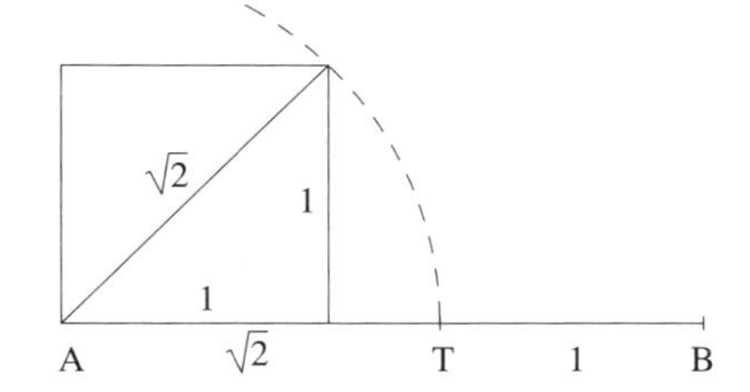

Die Strecken [AT] und [TB] haben kein gemeinsames Maß, d. h. es gibt keine Einheitsstrecke, die sich auf beiden ohne Rest abtragen ließe. Solche Strecken ohne gemeinsames Maß heißen **inkommensurabel**.

Beispiele:

1. Die Strecke [AB] mit $\overline{AB} = 5$ cm soll innen im Verhältnis $\frac{4}{7}$ geteilt werden.

   Lösung:
   Es gilt:

   $\overrightarrow{AT_i} = \frac{4}{7} \cdot \overrightarrow{T_iB}$

   Man zeichnet in A und B Parallelen, auf denen man in B als $\overline{BQ} = 7$ LE und in A nach der **anderen** Seite $\overline{AP} = 4$ LE abträgt. Die Gerade PQ schneidet die Strecke [AB] in T_i.

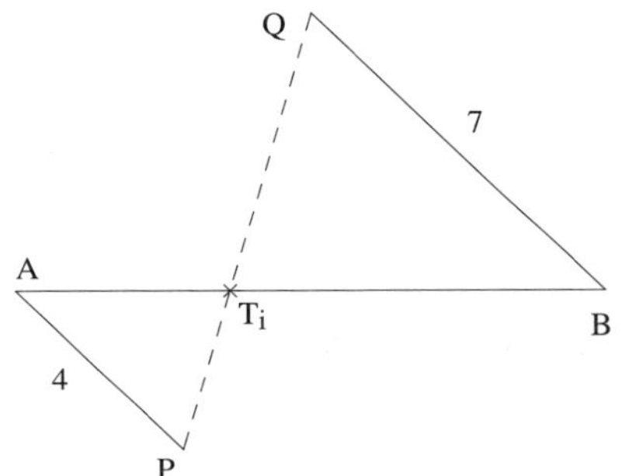

2. Die Strecke [AB] mit $\overline{AB} = 4$ cm soll außen im Verhältnis $\frac{1}{4}$ geteilt werden.

   Lösung:
   Es gilt:

   $\overrightarrow{AT_a} = -\frac{1}{4} \cdot \overrightarrow{T_aB}$

   Man zeichnet in A und B Parallelen, auf denen man in B als $\overline{BQ} = 4$ LE und in A nach der **gleichen** Seite

   $\overline{AP} = 1$ LE abträgt.

   Die Gerade PQ schneidet die Verlängerung der Strecke [AB] in T_a.

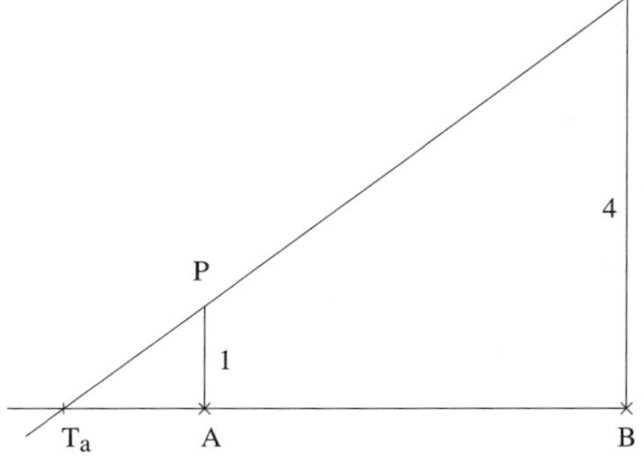

Eine Strecke [AB] wird durch die Punkte T_i, T_a **harmonisch** geteilt, wenn das Teilverhältnis für den inneren und für den äußeren Teilpunkt den gleichen Betrag besitzt, d. h. wenn gilt:

$\overrightarrow{AT_i} = \tau \cdot \overrightarrow{T_iB}$ **und** $\overrightarrow{ATa} = -\tau \cdot \overrightarrow{T_aB}$.

Die vier Punkte ABT_iT_a heißen **vier harmonische Punkte.** Für diese Punkte gilt, dass auch die Strecke $[T_iT_a]$ durch die Punkte A und B harmonisch geteilt wird, da aus $\frac{\overline{AT_i}}{\overline{T_iB}} = \frac{\overline{AT_a}}{\overline{T_aB}}$ folgt:

$\frac{\overline{AT_i}}{\overline{T_aA}} = \frac{\overline{BT_i}}{\overline{T_iB}} = \tau'$ mit $\tau' = \frac{\tau - 1}{\tau + 1}$ (siehe folgendes Beispiel)

Beispiele:

1. Die Strecke [AB] mit $\overline{AB} = 5$ cm soll harmonisch im Verhältnis $\frac{5}{2}$ geteilt werden.
   a) Konstruiere die Teilpunkte T_i und T_a.
   b) Bestimme das Teilverhältnis τ', in dem die Punkte A und B die Strecke $[T_iT_a]$ teilen.

Lösung:

a)

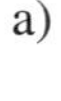

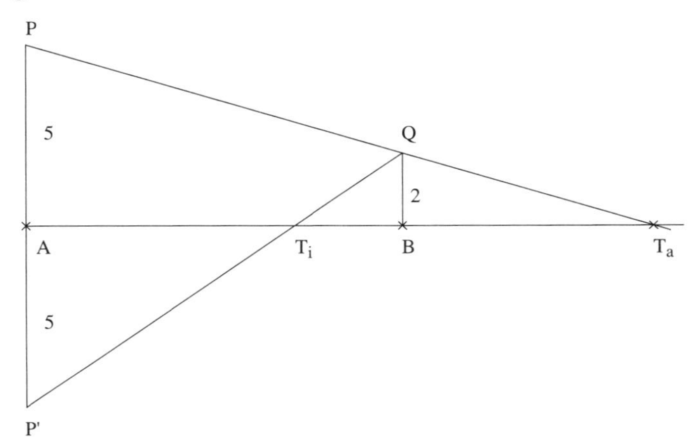

b) $\tau' = \frac{\overline{T_iA}}{\overline{AT_a}} = \frac{\overline{AB}-\overline{T_iB}}{\overline{AB}+\overline{T_aB}} = \frac{\overline{AB}-\frac{1}{\tau}\overline{AB}}{\overline{AB}+\frac{1}{\tau}\overline{AB}} = \frac{\overline{AB}\left(1-\frac{1}{\tau}\right)}{\overline{AB}\left(1+\frac{1}{\tau}\right)}$

$= \frac{1-\frac{1}{\tau}}{1+\frac{1}{\tau}} = \frac{\frac{\tau-1}{\tau}}{\frac{\tau+1}{\tau}} = \frac{\tau-1}{\tau+1}$

Im Beispiel gilt:

$\tau' = \frac{\frac{5}{2}-1}{\frac{5}{2}+1} = \frac{3}{7}$

Anmerkung: Die Menge aller Punkte der Ebene, deren Abstände von zwei gegebenen Punkten gleiches Verhältnis besitzen, ist der **Kreis des Apollonius**. Das ist der Thaleskreis über der Verbindungsstrecke $[T_iT_a]$ der Teilpunkte T_i, T_a, die die Strecke [AB] innen und außen im Verhältnis b : a teilen.

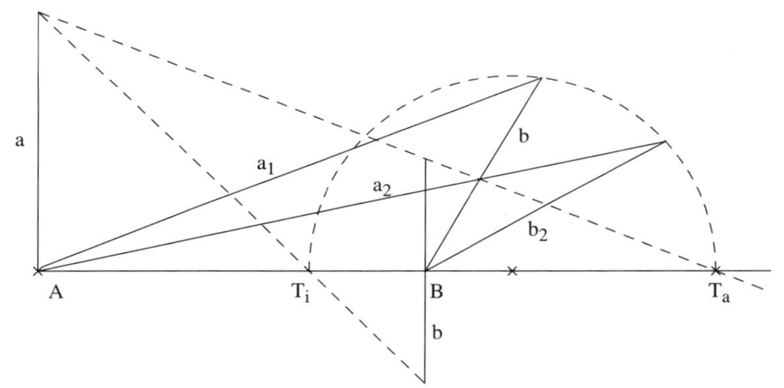

Daraus folgt: Jede Dreieckseite wird durch die Halbierenden des Gegenwinkels und dessen Nebenwinkels harmonisch im Verhältnis der anliegenden Dreieckseiten geteilt.

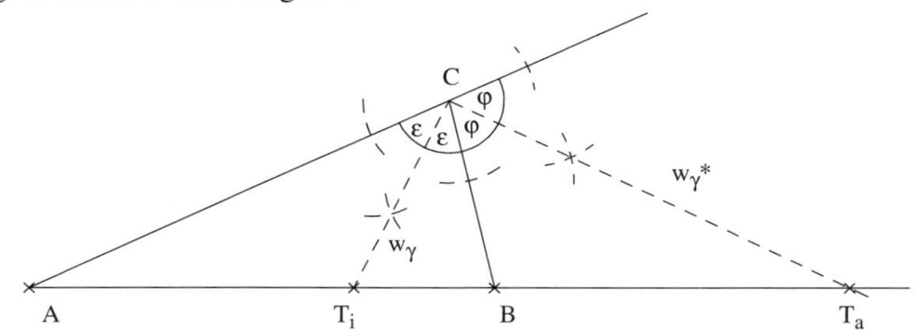

Beweis: Wegen $\varepsilon + \varepsilon + \varphi + \varphi = 180^\circ \Rightarrow \varepsilon + \varphi = 90^\circ$, d. h. $\sphericalangle T_iCT_a = 90^\circ \Rightarrow$ C liegt auf dem Thaleskreis über $[T_iT_a]$, d. h. auf dem Kreis des Apollonius.

2. Der Punkt T_i teilt die Strecke [AB]. Konstruiere den vierten harmonischen Punkt T_a.

Lösung:

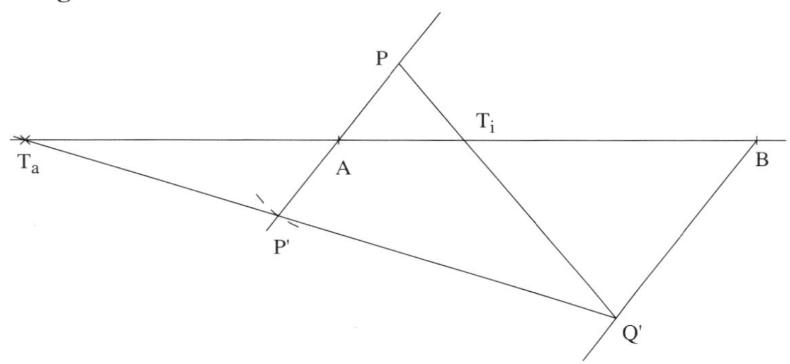

Man errichtet in A und B parallele Geraden und zeichnet dann durch T_i eine Gerade, die die Parallelen schneidet. Der Abschnitt bei A (oder bei B) wird nach der anderen Seite abgetragen. Verbindet man die beiden Endpunkte auf den Parallelen, so schneidet diese Gerade die Gerade AB im gesuchten Punkt T_a.

Aufgaben

51. Zwei Dreiecke haben die gleichen Höhen. In welchem Verhältnis stehen die Flächen der beiden Dreiecke?

52. Konstruiere eine Strecke x so, dass gilt: $3:5 = 2:x$. Die Strecke x heißt 4. Proportionale.

53. Gib für den Teilpunkt T jeweils das Teilverhältnis an. (Skizzen nur Überlegungsfiguren)

a)
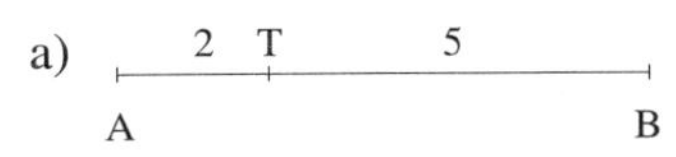

b) 4 T 3
A B

c) 1,5 T 5,5
A B

d) 5 T 2
A B

e) 1 T 6
A B

f) 3,5 T 3,5
A B

54. Gib für den jeweiligen Teilpunkt T_i der Strecke [AB] eine passende Ungleichung für das Teilverhältnis τ_i an.

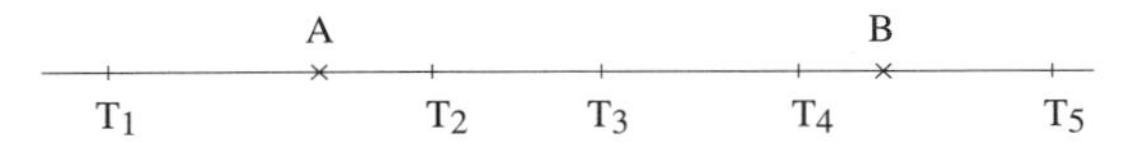

55. Bestimme jeweils eine Ungleichung für das Teilverhältnis, wenn für die Lage der drei Punkte A, B, T gilt:

a) B liegt zwischen A und T,

b) A liegt zwischen T und B,

c) T liegt zwischen A und B.

56. Teile die Strecke [PQ] mit $\overline{PQ} = 6$ cm im Verhältnis

a) $\tau = \frac{2}{3}$ b) $\tau = -\frac{3}{7}$

c) $\tau = 1$ d) $\tau = -1$

57. Teile die Strecke [AB] mit $\overline{AB} = 5{,}5$ cm harmonisch im Verhältnis $|\tau| = \frac{3}{1}$.

58. Konstruiere den 4. harmonischen Punkt T_i.

59. Gegeben ist eine Strecke [AB] mit $\overline{AB} = 6$ cm und der Punkt T_a auf der Verlängerung (außerhalb) der Strecke [AB] mit $\overline{BT_a} = 2$ cm.

a) Bestimme das Teilverhältnis τ aus den angegebenen Streckenlängen.

b) Konstruiere den 4. harmonischen Punkt T_i zu den Punkten A, B, T_a.

c) Zeichne eine neue Gerade mit den Punkten A und B und markiere auf dieser die Abschnitte, auf denen Teilpunkte mit
(1) $-1 < \tau < 0$ und (2) $\tau \geq 1$
liegen.

4 Strahlensatz

Zwei sich schneidende Geraden g_1 und g_2 werden von einem Parallelenpaar p_1, p_2 geschnitten. Es ergeben sich die folgenden beiden Möglichkeiten, wobei der Schnittpunkt Z der beiden Geraden g_1 und g_2 weder auf p_1 noch auf p_2 liegen soll.

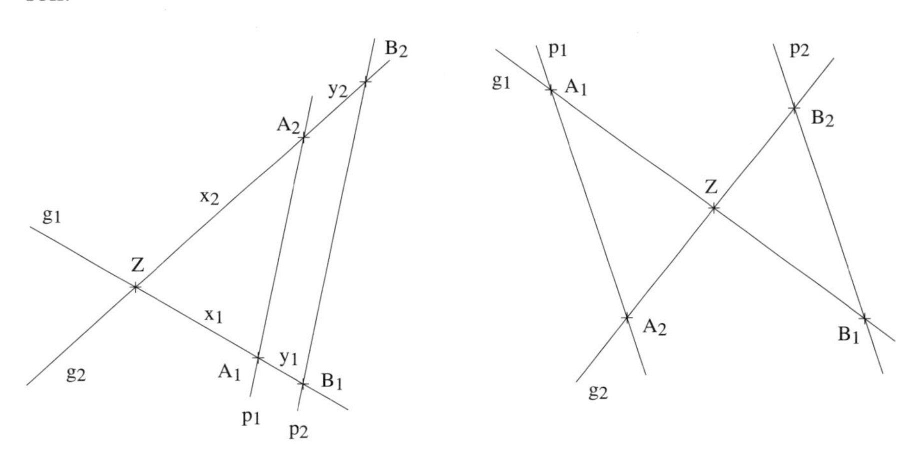

Aus der Definition der zentrischen Streckung erkennt man, dass die zentrische Streckung

$$S_{Z;m}:\ \begin{array}{l} A_1 \to B_1 \\ A_2 \to B_2 \\ p_1 \to p_2 \end{array}$$

abbildet.

Damit gelten folgende Proportionen:

1. $\frac{x_1+y_1}{x_1} = \frac{x_2+y_2}{x_2} = \frac{b}{a}$ bzw. $\frac{y_1}{x_1} = \frac{y_2}{x_2} = \frac{b}{a}$

2. $1+\frac{y_1}{x_1} = 1+\frac{y_2}{x_2}$ bzw. $\frac{y_1}{x_1}+1 = \frac{y_2}{x_2}+1$

$$\Downarrow \qquad\qquad \Downarrow$$

$$\frac{y_1}{x_1} = \frac{y_2}{x_2} \qquad\qquad \frac{y_1+x_1}{x_1} = \frac{y_2+x_2}{x_2}$$

3. $\frac{x_1+y_1}{y_1} = \frac{x_2+y_2}{y_2}$ bzw. $\frac{x_1+y_1}{y_1} = \frac{x_2+y_2}{y_2}$

Das sind aber die Aussagen des **Strahlensatzes**:

Werden zwei sich im Punkt Z schneidende Geraden von einem Parallelenpaar, das den Punkt Z nicht enthält, geschnitten, so gilt:

1. Je zwei Abschnitte auf der einen Geraden verhalten sich so wie die entsprechenden auf der anderen Geraden.
2. Die ausgeschnittenen Parallelstrecken verhalten sich so wie die Entfernungen entsprechender Streckenpunkte vom Schnittpunkt Z.

Beispiele:

1. Gegeben:

   $\overline{ZA_1} = 3$ cm; $\overline{ZA_2} = 4$ cm

   $\overline{A_1B_1} = 2$ cm; $\overline{B_1B_2} = 5$ cm

   Bestimme die Streckenlängen

   $\overline{ZB_2}$, $\overline{A_2B_2}$ und $\overline{A_1A_2}$.

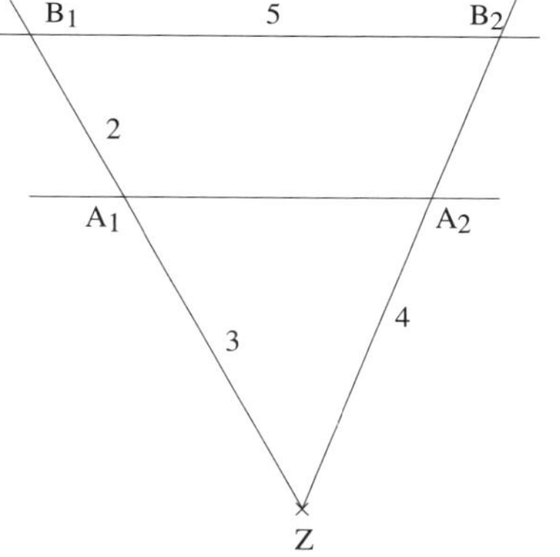

   Lösung:
   Die Rechnung wird einfacher, wenn man die Proportion mit der gesuchten Größe beginnt.

$$\frac{\overline{ZB_2}}{\overline{ZB_1}} = \frac{\overline{ZA_2}}{\overline{ZA_1}} \Rightarrow \overline{ZB_2} = \frac{\overline{ZA_2}}{\overline{ZA_1}} \cdot \overline{ZB_1} = \frac{4}{3} \cdot 5\text{ cm} = \frac{20}{3}\text{ cm}$$

$$\frac{\overline{A_2B_2}}{\overline{A_1B_1}} = \frac{\overline{ZA_2}}{\overline{ZA_1}} \Rightarrow \overline{A_2B_2} = \frac{\overline{ZA_2}}{\overline{ZA_1}} \cdot \overline{A_1B_1} = \frac{4}{3} \cdot 2\text{ cm} = \frac{8}{3}\text{ cm}$$

$$\frac{\overline{A_1A_2}}{\overline{B_1B_2}} = \frac{\overline{ZA_1}}{\overline{ZB_1}} \Rightarrow \overline{A_1A_2} = \frac{\overline{ZA_1}}{\overline{ZB_1}} \cdot \overline{B_1B_2} = \frac{3}{5} \cdot 5\text{ cm} = 3\text{ cm}$$

2. Es gilt:
   [DF] ∥ [AB]
   [BF] ∥ [AD]
   $\overline{AB} = 9$ cm; $\overline{EF} = 3{,}5$ cm
   $\overline{BF} = 4$ cm; $\overline{CE} = 6$ cm
   Berechne die Streckenlängen $\overline{BE}$ und $\overline{CD}$.
   (Skizze nur Überlegungsfigur)

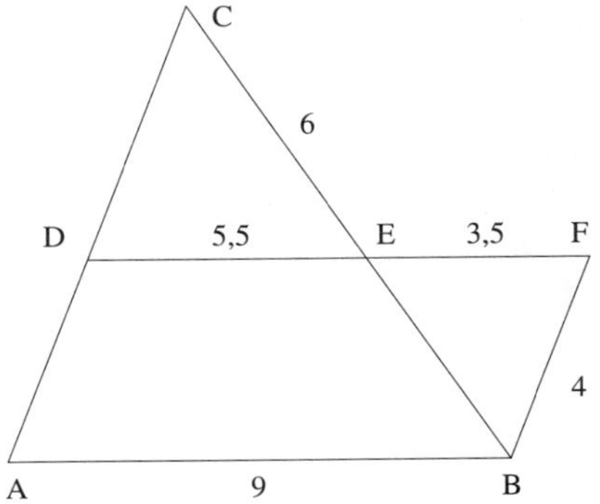

   Lösung:
   Aus der Parallelogrammeigenschaft erhält man:
   $\overline{DE} = \overline{AB} - \overline{EF} = 5{,}5$ cm.

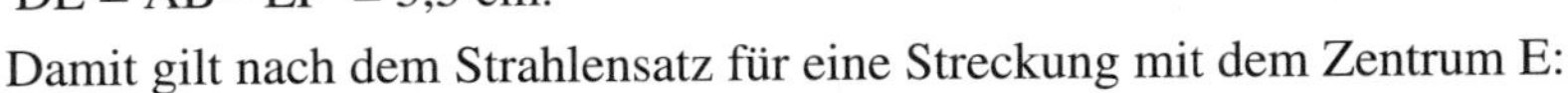
Damit gilt nach dem Strahlensatz für eine Streckung mit dem Zentrum E:

$$\frac{\overline{BE}}{6} = \frac{3{,}5}{5{,}5} \Rightarrow \overline{BE} = \frac{3{,}5}{5{,}5} \cdot 6 \text{ cm} = \frac{42}{11} \text{ cm} \approx 3{,}82 \text{ cm}$$

$$\frac{\overline{CD}}{4} = \frac{5{,}5}{3{,}5} \Rightarrow \overline{CD} = \frac{5{,}5}{3{,}5} \cdot 4 \text{ cm} = \frac{22}{3{,}5} \text{ cm} = \frac{44}{7} \text{ cm} \approx 6{,}29 \text{ cm}$$

Aufgaben

60. Es gilt: [AE] ∥ [BF].
Berechne die Streckenlängen $\overline{ZA}$, $\overline{FB}$ und $\overline{AE}$ aus den gegebenen Längen.
(Skizze nur Überlegungsfigur, Maße in cm)

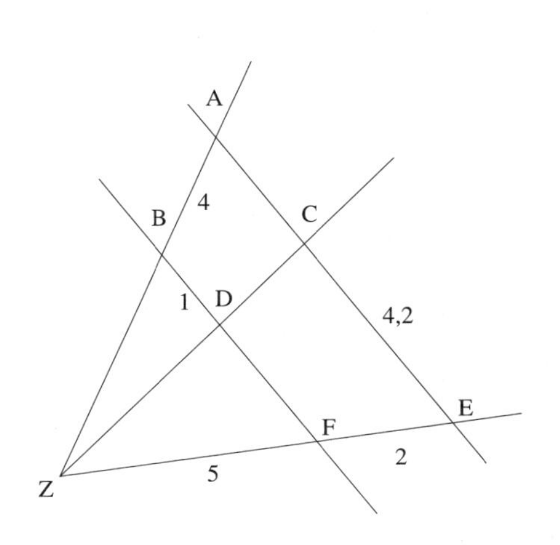

61. Die Geraden g, h und ℓ sind parallel. Berechne die Längen a, b und c mit Hilfe der angegebenen Längen in cm.
(Skizze nur Überlegungsfigur, Maße in cm)

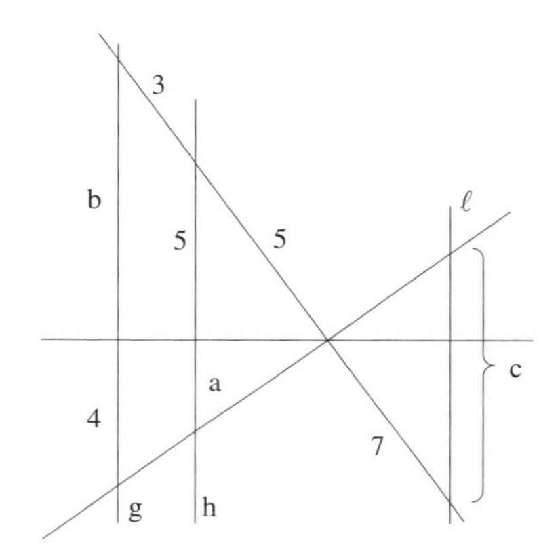

62. Gegeben sind ein Dreieck PQR sowie die Punkte S und X mit [SX] ∥ [QR].
Bekannt sind ferner die Streckenlängen $\overline{SX} = 5{,}5$ cm, $\overline{QR} = 8{,}9$ cm und $\overline{XR} = 6{,}8$ cm.

a) Bestätige durch Rechnung, dass $\overline{PX} = 11$ cm gilt.

b) Die Parallele zu [PQ] durch X schneidet die Strecke [RQ] im Punkt T.
Berechne das Teilverhältnis τ, in dem der Punkt T die Strecke [RQ] teilt.
(Skizze nur Überlegungsfigur)

63. Es gilt:
[AB] ∥ [GF]
[AC] ∥ [DE]
Berechne die Länge der Strecken $x = \overline{GF}$ und $y = \overline{EF}$ in cm.
(Skizze nur Überlegungsfigur, Maße in cm)

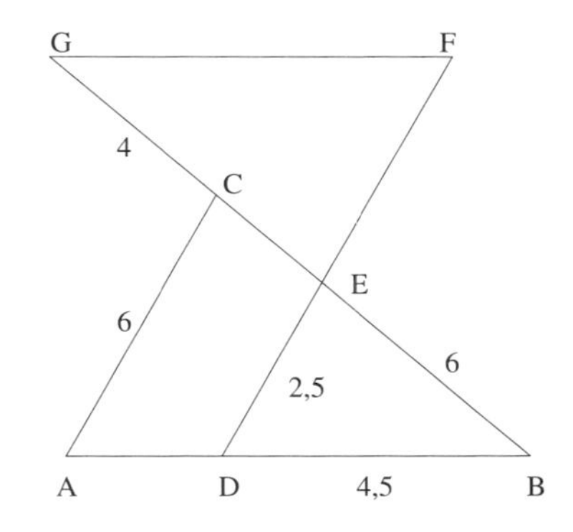

64. Gegeben sind die Streckenlängen $\overline{AA'} = 4$ cm, $\overline{A'B'} = 2$ cm und $\overline{AB} = 6$ cm (siehe Skizze).

a) Berechne den Abbildungsfaktor m der zentrischen Streckung $S_{Z;\,m}$: [A'B'] → [AB] sowie die Länge $\overline{ZA'}$.

b) Wie lang ist die Verbindungsstrecke [MN] der Diagonalenmitten des Trapezes ABB'A'? (Skizze nur Überlegungsfigur)

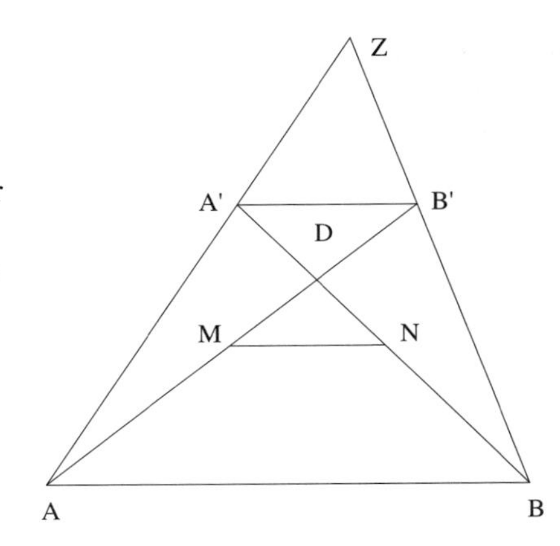

65. In der nebenstehenden Figur gilt:
[AB] ∥ [CF]; [BC] ∥ [EF]
$\overline{AB} = 7{,}6$ cm; $\overline{AF} = 8$ cm;
$\overline{EF} = 4$ cm; $\overline{DF} = 1{,}6$ cm
Berechne die Streckenlängen $x = \overline{BD}$ und $y = \overline{BE}$.
(Skizze nur Überlegungsfigur)

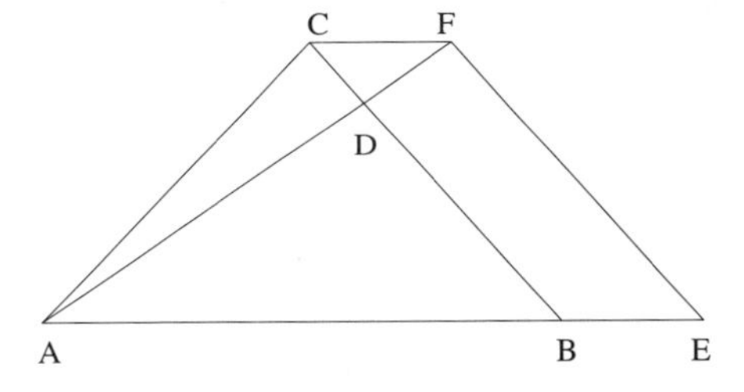

5 Anwendungen

5.1 Messungen im Gelände

Von den vielfältigen Anwendungen der Messungen im Gelände sollen die besonders häufig gebrauchten dargestellt werden.

1. Um die Breite eines Flusses zu bestimmen, gibt es drei unterschiedliche Möglichkeiten, die jeweils auf der Messung von drei Strecken beruhen.
   Es gilt:

$$\frac{x+a_3}{x}=\frac{a_1}{a_2}$$

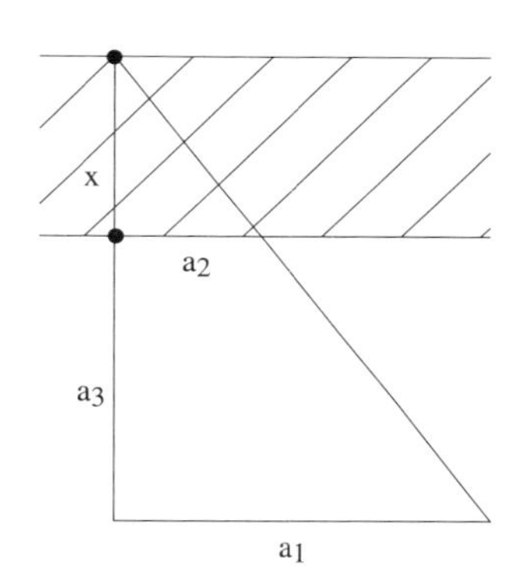

Es gilt:

$$\frac{x+b_3}{x}=\frac{b_1}{b_2}$$

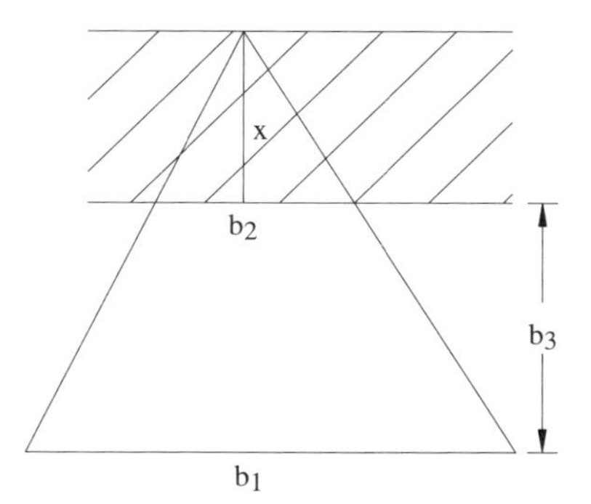

Es gilt:

$$\frac{x}{c_3} = \frac{c_1}{c_2}$$

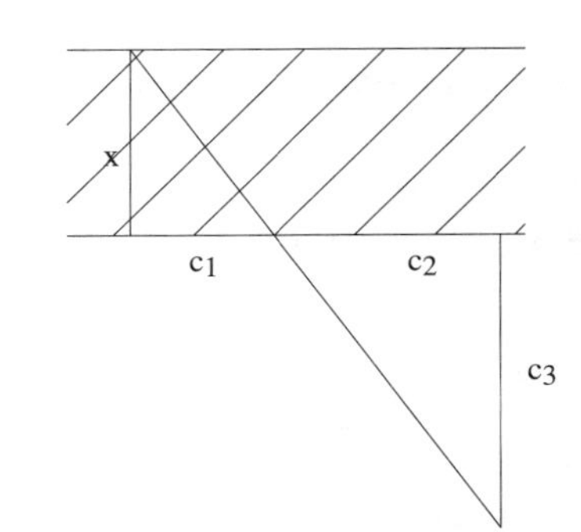

2. Der Daumensprung

   Schließt man abwechselnd das linke und das rechte Auge, so macht der Daumen (der Zeigefinger oder ein Bleistift), der bei ausgestrecktem Daumen anvisiert wird, scheinbar einen Sprung s.

   Kennt man den Augenabstand d, die Entfernung ℓ des Daumens vom Auge sowie die Länge der Strecke s, so kann man die Entfernung x errechnen.

   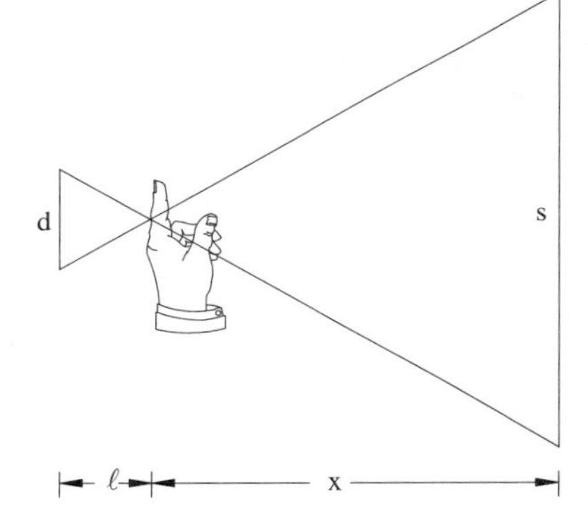

   Es gilt:

   $$\frac{x}{\ell} = \frac{s}{d} \Rightarrow x = \frac{s}{d} \cdot \ell$$

Selbstverständlich kann jede der vier Strecken aus den drei restlichen berechnet werden.

3. Höhenmessung

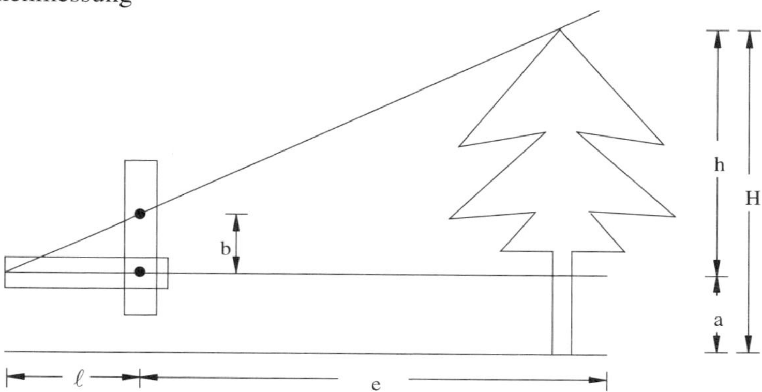

Das Messgerät zur Bestimmung von Baumhöhen besteht aus zwei orthogonalen Stäben, von denen der eine verschoben werden kann.
Mit den gemessenen Längen ℓ, b und e sowie der Augenhöhe a erhält man für die Höhe

$$H = h + a \text{ mit } \frac{h}{b} = \frac{\ell + e}{\ell} \Rightarrow h = \frac{\ell + e}{\ell} \cdot b$$

Anmerkung: Der Vorgänger des eben beschriebenen Messgerätes war der **Jakobsstab**, der von dem Mathematiker APIAN (Professor für Mathematik an der damaligen Universität Ingolstadt) in seinem *„Instrument Buch“* (erschienen 1533) ausführlich beschrieben wurde. Der Jakobsstab Apians bestand aus einem Messstab und einem Läufer. Bereits 1524 hat er mit Hilfe des Jakobsstabes die Abstände des Mondes zu den Fixsternen bestimmt. Diese Abstände stellten bis ins 18. Jahrhundert hinein eine wichtige Orientierungshilfe in der Seefahrt dar.

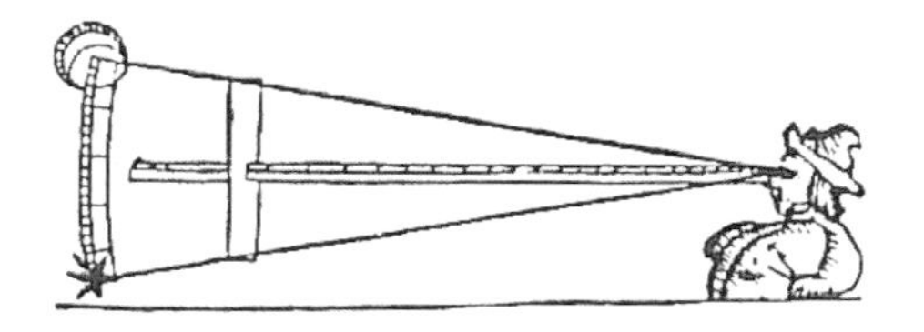

Aufgaben

66. Eine Erbse von 6 mm Durchmesser verdeckt gerade den Vollmond, wenn man sie 66 cm vom Auge entfernt hält. Wie groß ist der Monddurchmesser, wenn die Mondentfernung 383 900 km beträgt?

67. Um die Höhe eines Flachdachhauses zu bestimmen, werden die in der Skizze angegebenen Längen gemessen. Dabei wird die Messlatte parallel zur Hauswand aufgestellt. Berechne die Höhe des Hauses. (Skizze nur Überlegungsfigur)

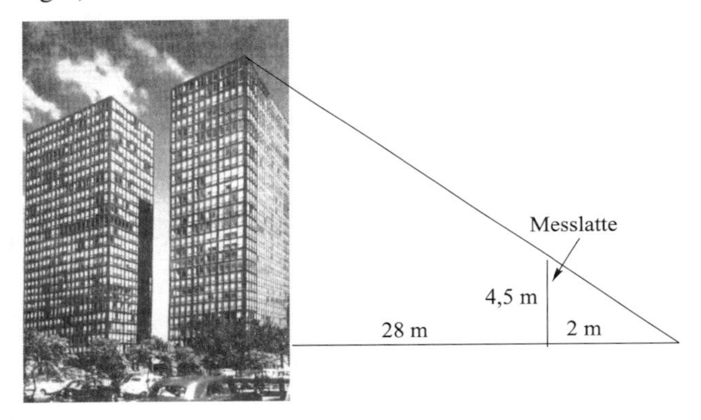

68. Fritz hält seinen Daumen (Breite 2,5 cm) bei ausgestrecktem Arm (Länge 63 cm) genau waagrecht und verdeckt mit diesem gerade die Höhe eines Kirchturmes. Wie weit ist dieser vom Standort von Fritz entfernt, wenn er weiß, dass der Turm genau 40 m hoch ist?

69. Berechne die Breite x des Flusses, wenn die Längen a = 60 m, b = 24 m und c = 36 m gegeben sind. (Skizze nur Überlegungsfigur)

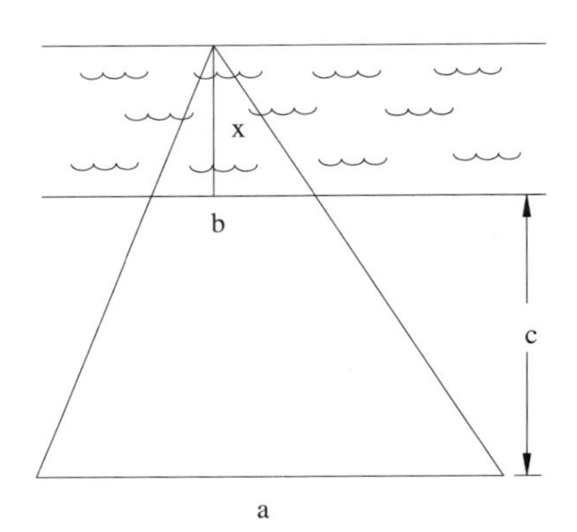

70. Berechne die Breite x des Flusses mit Hilfe der in der Skizze angegebenen Maße.
(Skizze nur Überlegungsfigur)

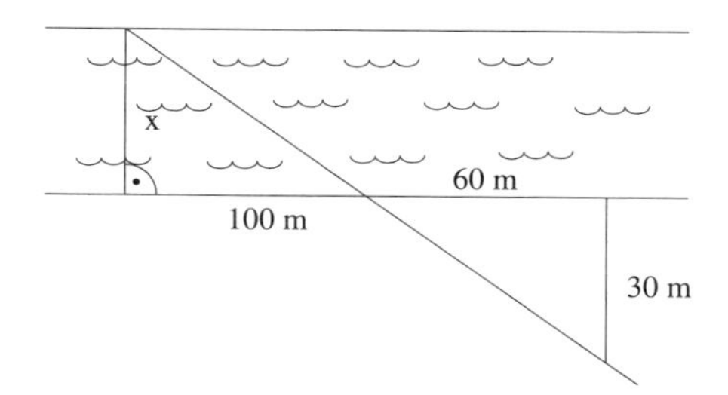

71. a) Bestimme die Breite $x = \overline{DC}$ des Flusses, wenn $\overline{AB} = 15$ m, $\overline{AD} = 8$ m und $\overline{DE} = 12$ m gegeben sind.

b) Welche Breite $x = \overline{DC}$ ergäbe sich für einen Fluss, wenn $\overline{DE} : \overline{AB} = 1 : 2$ und $\overline{AD} = 17$ m gilt?

(Skizze nur Überlegungsfigur)

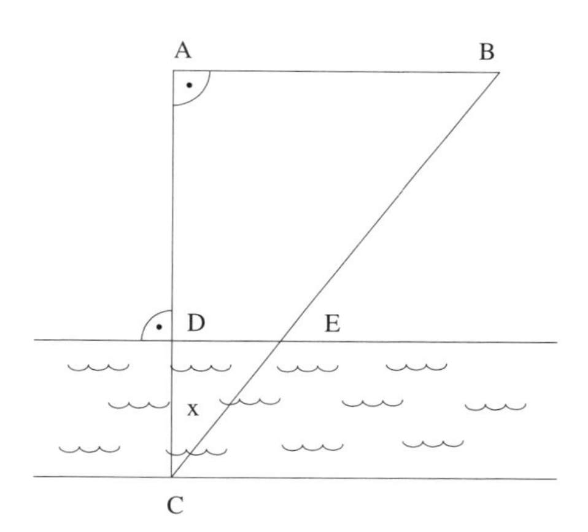

72. Gegeben sind die Messpunkte A, B, C, D, E sowie die in der Skizze angegebenen Messwerte für die Längen.
Berechne die Breite x des Flusses.
(Skizze nur Überlegungsfigur)

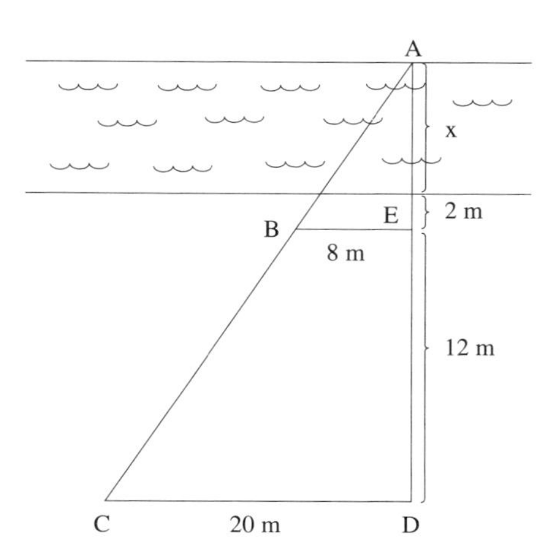

73. Über eine zum Turm parallele Fluchtstange wird mit Hilfe eines Theodoliten die Spitze des Turmes anvisiert.
Berechne die Höhe h des Turmes bei der Augenhöhe 1,5 m aus den in der Skizze angegebenen Längen. (Skizze nur Überlegungsfigur)

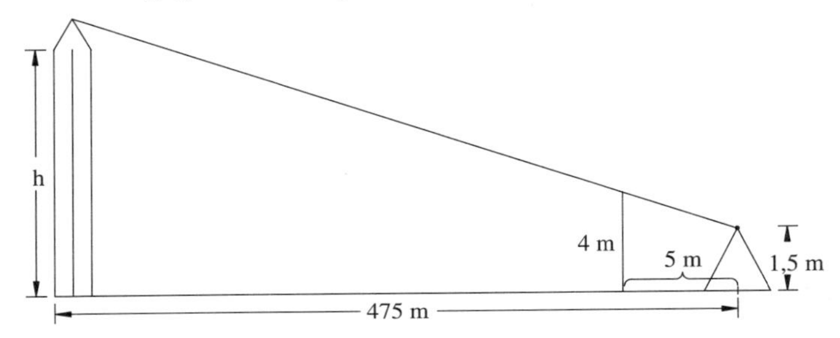

74. Durch eine Lichtquelle L wird ein kleiner Gegenstand mit der unbekannten Länge $x = \overline{AB}$ wie in der Skizze an eine Wand projiziert.
Berechne aus den Längen $\overline{DC} = 4$ cm, $\overline{LC} = 3{,}20$ m und $\overline{AC} = 3$ m die Länge $x = \overline{AB}$.
(Skizze nur Überlegungsfigur)

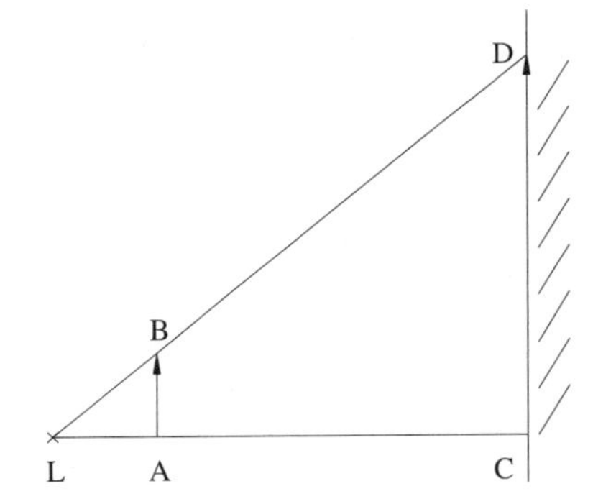

75. a) Skizziere den Strahlengang in einer Lochkamera und benutze sie als Entfernungsmesser an dem folgenden Beispiel.
Ein Gegenstand der Größe G = 36 m entwirft auf dem Schirm ein Bild der Größe B = 10 cm. Die Bildweite (Tiefe der Lochkamera) beträgt b = 20 cm. Berechne die Länge der Gegenstandsentfernung g.

b) Franziska visiert bei ausgestrecktem Arm (Länge $\ell = 70$ cm) den linken Rand ihres lotrecht nach oben gestreckten Daumens einmal mit dem linken Auge und einmal mit dem rechten Auge an. Der Daumen überspringt dabei die Strecke s = 50 m zwischen zwei Bäumen. Wie weit sind diese von Franziska entfernt, wenn der Augenabstand d = 8 cm beträgt?

76. Berechne die Höhe H des Baumes aus den angegebenen Maßen.
(Skizze nur Überlegungsfigur)

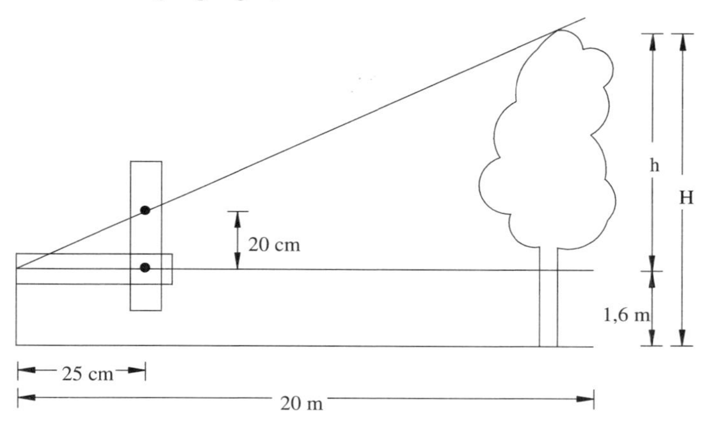

5.2 Schwerpunkt eines Dreiecks

In einem Dreieck ABC heißt die Strecke von einer Ecke zur gegenüberliegenden Seitenmitte **Seitenhalbierende** oder **Schwerlinie**.

Aus der Geometrie der Vorjahre weiß man, dass sich die drei Seitenhalbierenden in einem Punkt S, dem **Schwerpunkt S** des Dreiecks, schneiden.

Unterstützt man das Dreieck längs einer Seitenhalbierenden bzw. im Schwerpunkt, so befindet es sich im Gleichgewicht.

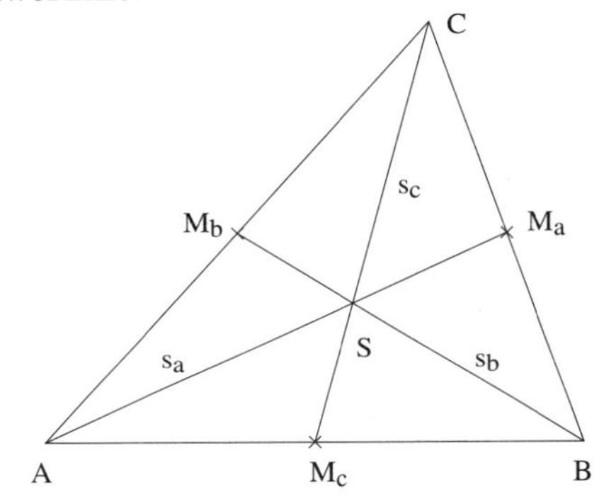

Da M_a und M_b die Mitten der Seiten a und b sind, folgt aus der zentrischen Streckung mit dem Zentrum C und dem Faktor m = 2:

$\overline{AB} = 2 \cdot \overline{M_b M_a}$.

Genauso lässt sich der Punkt S als Zentrum einer zentrischen Streckung mit dem Faktor m = –2 auffassen, die die Strecke $[M_bM_a]$ auf die Strecke [AB] abbildet, d. h. es gilt:

$\overline{SA} = 2 \cdot \overline{SM}$ und $\overline{SB} = 2 \cdot \overline{SM}$ oder

$\overline{SA} : \overline{SM} = \overline{SB} : \overline{SM} = 2:1$.

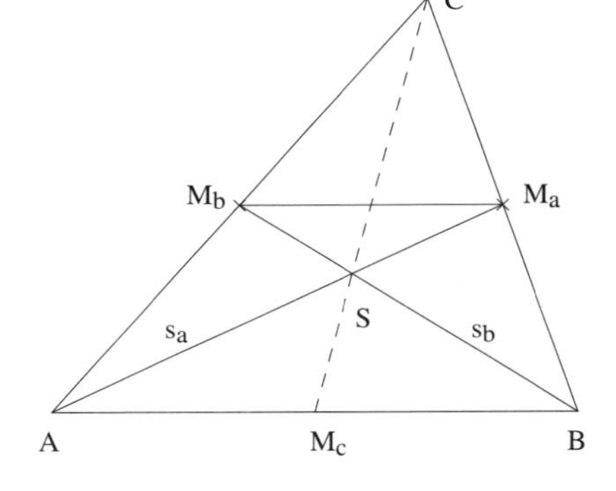

Das gleiche gilt für die Unterteilung der Schwerlinie s_c.

Damit erhält man:

In jedem Dreieck ABC teilt der Schwerpunkt S die Schwerlinie im Verhältnis 2 : 1, wobei die Teilstrecke von S zur Ecke doppelt so lang ist wie die von S zur Seitenmitte.

Beispiel:

Konstruiere ein Dreieck ABC aus $c = 5$ cm, $s_a = 4{,}8$ cm und $s_b = 4{,}2$ cm.

Lösung:

Vorüberlegung:

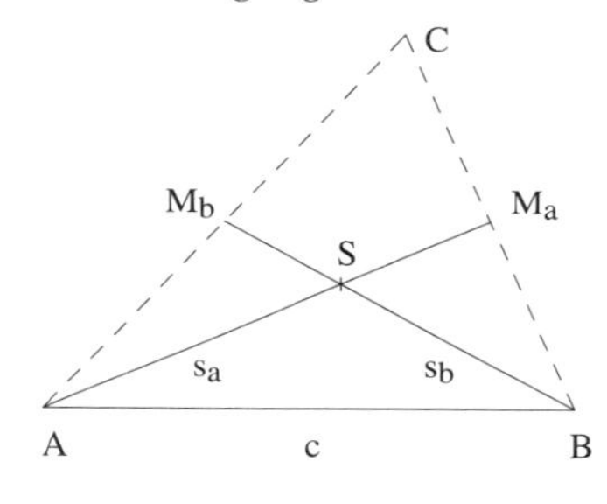

Durch c sind A und B gegeben.

S liegt	M_a liegt
1. auf k (A; $\frac{2}{3}$ s_a)	1. auf AS
2. auf k (B; $\frac{2}{3}$ s_b)	2. auf k (A; s_a)
M_b liegt	C liegt
1. auf BS	1. auf AM_b
2. auf k (B; s_b)	2. auf BM_a

Konstruktion:

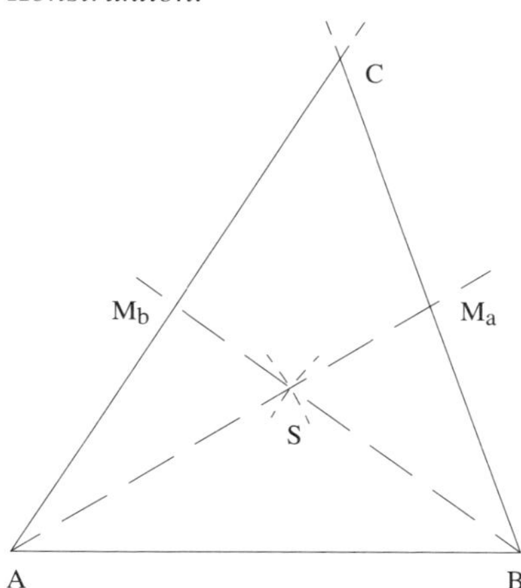

Aufgaben

77. Konstruiere ein Dreieck ABC aus c = 5,5 cm, s_b = 4,8 cm, s_c = 5,4 cm.

78. Im nebenstehenden Dreieck ABC gilt: $\overline{AC}$ = 4 cm und ∢ BAC = 90°. S ist der Schwerpunkt des Dreiecks. Berechne das Streckenverhältnis $\overline{FS} : \overline{DE}$ sowie die Länge $\overline{FS}$. (Skizze nur Überlegungsfigur)

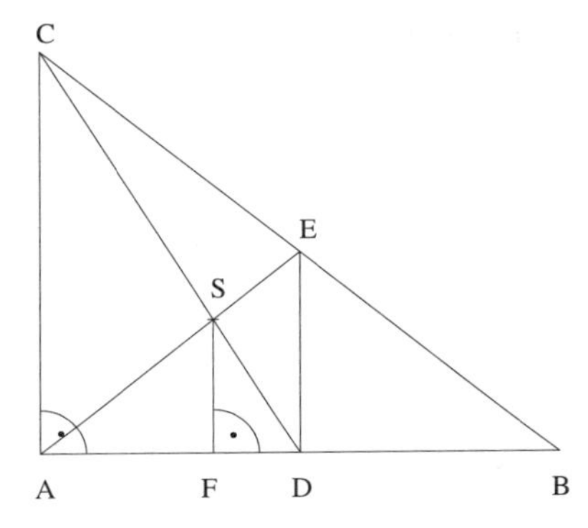

79. Wie verhält sich der Abstand d des Schwerpunktes S des Dreiecks ABC von der Seite c = [AB] zur Höhe h_c?

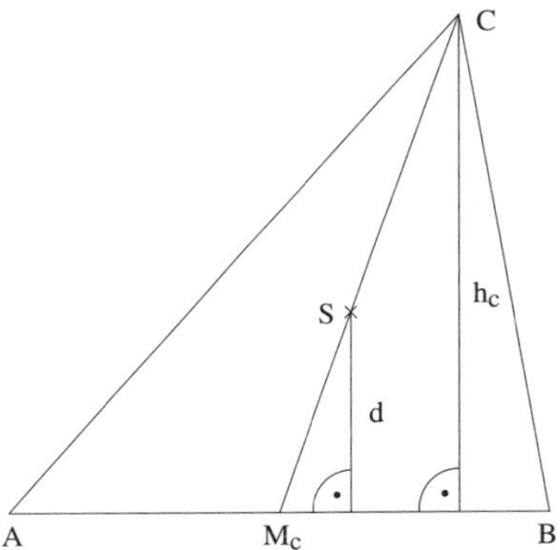

80. Zeichne ein Dreieck ABC aus a = 6 cm, b = 6,5 cm und c = 7 cm. Konstruiere den Schwerpunkt S, den Höhenschnittpunkt H sowie den Umkreismittelpunkt U. Zeichne die **Euler'sche Gerade** HU ein. Was fällt auf?

81. Zeichne ein Dreieck ABC aus a = 6 cm, b = 6,5 cm und c = 7 cm und in dieses Dreieck das Mittendreieck $M_aM_bM_c$ sowie dessen Umkreis, der **Feuerbach'scher Neunpunktekreis** heißt.
Zeige anschaulich, dass auf diesem Kreis die neun Punkte M_a, M_b, M_c, die Lotfußpunkte H_a, H_b, H_c der Höhen sowie die Mitten A', B', C' der Höhenabschnitte zwischen dem Höhenschnittpunkt H und der jeweiligen Ecke liegen.

Satzgruppe des Pythagoras

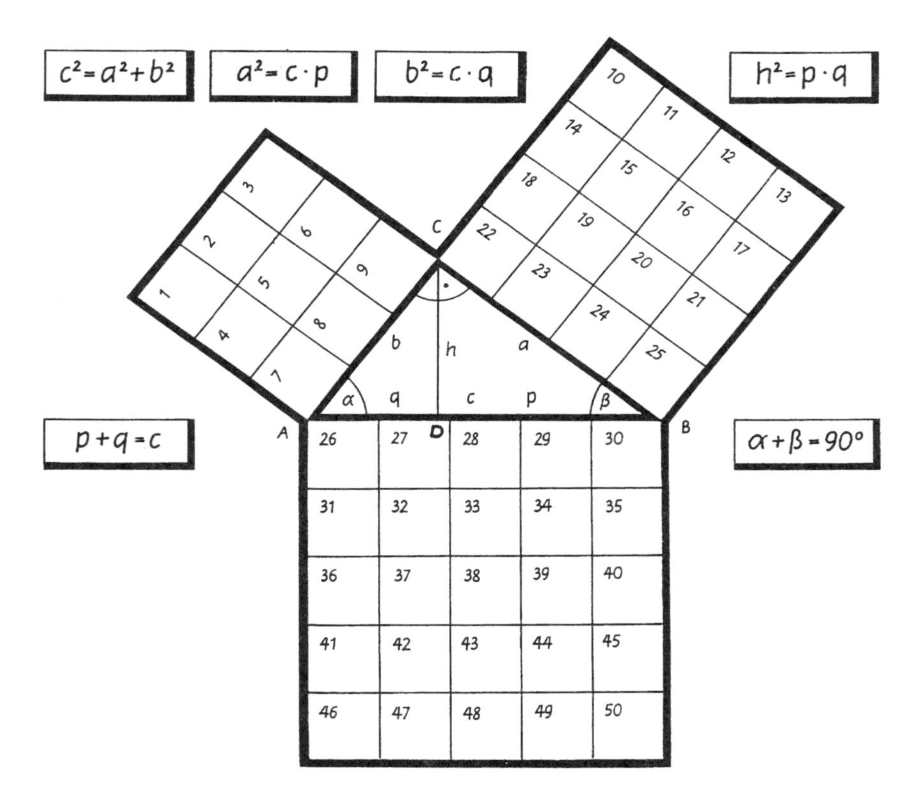

Im 6. Jahrhundert v. Chr. stellte Pythagoras den berühmten „Satz des Pythagoras“ auf. Es ist derjenige Lehrsatz der Mathematik, der am häufigsten verwendet wird. Im Bild sind die ersten 50 natürlichen Zahlen nach der einfachsten pythagoreischen Zahlenbeziehung $3^2 + 4^2 = 5^2$ $(9 + 16 = 25)$ in den drei Quadraten angeordnet.

6 Ähnlichkeitsbeziehungen im rechtwinkligen Dreieck

6.1 Höhensatz

Jedes rechtwinklige Dreieck ABC ($\gamma = 90°$) wird durch die Höhe h (siehe Skizze) in die Teildreiecke ADC und BDC zerlegt.

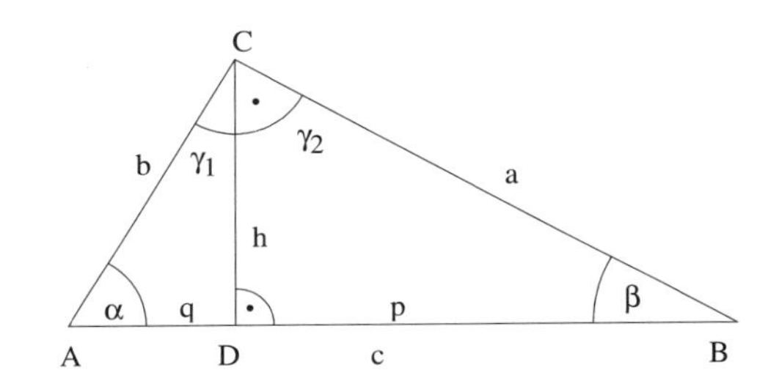

Dort gilt:

1. $c = p + q$
2. $\gamma_2 + \beta = 90° \wedge \alpha + \beta = 90° \Rightarrow \alpha = \gamma_2$
   $\alpha + \gamma_1 = 90° \wedge \alpha + \beta = 90° \Rightarrow \beta = \gamma_1$

Da die beiden Teildreiecke und das ganze Dreieck in zwei Winkeln übereinstimmen, folgt, dass diese beiden Teildreiecke untereinander und zum ganzen Dreieck ähnlich sind.

Insbesondere gilt:

$\Delta ADC \sim \Delta DBC \Rightarrow \overline{AD} : \overline{DC} = \overline{CD} : \overline{DB} \Rightarrow q : h = h : p \Rightarrow h^2 = p \cdot q$

Deutet man diese Gleichung als Flächengleichung, so gilt der

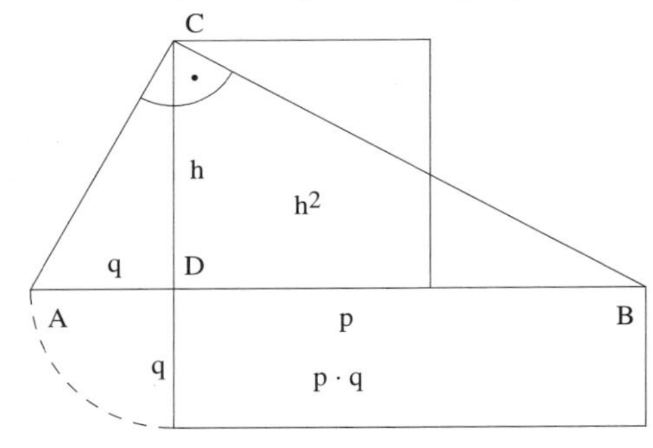

Höhensatz
In jedem rechtwinkligen Dreieck ist das Quadrat über der Höhe flächengleich dem Rechteck aus den beiden Hypotenusenabschnitten.

Beispiele:

1. Ein rechtwinkliges Dreieck ABC ($\gamma = 90°$) hat die Hypotenusenabschnitte $p = 3{,}2$ cm und $q = 5$ cm. Wie groß ist der Flächeninhalt des Dreiecks ABC?

   Lösung:
   $c = p + q = 3{,}2 \text{ cm} + 5 \text{ cm} = 8{,}2 \text{ cm}$; $h^2 = p \cdot q = 3{,}2 \cdot 5 \text{ cm}^2 = 16 \text{ cm}^2$
   $\Rightarrow h = 4 \text{ cm}$
   $A_\Delta = \frac{1}{2} c \cdot h_c = \frac{1}{2} \cdot 8{,}2 \cdot 4 \text{ cm}^2 = 16{,}4 \text{ cm}^2$

2. Konstruiere ein Quadrat, das flächengleich ist einem Rechteck mit den Seiten $a = 3{,}6$ cm und $b = 2{,}4$ cm.

   Lösung:
   Der Thaleskreis über der Strecke, die sich als Summe aus a und b ergibt, schneidet das Lot im Schnittpunkt der beiden Strecken in der gesuchten Quadratseite, d. h. die Seiten a und b werden als Hypotenusenabschnitte und die Quadratseite als Höhe in einem rechtwinkligen Dreieck gedeutet.

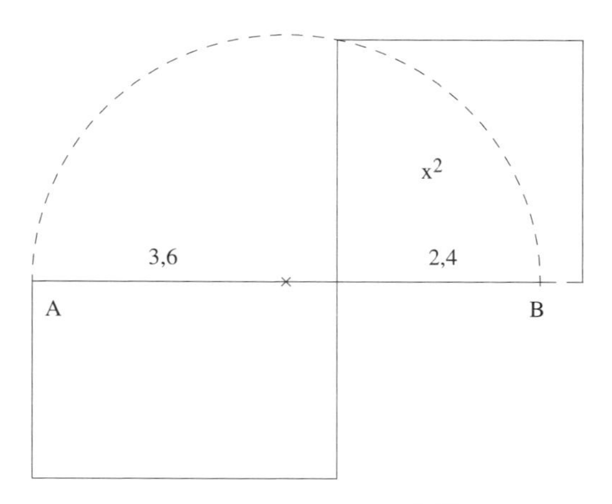

Anmerkung: Sind a und b zwei positive Zahlen, so heißt $\mathbf{m_g = \sqrt{a \cdot b}}$ das **geometrische Mittel** von a und b.

Wegen $h^2 = a \cdot b \Rightarrow h = \sqrt{a \cdot b}$ kann man a und b als Hypotenusenabschnitte und m_g als Höhe zur Hypotenuse eines rechtwinkligen Dreiecks deuten, die man mit Hilfe des Höhensatzes konstruiert.

Aufgaben

82. a) Konstruiere das arithmetische Mittel $m_a = \frac{a+b}{2}$ und das geometrische Mittel $m_g = \sqrt{a \cdot b}$ für die Zahlenpaare
(1) $a = 4$ cm, $b = 2$ cm
(2) $a = 2{,}5$ cm, $b = 3{,}1$ cm

b) Begründe rechnerisch, dass $m_g \leq m_a$ gilt.

83. Konstruiere (1 Längeneinheit (LE) = 1 cm):

a) $\sqrt{6}$

b) $2 + \sqrt{5}$

84. Verwandle ein Quadrat mit der Seitenlänge 3 cm in ein flächengleiches Rechteck mit der Länge $\ell = 4$ cm.

85. a) Konstruiere ein Dreieck ABC aus $c = 5$ cm, $h_c = 4$ cm und $s_c = 4{,}5$ cm.

b) Verwandle dieses Dreieck ABC in ein flächengleiches Rechteck und dieses in ein flächengleiches Quadrat.

86. Gesucht ist ein Rechteck, dessen Fläche $A = 16\ \text{cm}^2$ und dessen Umfang $u = 18$ cm beträgt. Führe die Konstruktion mit Hilfe des Höhensatzes aus.

6.2 Kathetensatz

Wie unter 6.1 festgestellt wurde, gilt:

$$\Delta ADC \sim \Delta ABC \text{ und } \Delta DBC \sim \Delta ABC$$

$$\Rightarrow \quad \overline{AD} : \overline{AC} = \overline{AC} : \overline{AB} \qquad \overline{DB} : \overline{BC} = \overline{BC} : \overline{AB}$$

$$\Rightarrow \quad q : b = b : c \qquad p : a = a : c$$

$$\Rightarrow \quad \underline{\underline{b^2 = c \cdot q}} \qquad \underline{\underline{a^2 = c \cdot p}}$$

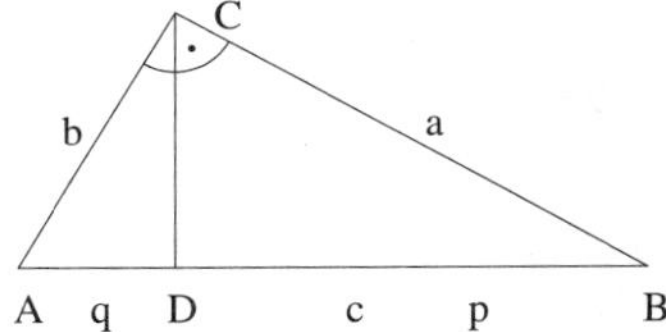

Deutet man jede dieser beiden Gleichungen als Flächengleichungen, so gilt der **Kathetensatz**.

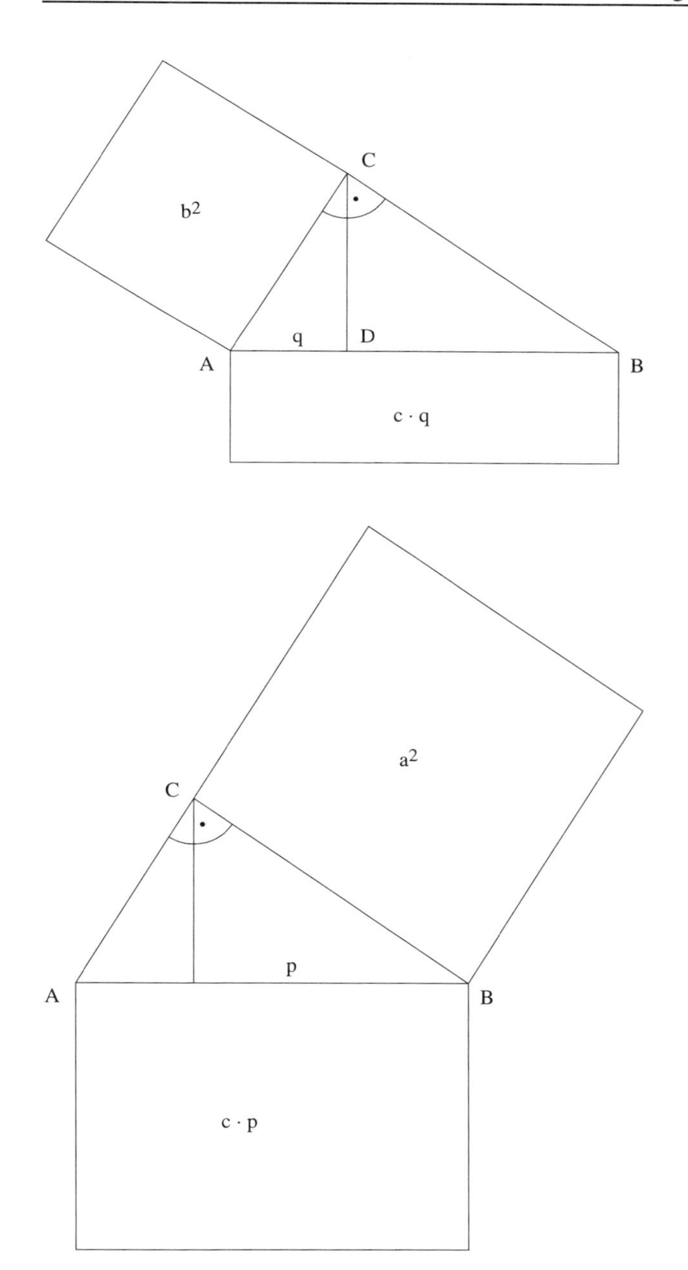

C
b^2
q
D
A
B
$c \cdot q$
a^2
C
p
A
B
$c \cdot p$

Kathetensatz

Das Quadrat über einer Kathete eines rechtwinkligen Dreiecks ist flächengleich dem Rechteck aus der Hypotenuse und dem der Kathete anliegenden Hypotenusenabschnitt.

$a^2 = c \cdot p, \quad b^2 = c \cdot q$

Beispiele:

1. Ein rechtwinkliges Dreieck ABC ($\gamma = 90°$) hat die Hypotenusenabschnitte $p = 4{,}4$ cm und $q = 3{,}6$ cm. Berechne die Längen der Dreieckseiten sowie den Flächeninhalt des Dreiecks.

   Lösung:

   $c = p + q = 4{,}4\text{ cm} + 3{,}6\text{ cm} = 8\text{ cm}$

   $a^2 = c \cdot p = 8 \cdot 4{,}4\text{ cm}^2 = 35{,}2\text{ cm}^2 \Rightarrow a = \sqrt{35{,}2}\text{ cm} \approx 5{,}93\text{ cm}$

   $b^2 = c \cdot q = 8 \cdot 3{,}6\text{ cm}^2 = 28{,}8\text{ cm}^2 \Rightarrow b = \sqrt{28{,}8}\text{ cm} \approx 5{,}37\text{ cm}$

   Mit dem Höhensatz gilt:

   $h^2 = p \cdot q = 4{,}4 \cdot 3{,}6\text{ cm}^2 = 15{,}84\text{ cm}^2 \Rightarrow h = \sqrt{15{,}84}\text{ cm} \approx 3{,}98\text{ cm}$

   Daraus folgt für die Dreiecksfläche

   $A = \frac{1}{2} c \cdot h_c = \frac{1}{2} \cdot 8 \cdot 3{,}98\text{ cm}^2 = 15{,}92\text{ cm}^2$ oder

   $A = \frac{1}{2} a \cdot b = \frac{1}{2} \cdot 5{,}93 \cdot 5{,}37\text{ cm}^2 = 15{,}92\text{ cm}^2$

2. Verwandle mit Hilfe des Kathetensatzes ein Quadrat mit der Seitenlänge 3 cm in ein flächengleiches Rechteck, dessen eine Seite 4 cm lang ist.

   Lösung:

   Man zeichnet ein Quadrat mit der Seitenlänge $\overline{AC} = 3$ cm. In C errichtet man das Lot auf AC. Der Kreis um A mit Radius 4 cm schneidet den Schenkel des rechten Winkels in B. Das Lot von C auf die Strecke [AB] schneidet diese in D. $\overline{AD} = q$ ist die zweite Seite des Rechtecks.

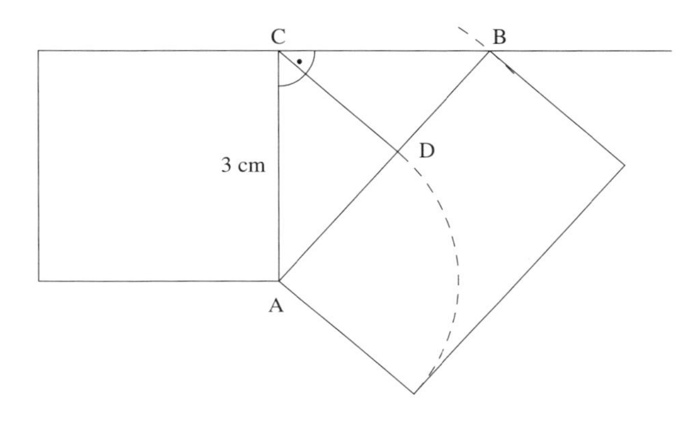

Aufgaben

87. Verwandle mit Hilfe des Kathetensatzes ein Rechteck mit den Seiten 6 cm und 3 cm in ein flächengleiches Quadrat.

88. Konstruiere ein Rechteck mit dem Flächeninhalt 16 cm^2, dessen eine Seite 7 cm beträgt, mit Hilfe des Kathetensatzes.

89. In einem rechtwinkligen Dreieck ABC ($\gamma = 90$) gilt: $b = 4{,}2$ cm und $h = 3{,}36$ cm. Berechne die Länge der 2. Kathete a sowie der Hypotenuse c.

90. Berechne die Entfernung $\overline{AB}$ der beiden unzugänglichen Punkte A und B, wenn man $\overline{AD} = 32{,}2$ m, $\overline{DC} = 75{,}5$ m und $\gamma = 90°$ messen kann. (Skizze nur Überlegungsfigur)

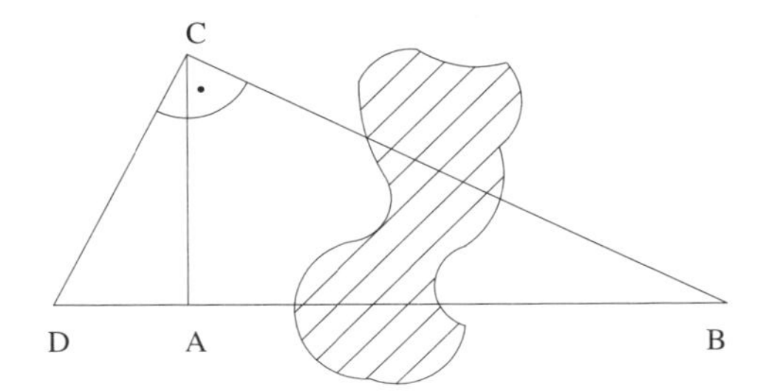

6.3 Satz des Pythagoras

Aus der Summe der beiden Ausdrücke des Kathetensatzes $a^2 = c \cdot p$ und $b^2 = c \cdot q$ ergibt sich:

$a^2 + b^2 = c \cdot p + c \cdot q = c \cdot (p + q) = c \cdot c = c^2 \Rightarrow \mathbf{a^2 + b^2 = c^2}$

Deutet man diese Gleichung als Flächengleichung, so gilt der

Satz des Pythagoras

Die Flächensumme der beiden Kathetenquadrate eines rechtwinkligen Dreiecks ist genauso groß wie der Flächeninhalt des Quadrates über der Hypotenuse.

$\mathbf{a^2 + b^2 = c^2}$

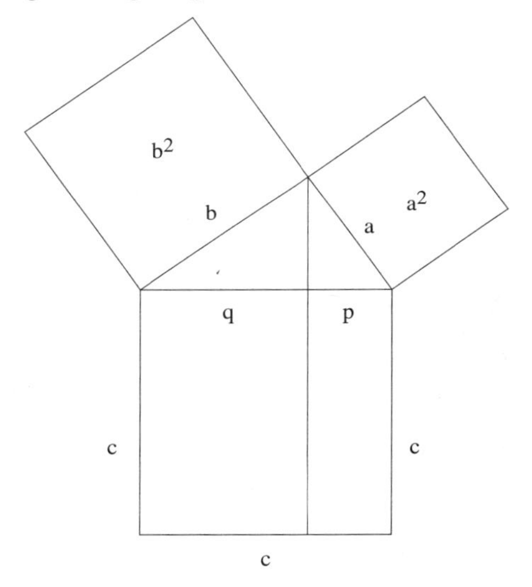

Anmerkungen:

1. Es gilt auch der Kehrsatz des Satzes von Pythagoras:
   „Wenn in einem Dreieck ABC die Beziehung $a^2 + b^2 = c^2$ gilt, dann ist das Dreieck bei C rechtwinklig."

2. Haben die Seitenlängen eines rechtwinkligen Dreiecks **ganze** Maßzahlen, so heißt das Dreieck ein **pythagoreisches Dreieck**, die Maßzahlen **pythagoreische Zahlen**.

   Pythagoreische Zahlentripel sind z. B.

   $a = 3,\quad b = 4,\quad c = 5$ (und alle Vielfachen, wie z. B. $a = 6$, $b = 8$, $c = 10$ usw.)
   $a = 5,\quad b = 12,\quad c = 13$ (und alle Vielfachen)
   $a = 8,\quad b = 15,\quad c = 17$ (und alle Vielfachen)
   $a = 7,\quad b = 24,\quad c = 25$ (und alle Vielfachen)
   $a = 9,\quad b = 40,\quad c = 41$ (und alle Vielfachen) usw.

3. Die in diesem Kapitel dargestellten Sätze werden dem griechischen Philosophen und Mathematiker PYTHAGORAS VON SAMOS (ca. 580 bis 500 v. Chr.) zugeschrieben, obwohl der Satz des Pythagoras bereits vorher den Indern bekannt war, wahrscheinlich aber hatten sie noch keinen Beweis dafür.
   Pythagoras gründete im italienischen Kroton den Geheimbund der Pythagoräer, die das Pentagramm (siehe unter 8 „Goldener Schnitt") als Erkennungszeichen hatten. Da die Angehörigen des Bundes zur Geheimhaltung verpflichtet waren, können die Historiker heute nicht mehr herausfinden, welche Leistungen Pythagoras selbst und welche seinen Schülern zuzuschreiben sind.

Beispiele:

1. In einem rechtwinkligen Dreieck ABC ($\gamma = 90°$) haben die Katheten die Länge a = 15 cm und b = 8 cm. Bestimme die Längen der Seite c und der Höhe h_c sowie den Flächeninhalt des Dreiecks.

   Lösung:

   $c^2 = a^2 + b^2 = 225\ \text{cm}^2 + 64\ \text{cm}^2 = 289\ \text{cm}^2 \Rightarrow c = 17\ \text{cm}$

   $a^2 = c \cdot p \Rightarrow p = \frac{a^2}{c} = \frac{225}{17}\ \text{cm} \approx 13{,}24\ \text{cm}$

   $b^2 = c \cdot q \Rightarrow q = \frac{b^2}{c} = \frac{64}{17}\ \text{cm} \approx 3{,}76\ \text{cm}$

   $h^2 = p \cdot q = \frac{225 \cdot 64}{17 \cdot 17}\ \text{cm}^2 \Rightarrow h = \frac{15 \cdot 8}{17}\ \text{cm} \approx 7{,}06\ \text{cm}$

   Für die Fläche gilt:

   $A = \frac{1}{2} c \cdot h_c = \frac{1}{2} \cdot 17 \cdot \frac{15 \cdot 8}{17} = 60\ \text{cm}^2$ oder

   $A = \frac{1}{2} a \cdot b = \frac{1}{2} \cdot 15 \cdot 8\ \text{cm}^2 = 60\ \text{cm}^2$

2. Konstruiere ein Quadrat, das flächengleich ist der Inhaltssumme der Quadrate mit den Seitenlängen 2 cm und 3 cm.

   Lösung:
   Man konstruiert ein rechtwinkliges Dreieck mit den Katheten 2 cm und 3 cm. Das Quadrat über der Hypotenuse erfüllt die geforderte Bedingung.

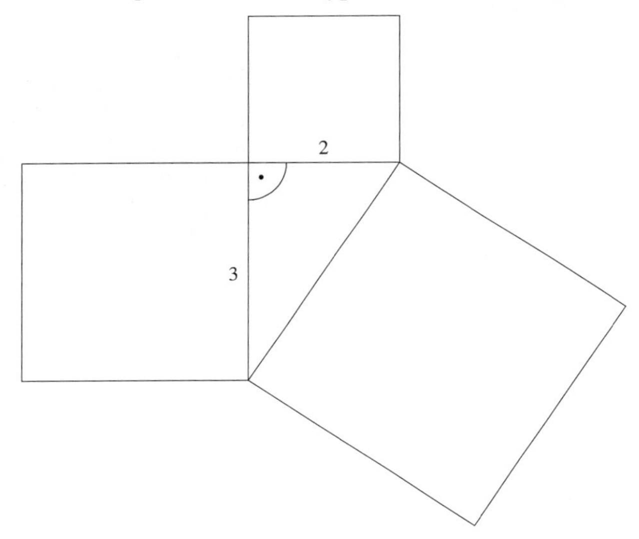

   Anmerkung: Mit Hilfe des Satzes von Pythagoras lassen sich die beiden Grundaufgaben lösen: Konstruiere ein Quadrat, dessen Flächeninhalt mit der Inhaltssumme (Inhaltsdifferenz) zweier gegebener Quadrate übereinstimmt.

3. a) Zeige, dass gilt: $(x^2 - y^2) + 4x^2y^2 = (x^2 + y^2)^2$.
   b) Verwende diese Beziehung zur Konstruktion pythagoreischer Zahlen.

   Lösung:
   a) Linke Seite: $x^4 - 2x^2y^2 + y^4 + 4x^2y^2 = x^4 + 2x^2y^2 + y^4$
   Rechte Seite: $x^4 + 2x^2y^2 + y^4$
   L.S. = R.S. $\Rightarrow$ Behauptung
   b) $a = x^2 - y^2,\ b = 2xy,\ c = x^2 + y^2$
   z. B. (1) $x = 2,\ y = 1 : a = 3,\ b = 4,\ c = 5$
   (2) $x = 7,\ y = 3 : a = 40,\ b = 42,\ c = 58$
   (3) $x = 11,\ y = 9 : a = 40,\ b = 198,\ c = 202$ usw.

Aufgaben

91. Konstruiere ein Quadrat, dessen Fläche gleich der Differenz zweier Quadrate mit den Seiten 4,5 cm und 3 cm ist.

92. Gegeben ist ein Quadrat mit der Fläche $A = 30{,}25\ \text{cm}^2$. Konstruiere ein Quadrat, dessen Fläche halb so groß ist.

93. In einem rechtwinkligen Dreieck ist die Hypotenuse 30 cm lang. Wie groß sind die Katheten, wenn sie sich um 6 cm unterscheiden?

94. In einem rechtwinkligen Dreieck ABC ($\gamma = 90°$) kennt man den Flächeninhalt $A = 100\ \text{cm}^2$ sowie die Kathete $b = 20$ cm. Berechne die Länge der Stücke a, c, p und h.

95. Im rechtwinkligen Dreieck der Skizze sind die Längen $h = 3$ cm und $b = 5$ cm gegeben. Berechne die Länge c.
(Skizze nur Überlegungsfigur)

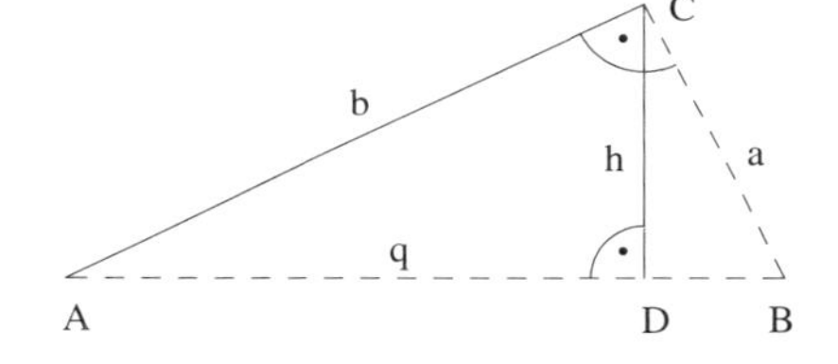

96. a) Gib im Dreieck ABC der Skizze den Satz des Pythagoras, den Höhensatz und den Kathetensatz an. Verwende die angegebenen Bezeichnungen.

b) Gegeben sind die Maße $s = 5$ cm und $t = 4$ cm. Berechne die fehlenden Größen r, w, e und f sowie den Flächeninhalt A.
(Skizze nur Überlegungsfigur)

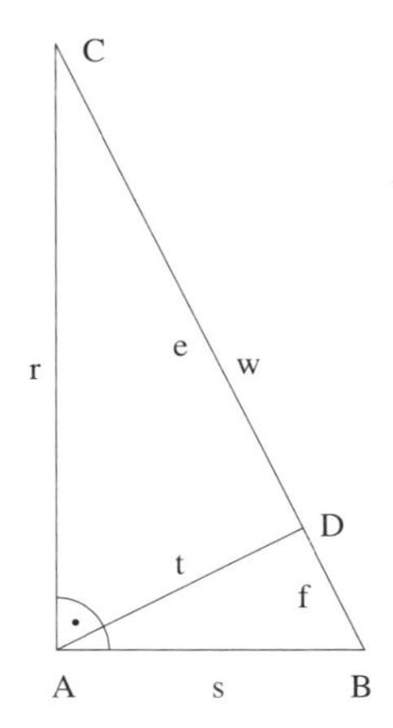

97. Im rechtwinkligen Dreieck der Skizze sind folgende Längen gegeben: $q = 4$ cm und $b = 6$ cm. Berechne alle fehlenden Stücke c, a, h, p, m und n sowie den Flächeninhalt A. (Skizze nur Überlegungsfigur)

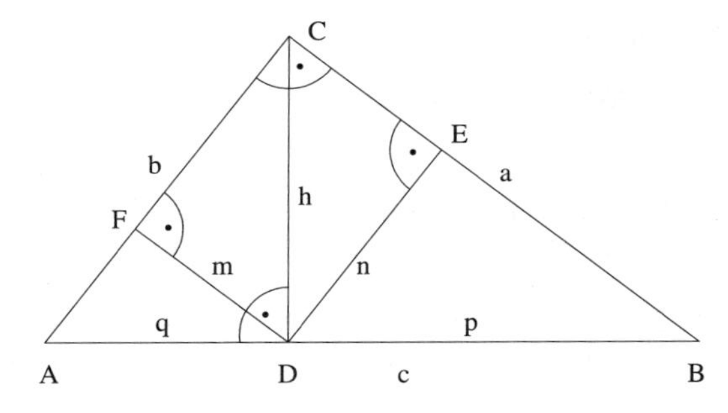

7 Berechnungen am rechtwinkligen Dreieck

1. Diagonale d eines Quadrates mit der Seite a
   Im rechtwinkligen Dreieck ABC gilt:
   $d^2 = a^2 + a^2 = 2a^2 \Rightarrow \mathbf{d = a \cdot \sqrt{2}}$

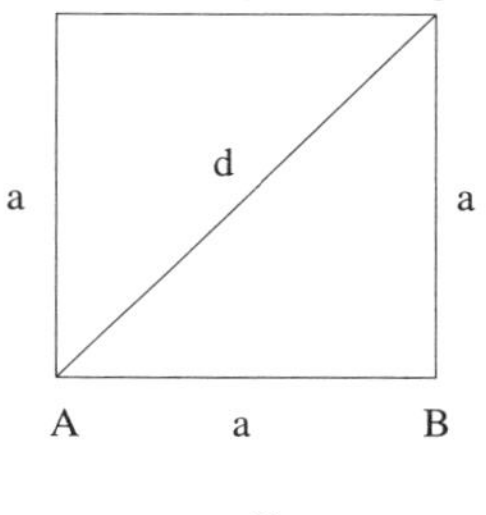
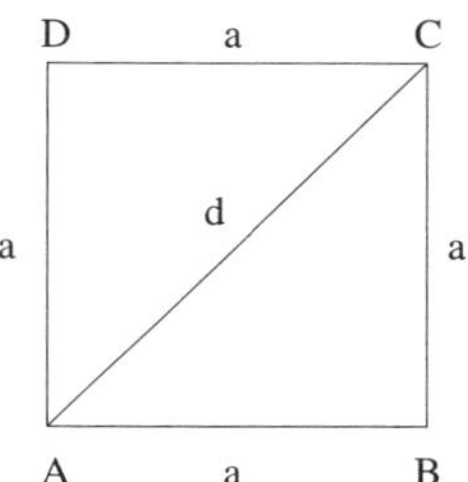

2. Höhe h und Flächeninhalt A eines gleichseitigen Dreiecks mit der Seitenlänge a
   Im rechtwinkligen Dreieck ADC gilt:

$$h^2 + \left(\frac{a}{2}\right)^2 = a^2$$

$$h^2 = a^2 - \frac{a^2}{4} = \frac{3}{4}a^2$$

$$h = \sqrt{\frac{3}{4}a^2}$$

$$\mathbf{h = \frac{a}{2}\sqrt{3}}$$

$$A = \frac{1}{2}a \cdot h_a = \frac{1}{2}a \cdot \frac{a}{2}\sqrt{3}$$

$$\mathbf{A = \frac{a^2}{4}\sqrt{3}}$$

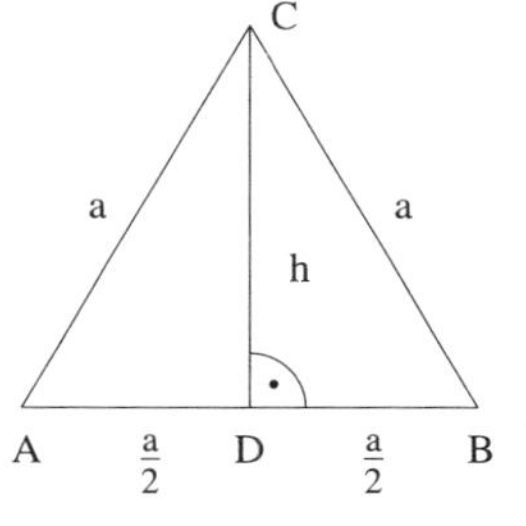

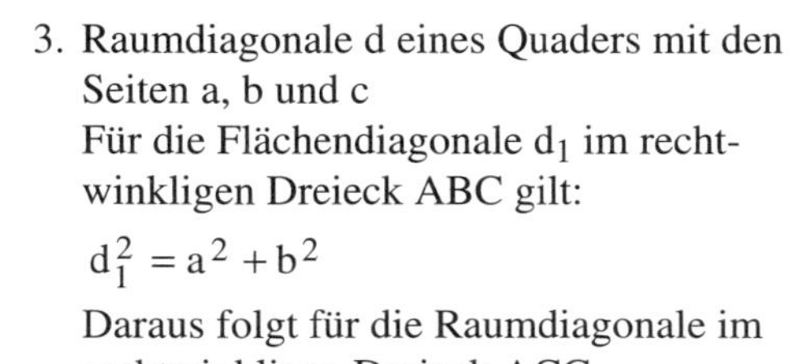

3. Raumdiagonale d eines Quaders mit den Seiten a, b und c
   Für die Flächendiagonale d_1 im rechtwinkligen Dreieck ABC gilt:

$$d_1^2 = a^2 + b^2$$

   Daraus folgt für die Raumdiagonale im rechtwinkligen Dreieck ACG

$$d^2 = d_1^2 + c^2 = a^2 + b^2 + c^2$$

$$\Rightarrow \mathbf{d^2 = \sqrt{a^2 + b^2 + c^2}}$$

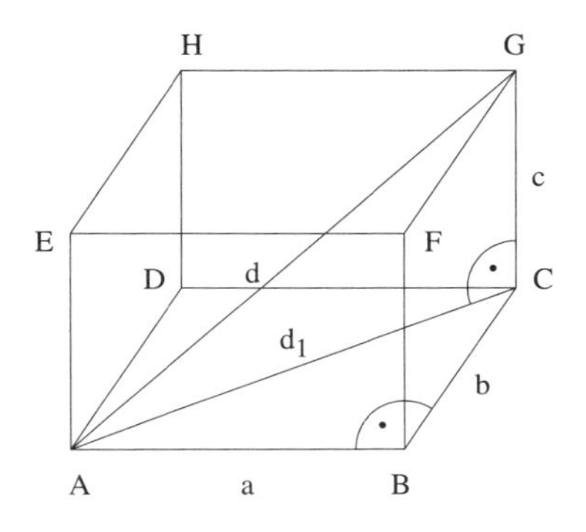

Beispiel:

a = 6 cm, b = 5 cm, c = 4 cm,

$d = \sqrt{36+25+16}$ cm $= \sqrt{77}$ cm $\approx 8{,}77$ cm

4. Kreistangenten-Abschnitt t und Sehnenlänge s

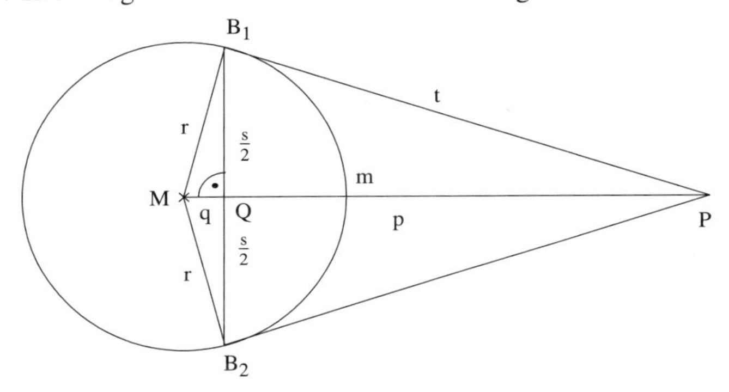

Von einem Punkt P werden die Tangenten an den Kreis k (M; r) gelegt. Es gilt:

$[PB_1] \perp [MB_1]$ und $[PB_2] \perp [MB_2]$

Bestimme aus $m = p + q = \overline{MP}$ und dem Radius r

- die Länge t des Tangentenstückes $\overline{PB_1}$ bzw. $\overline{PB_2}$:

  Satz des Pythagoras im Dreieck MPB:

  $t^2 + r^2 = m^2 \Rightarrow t^2 = m^2 - r^2 \Rightarrow \mathbf{t = \sqrt{m^2 - r^2}}$

- den Abstand q der Berührsehne $[B_1B_2]$ vom Mittelpunkt M:
  Kathetensatz im Dreieck MPB:

  $r^2 = q \cdot m \Rightarrow \mathbf{q = \frac{r^2}{m}}$

- die Länge s der Berührsehne $\overline{B_1B_2}$:

  Satz des Pythagoras im Dreieck MQB:

  $\left(\frac{s}{2}\right)^2 + q^2 = r^2$

  Mit der Beziehung $q = \frac{r^2}{m}$ gilt:

  $\left(\frac{s}{2}\right)^2 + \frac{r^4}{m^2} = r^2 \Rightarrow \left(\frac{s}{2}\right)^2 = r^2 - \frac{r^4}{m^2} = \frac{m^2r^2 - r^4}{m^2} = \frac{r^2}{m^2}(m^2 - r^2)$

$$\Rightarrow \frac{s}{2} = \sqrt{\frac{r^2}{m^2}(m^2-r^2)} = \frac{r}{m}\sqrt{m^2-r^2} \Rightarrow \mathbf{s = \frac{2r}{m}\sqrt{m^2-r^2}}$$

Beispiel: m = 8 cm, r = 3 cm

$$t = \sqrt{m^2-r^2} = \sqrt{64-9}\ \text{cm} = \sqrt{55}\ \text{cm} \approx 7{,}42\ \text{cm}$$

$$p = \frac{r^2}{m} = \frac{9}{8}\ \text{cm} \approx 1{,}13\ \text{cm}$$

$$s = \frac{2r}{m}\sqrt{m^2-r^2} = \frac{6}{8}\sqrt{55}\ \text{cm} \approx 5{,}56\ \text{cm}$$

5. Abstand zweier Punkte im Koordinatensystem

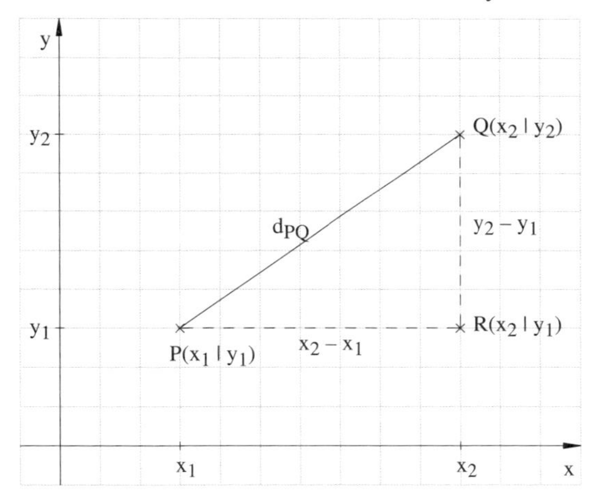

Im Dreieck PRQ gilt der Satz des Pythagoras:

$$d_{PQ}^2 = \overline{PQ}^2 = (x_2 - x_1)^2 + (y_2 - y_1)^2$$

$$\mathbf{d_{PQ} = \overline{PQ} = \sqrt{(x_2 - x_1)^2 + (y_2 - y_1)^2}}$$

Beispiel:
P (4 | 3) Q (2 | –5)

$$d_{PQ} = \sqrt{(2-4)^2 + (-5-3)^2} = \sqrt{4+64} = \sqrt{68} \approx 8{,}25\ \text{LE}$$

6. Konstruktion irrationaler Wurzeln $\sqrt{n}$, $n \in \mathbb{N}$

Beispiel:
Konstruiere $\sqrt{5}$.

Lösung:
Mit dem Höhensatz:
$q = 5,\ p = 1 \Rightarrow$
$h^2 = q \cdot p = 5 \cdot 1 = 5 \Rightarrow$
$h = \sqrt{5}$

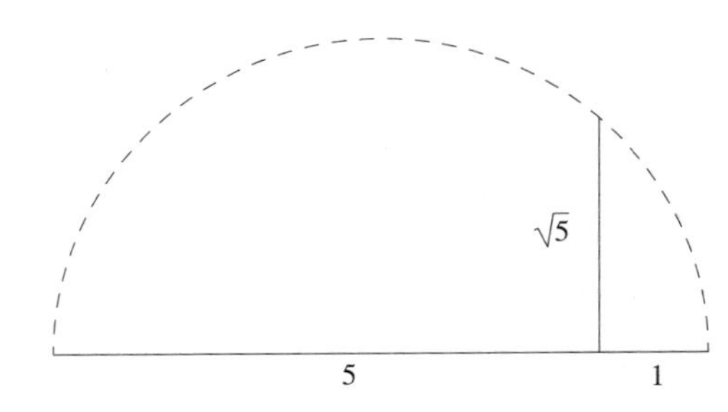

Mit dem Kathetensatz:
$c = 5,\ p = 1 \Rightarrow$
$a^2 = c \cdot p = 5 \cdot 1 = 5 \Rightarrow$
$a = \sqrt{5}$

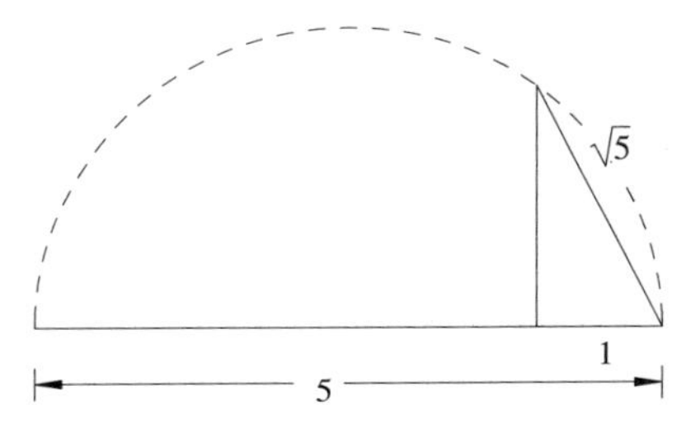

Mit dem Satz des Pythagoras:
$a = 2,\ b = 1 \Rightarrow$
$c^2 = a^2 + b^2 = 2^2 + 1^2 = 5 \Rightarrow$
$c = \sqrt{5}$

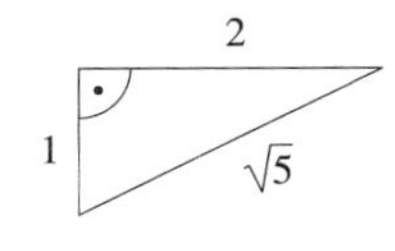

Aufgaben

98. a) Bestimme den Flächeninhalt eines gleichseitigen Dreiecks aus dem Umfang $u = 5$ cm.

b) Bestimme den Umfang eines gleichseitigen Dreiecks aus dem Flächeninhalt $A = 6\ \text{cm}^2$.

c) Ein gleichschenkliges Dreieck mit der Basis c hat einen Umfang $u = 24$ cm und die Schenkellängen $a = b = 9$ cm. Berechne den Flächeninhalt des Dreiecks.

d) Ein Rechteck hat die Seiten a = 9 dm und b = 2,5 m. Berechne die Länge d der Diagonale des Rechtecks.

e) Beweise: Das Quadrat über der halben Diagonale eines Quadrats hat einen Flächeninhalt, der halb so groß ist wie der des ursprünglichen Quadrats.

99. a) Berechne die Länge der Diagonalen eines Würfels mit der Kantenlänge a zuerst allgemein und dann für a = 5 cm.

b) Berechne das Volumen eines Quaders mit der Breite b = 5 cm und der Höhe h = 7 cm, wenn die Raumdiagonale d = 13 cm lang ist.

100. Zeige durch Rechnung, dass die Punkte A (7,5 | 5,5), B (1 | –1) und C (–1 | 2) ein gleichschenkliges Dreieck bestimmen.

101. Gegeben ist das Dreieck ABC mit A (–1 | –2), B (1 | –1) und C (–3 | 2). Berechne die Längen $\overline{AB}$, $\overline{AC}$ und $\overline{BC}$ und entscheide, ob das Dreieck rechtwinklig ist.

102. Gegeben sind die Punkte P (9 | 6) und Q (3 | y) in einem rechtwinkligen Koordinatensystem. Welchen Zahlenwert muss y besitzen, wenn die Strecke [PQ] die Länge 10 cm haben soll?

103. In einem rechtwinkligen Koordinatensystem sind die Punkte A (10 | 1), B (2 | –3) und C (8 | –5) gegeben. Zeige durch Rechnung, dass das Dreieck ABC gleichschenklig und rechtwinklig ist.

104. a) Beim gleichseitigen Dreieck mit der Seite a gilt für den Umkreisradius $r = \frac{2}{3}h$ und für den Inkreisradius $\rho = \frac{1}{3}h$.
Berechne h, r und ρ in Abhängigkeit von der Seitenlänge a.

b) Von einem gleichseitigen Dreieck kennt man den Umkreisradius r. Berechne die Seite a und die Fläche A des Dreiecks in Abhängigkeit von r.

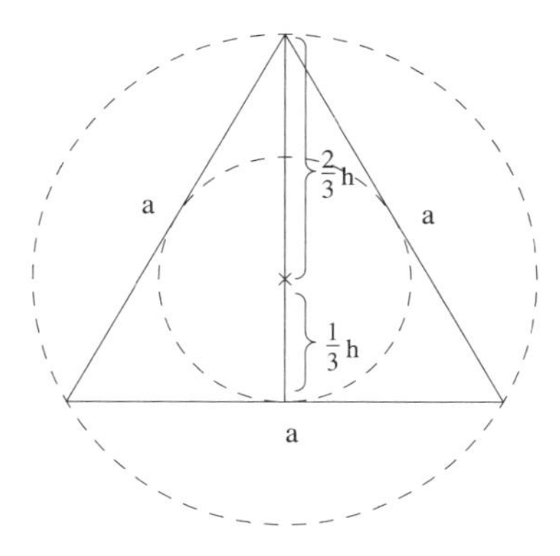

105. In der nebenstehenden Figur gilt $a = 5$ m und $b = 3$ m.
Berechne die Längen der Strecken h und d jeweils auf eine Dezimale.
(Skizze nur Überlegungsfigur)

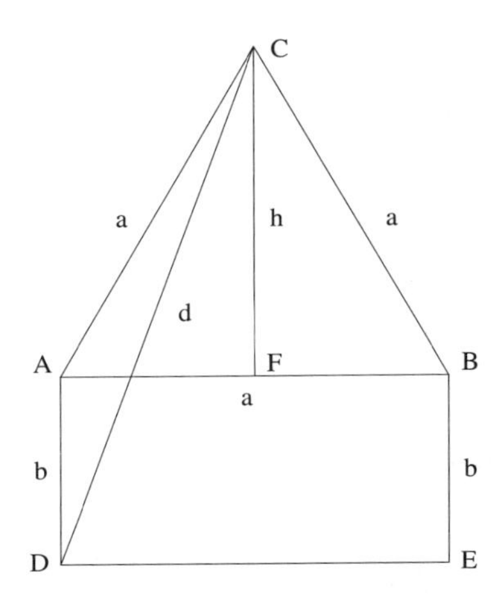

106. Bei der nebenstehenden Skizze einer Holzbalkenkonstruktion eines Fachwerks gilt [AD] ∥ [BC].

Dem Zimmermann werden folgende Werte vorgegeben:
$a = 3{,}5$ m, $e = 5{,}5$ m.

Ermittle durch Rechnung die Längen b, c und d. (Skizze nur Überlegungsfigur)

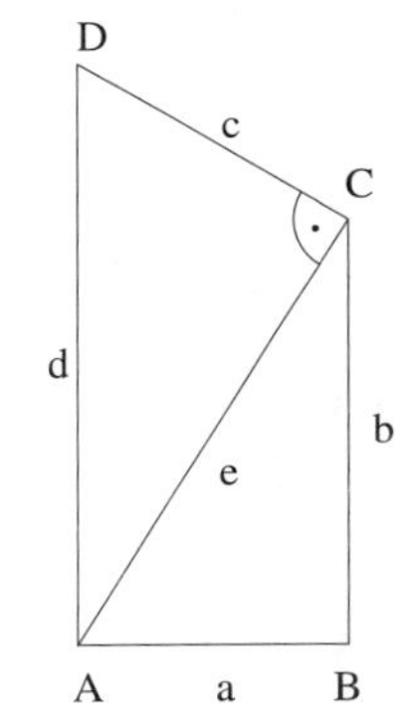

107. Ein Staudamm mit einer Höhe von 4,5 m ist an der Dammkrone 3 m breit und besitzt die Böschungslinien 6 m und 6,4 m. Berechne die Breite x der Dammsohle. (Skizze nur Überlegungsfigur)

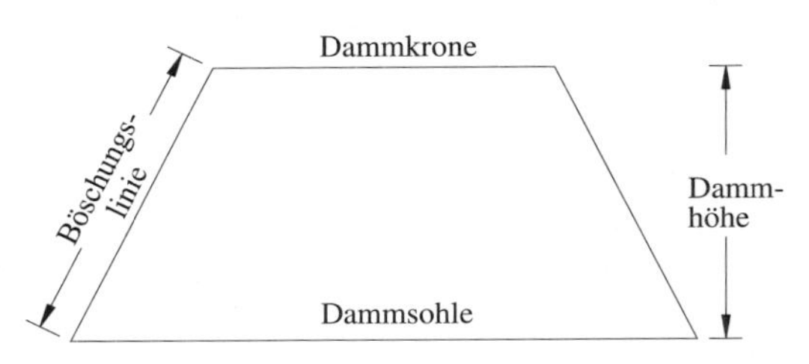

108. Im Trapez (siehe nebenstehende Skizze) gilt:
$a = 10$ cm, $b = 5$ cm, $c = 2$ cm und $h = 3$ cm.
Berechne $\overline{BF}$, die Länge der Diagonalen e und die Länge der Seite d.
(Skizze nur Überlegungsfigur)

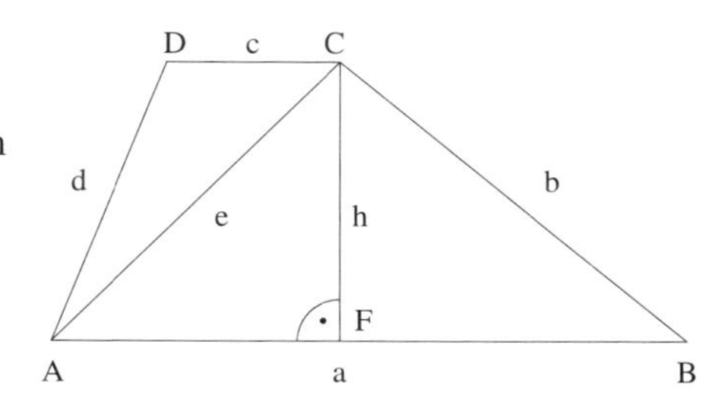

109. Vom Punkt P aus werden zwei Tangenten an den Kreis gelegt. Es gilt:
$\overline{MP} = 15$ cm, $r = 9$ cm.
Berechne die Längen $\overline{BP}$, $\overline{MC}$ und $\overline{AB}$.
(Skizze nur Überlegungsfigur)

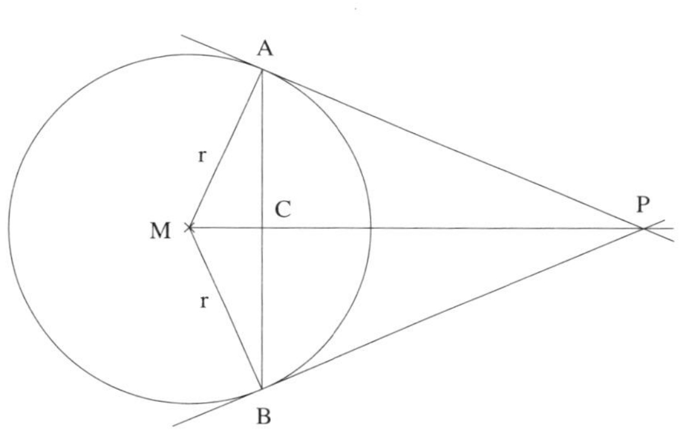

110. Von einem künstlichen Erdsatelliten wird aus einer Höhe von 800 km über dem Meeresspiegel eine fotografische Aufnahme der Erdoberfläche gemacht. Welchen Durchmesser $\overline{B_1B_2}$ hat der Umkreis auf der Erdkugel, der im Falle ungehinderter Sichtverhältnisse abgebildet wird (siehe nebenstehende Skizze)?
(Skizze nur Überlegungsfigur)

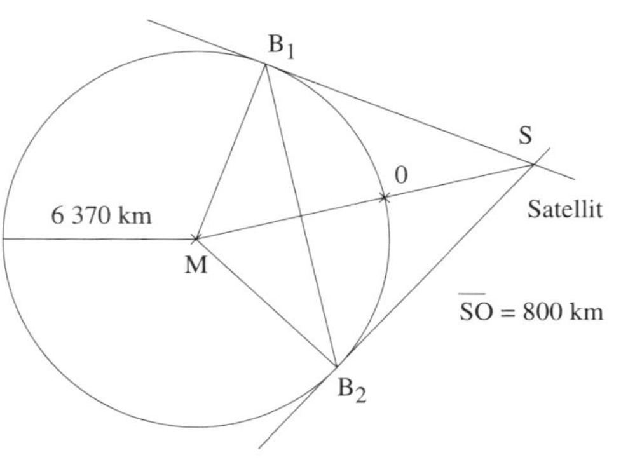

111. Gegeben ist das Sehnen-Tangenten-Dreieck ATB mit
$\overline{AB} = 12$ cm und
$\overline{AT} = 10$ cm.
Berechne den Radius r des zugehörigen Kreises (siehe Skizze). (Skizze nur Überlegungsfigur)

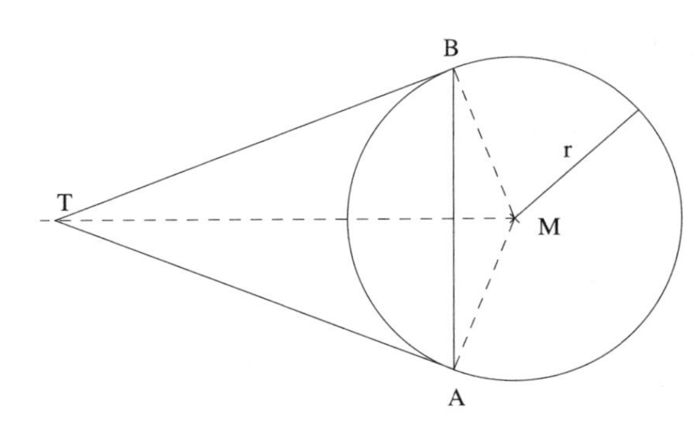

112. Eine Seerose lässt sich senkrecht 0,8 m über die Wasseroberfläche hinausziehen und 1,6 m seitlich bewegen (siehe Skizze).
Wie tief ist das Wasser?
(Skizze nur Überlegungsfigur)

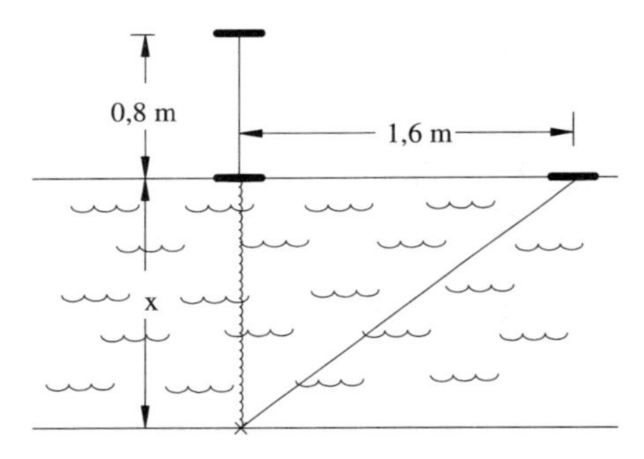

113. Das Dreieck ABC ist rechtwinklig (siehe Skizze). Es gilt:
$\overline{DC} = 6$ cm und
$\overline{AB} = 13$ cm.
Berechne die Längen
$\overline{AD} = x$ und
$\overline{DB} = y$.
(Skizze nur Überlegungsfigur)

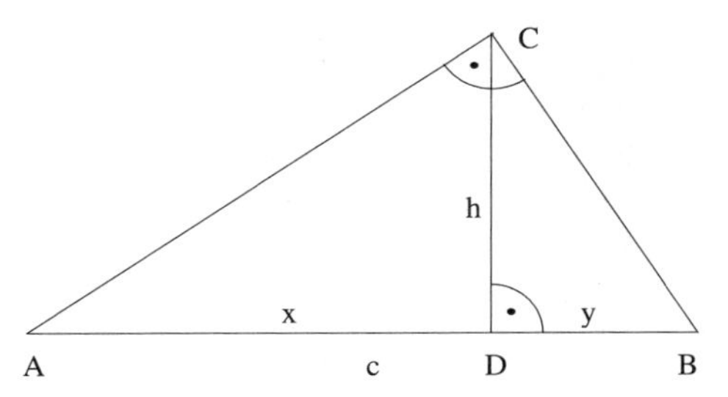

114. Berechne aus $s_c = 25$ cm, $h_c = 24$ cm und $c = 34$ cm die Seitenlängen a und b (siehe Skizze). (Skizze nur Überlegungsfigur)

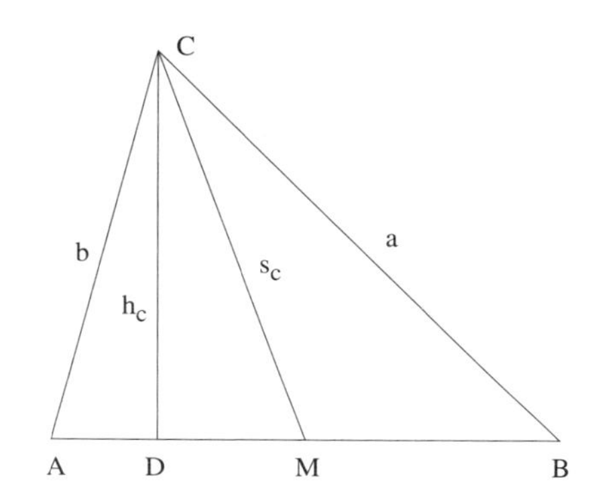

115. Berechne den Abstand x des Punktes B von der Diagonalen e des Rechtecks ABCD in Abhängigkeit von den Seiten a und b des Rechtecks (siehe Skizze).

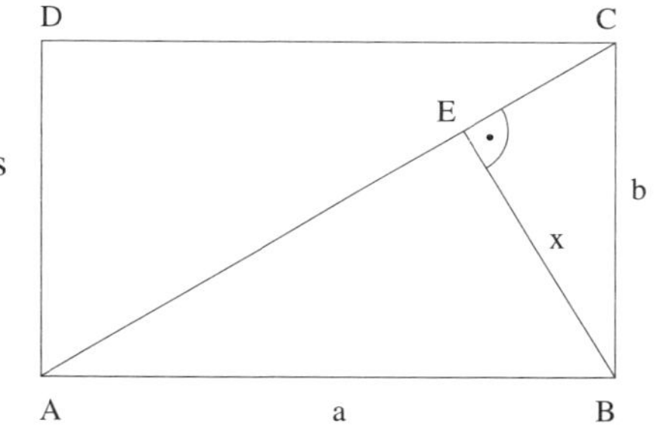

116. Die Röhren, deren Querschnitte in der Skizze dargestellt sind, berühren sich alle und besitzen den gleichen Grundkreisradius r.
Bestimme die Höhe H der Figur in Abhängigkeit von r.

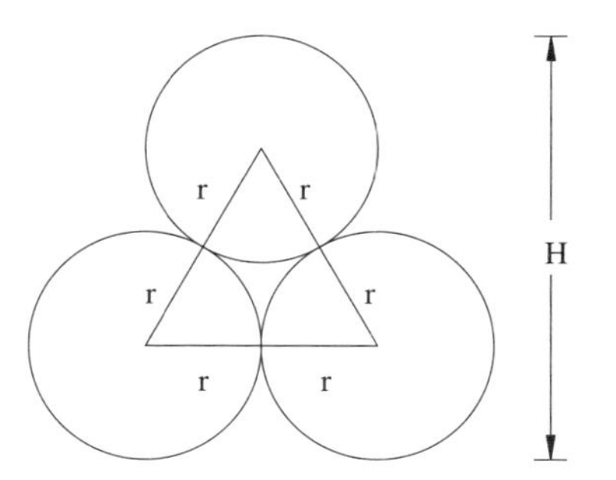

117. Beweise den **Sehnensatz:**
Zeichnet man durch einen Punkt P im Inneren eines Kreises Sehnen, so sind die Produkte der Längen der beiden Sehnenabschnitte bei allen solchen Sehnen gleich, d. h.
$\overline{PA} \cdot \overline{PC} = \overline{PB} \cdot \overline{PD}$

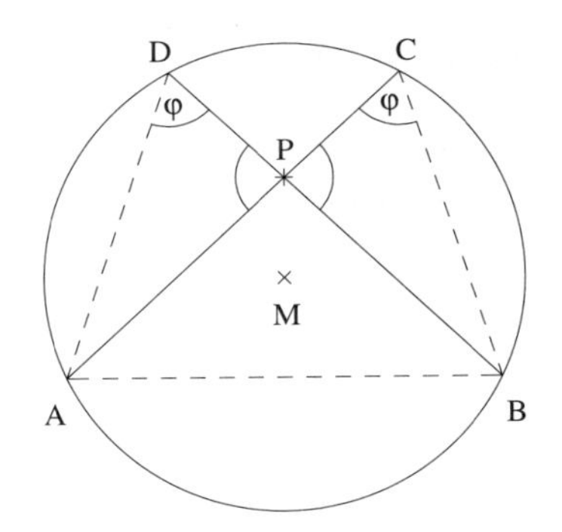

118.

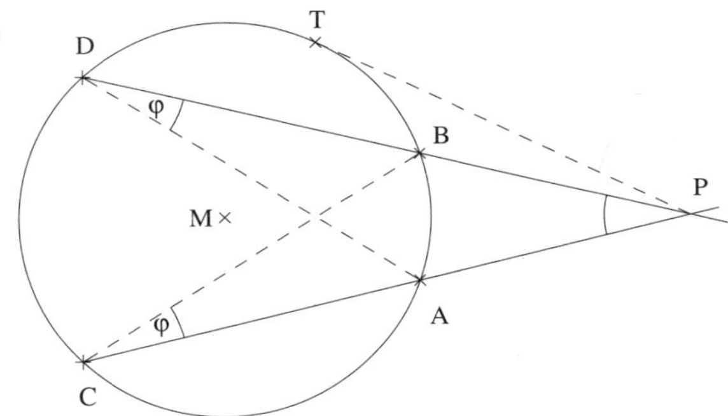

a) Beweise den **Sekantensatz**:
Zeichnet man von einem Punkt P außerhalb des Kreises aus Sekanten, so sind die Produkte der Längen der Sekantenabschnitte von P bis zum Kreis gleich, d. h.
$\overline{PA} \cdot \overline{PC} = \overline{PB} \cdot \overline{PD}$

b) Begründe den **Tangentensatz** als Sonderfall des Sekantensatzes:
Das Quadrat über dem Tangentenabschnitt $\overline{PT}$ ist flächengleich dem Rechteck aus den Sekantenabschnitten von P bis zum Kreis, d. h.
$\overline{PT}^2 = \overline{PA} \cdot \overline{PC} = \overline{PB} \cdot \overline{PD}$

119. Von einem rechtwinkligen Dreieck ABC ($\gamma = 90°$) sind die Kathete b und die Höhe h gegeben. Berechne die Länge der Hypotenuse c sowie der zweiten Kathete a in Abhängigkeit von b und h.

120. a) Zeige mit den Bezeichnungen in der nebenstehenden Skizze den **verallgemeinerten Satz des Pythagoras**:
$a^2 = b^2 + c^2 - 2 \cdot c \cdot q$

b) Berechne mit der Formel aus Teilaufgabe a die Länge der Seite a aus b = 13 cm, h = 12 cm und c = 20 cm.

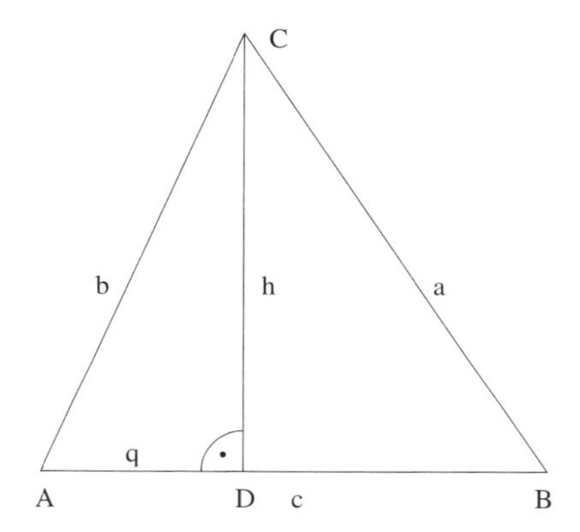

121. Einem Kreis mit Radius r wird ein Quadrat einbeschrieben und eines umbeschrieben.

a) Wie groß sind die Umfänge u und u' des ein- und des umbeschriebenen Quadrats in Abhängigkeit von r?

b) Um wie viel Prozent ist u' größer als u?

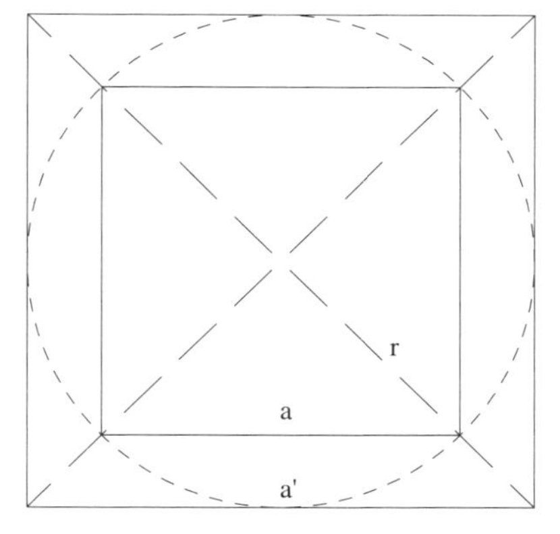

122. Um die Ecke A eines gleichschenklig rechtwinkligen Dreiecks ABC ($\gamma = 90°$) wird ein Kreis mit Radius $r = \overline{AB}$ gezeichnet, der die Gerade BC im Punkt D schneidet.
Beweise:
$\overline{AB}$ ist das geometrische Mittel aus $\overline{BD}$ und $\overline{BC}$, d. h. $\overline{AB} = \sqrt{\overline{BD} \cdot \overline{BC}}$.

123. Ein Amateurfunker hat eine Antenne aufgestellt und sie 2,4 m unterhalb der Spitze S im Punkt C mit Spanndrähten der Länge $\overline{AC} = 16$ m und $\overline{BC} = 12$ m so befestigt, dass sie in C einen rechten Winkel bilden.

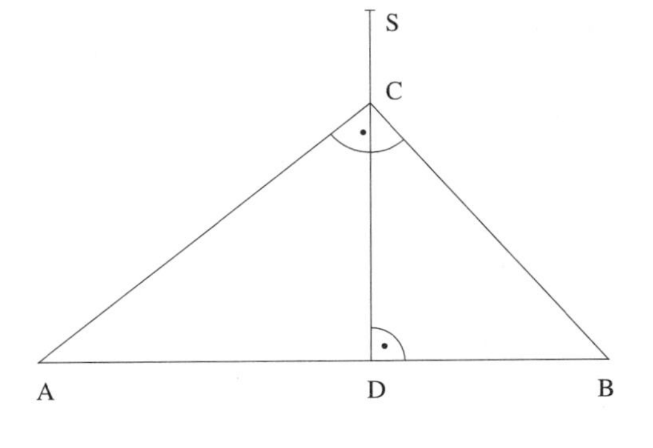

a) Wie hoch ist die Antenne, wenn $\overline{CS} = 2{,}4$ m gilt?

b) Wie lang wäre ein Spanndraht $\overline{B'S}$, der an der Spitze S parallel zu BC angebracht wäre?
(Skizze nur Überlegungsfigur)

8 Goldener Schnitt

A M T m B

Eine Strecke [AB] wird durch den Punkt T im Verhältnis τ des **goldenen Schnitts** geteilt (**stetig geteilt**), wenn sich die größere Teilstrecke (Länge M) zur kleineren (Länge m) so verhält wie die Gesamtstrecke (Länge M + m) zur größeren Teilstrecke, d. h. wenn gilt:
M : m = (M + m) : M (M: Major; m: minor)

$$\tau = \frac{M}{m} = \frac{M+m}{M} = 1 + \frac{m}{M}$$

Für das Teilverhältnis τ des goldenen Schnitts gilt folglich:

$$\tau = 1 + \frac{1}{\tau} \quad | \cdot \tau$$

$$\tau^2 = \tau + 1$$

$$\tau^2 - \tau - 1 = 0$$

Mit Hilfe der Lösungsformel für die quadratische Gleichung ergibt sich:

$$\tau_{1,2} = \frac{1}{2}(1 \pm \sqrt{1+4}) = \frac{1}{2}(1 \pm \sqrt{5})$$

Da T ein innerer Teilpunkt ist, muss $\tau = \frac{1}{2}(1 + \sqrt{5}) \approx 1{,}618 \approx \frac{8}{5}$ gelten.

Für das Teilverhältnis des goldenen Schnittpunktes gilt:

$$\boldsymbol{\tau = \frac{1}{2}(1 + \sqrt{5})}$$

Beispiel:

Grundkonstruktion:
Die Strecke a soll im Verhältnis des goldenen Schnitts (stetig) geteilt werden.

Lösung:

a

A x T a – x B

Wie aus der nebenstehenden Skizze ersichtlich, gilt:

$$a : x = x : (a - x)$$

$$x^2 = a \cdot (a - x)$$

$$x^2 = a^2 - ax$$

$$x^2 + ax = a^2$$

Durch quadratische Ergänzung erhält man:

$$x^2 + ax + \left(\frac{a}{2}\right)^2 = a^2 + \left(\frac{a}{2}\right)^2$$

$$\left(x + \frac{a}{2}\right)^2 = a^2 + \left(\frac{a}{2}\right)^2$$

Diese Gleichung kann aufgefasst werden als eine Anwendung des Satzes von Pythagoras in einem rechtwinkligen Dreieck, dessen Katheten die zu teilende Seite a und $\frac{a}{2}$ sind. Die Hypotenuse ist $x + \frac{a}{2}$, d. h. beschreibt man um C einen Kreis mit Radius $\frac{a}{2}$, so schneidet dieser die Hypotenuse im Punkt D.

Es gilt $\overline{AD} = x$, d. h. der Kreis um A mit Radius $\overline{AD}$ bestimmt den Punkt $T \in [AB]$, der die Seite a stetig (im Verhältnis des goldenen Schnitts) teilt.

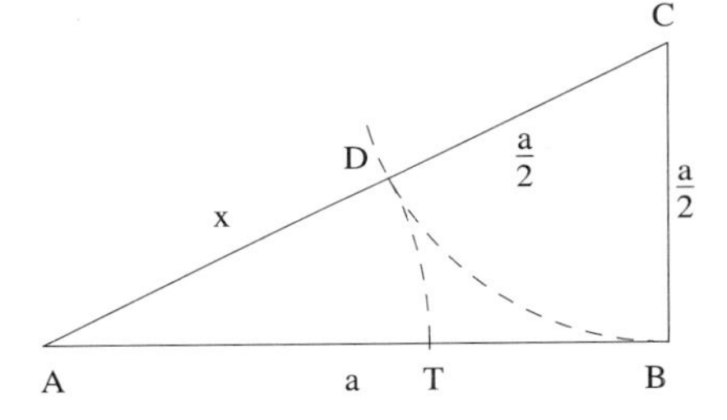

Anmerkung: Die Teilung nach dem goldenen Schnitt findet man bereits bei EUKLID (ca. 325 v. Chr.), die angegebene Konstruktion stammt von HERON (1. Jh. v. Chr.). Wieder entdeckt wurde diese Art der Teilung in der Frührenaissance von LUCA PACIOLI, veröffentlicht in seinem Werk „Divina proportione“ (Göttliche Proportion). RAFFAEL hat z. B. seine Sixtinische Madonna in diesem Verhältnis aufgebaut (siehe Skizze).
Es gilt: $\tau = \frac{M}{m} = \frac{M'}{m'}$

Anwendungen:

1. Das goldene Rechteck
   Ein Rechteck mit den Seiten a und b heißt **goldenes Rechteck**, wenn

   $\tau = \frac{a}{b} = \frac{1}{2}(1+\sqrt{5})$ gilt.

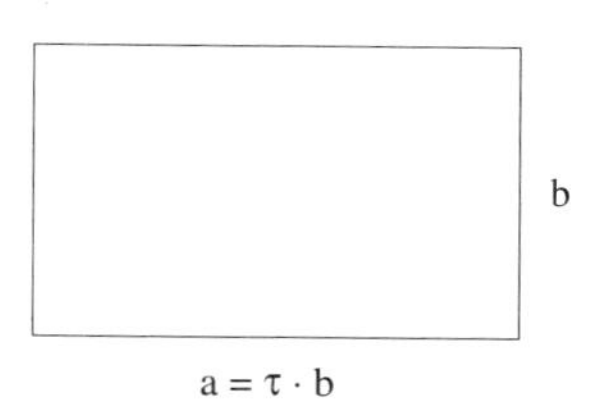

   In der Renaissance wurden viele Gebäude aus „goldenen Rechtecken" aufgebaut.

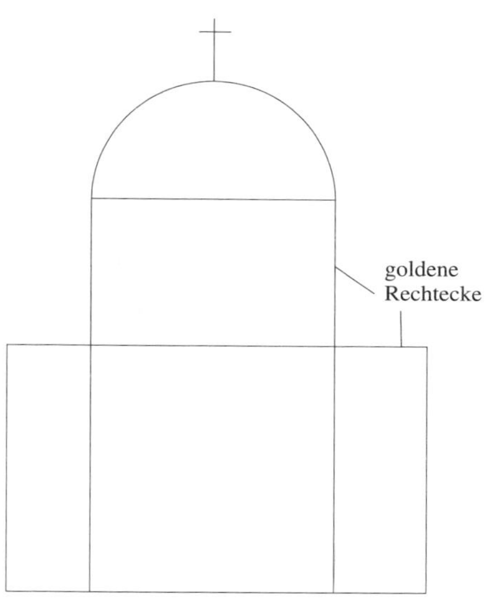

2. Fassadengliederungen im Verhältnis des goldenen Schnitts
   Man empfand diese Verhältnisse als besonders „harmonisch".
   In der nebenstehenden Skizze gilt:

   $\tau = \frac{M}{m} = \frac{M_1}{m_1} = \frac{m}{m'}$

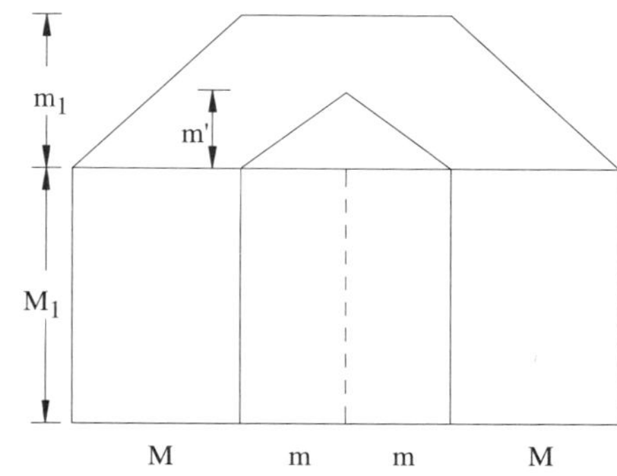

In der nachfolgenden Skizze des „Parthenon" auf der Akropolis in Athen gilt:

$\tau = \frac{M}{m} = \frac{M_1}{m_1} = \frac{M_2}{m_2}$

3. Goldenes Dreieck

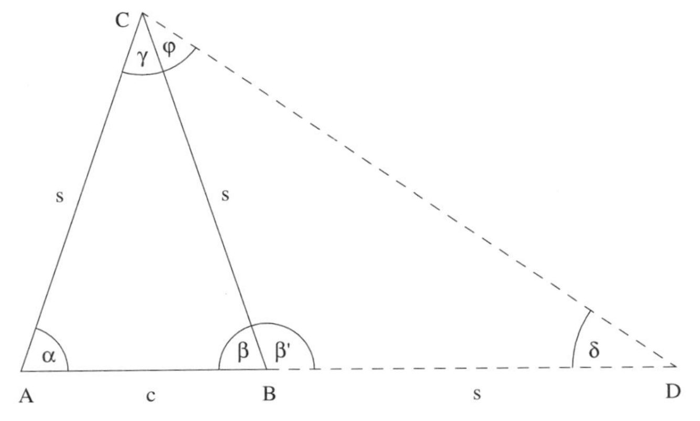

Ein gleichschenkliges Dreieck ABC heißt **goldenes Dreieck**, wenn für das Verhältnis der Schenkellänge s zur Basislänge c gilt:

$\tau = \frac{s}{c} = \frac{1}{2}(1+\sqrt{5})$

Das ist genau dann der Fall, wenn $\gamma = 36°$ gilt.

Dann gilt auch
$\alpha = \beta = 72° \Rightarrow \beta' = 108° \Rightarrow \delta = 36° \Rightarrow \gamma + \delta = 72° = \alpha$, d. h. die Dreiecke ABC und CAD sind ähnlich mit $\frac{s}{c} = \frac{s+c}{s}$, d. h. es liegt das „goldene Verhältnis" τ vor.

Folgerung:

- Ein gleichschenkliges Dreieck mit einem 36°-Winkel an der Spitze ist das Bestimmungsdreieck eines regulären Zehnecks, dessen Umkreisradius s ist.
  $\Rightarrow$ Reguläres Zehneck und reguläres Fünfeck können allein mit Zirkel und Lineal konstruiert werden.
  Es gilt:
  Die Seite des regulären Zehnecks ist der größere Abschnitt des nach dem goldenen Schnitt geteilten Umkreisradius.

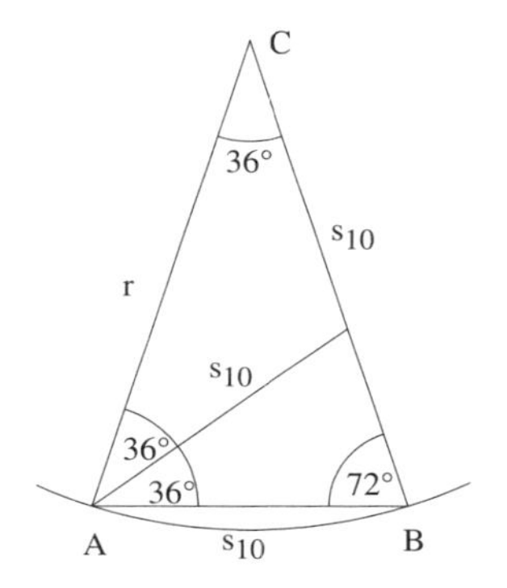

- Da ein 36°-Winkel (im regulären Zehneck) und ein 30°-Winkel (Halbierung eines 60°-Winkels des gleichseitigen Dreiecks) konstruiert werden können, kann durch Winkelsubtraktion ein 6°-Winkel und durch Halbierung ein 3°-Winkel konstruiert werden. Ein 3°-Winkel ist der kleinste Winkel mit ganzen Zahlen, der allein mit Zirkel und Lineal konstruiert wird (siehe auch Hinweis in „Mathematik Training, Geometrie 7. Klasse").

Im regulären Fünfeck gilt:
Jeder Diagonalenschnittpunkt teilt die Diagonalen stetig.
Die Figur aus den Diagonalen des regulären Fünfecks, das **Pentagramm**, schließt wieder ein reguläres Fünfeck ein usw.

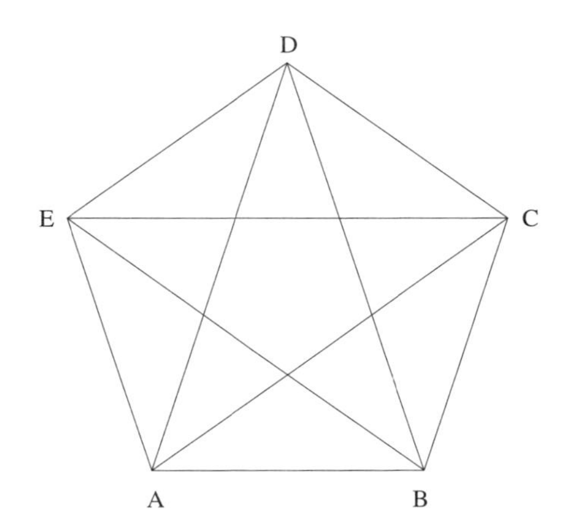

4. Der goldene Schnitt in der Natur

   Der goldene Schnitt kommt auch häufig in der Natur vor, z. B. beim Aufbau von Blättern, Blüten und Zweigen, bei fünfarmigen Seesternen usw.

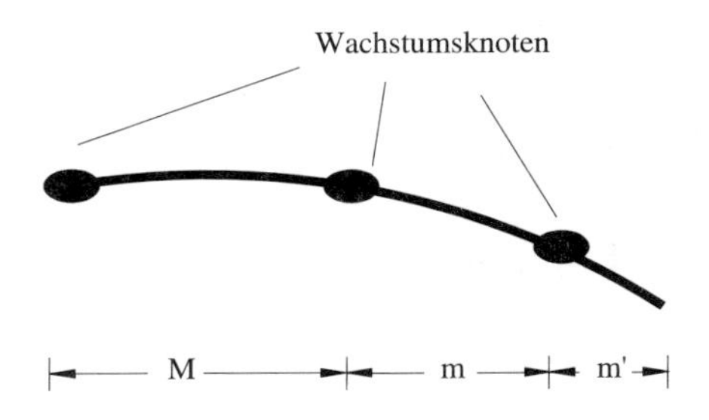

M m M

Es gilt: $\tau = \frac{M}{m} = \frac{m}{m'}$

Aufgaben

124. a) Teile eine Strecke der Länge a = 6 cm stetig (im Verhältnis des goldenen Schnitts).
b) Konstruiere ein goldenes Rechteck mit dem Umfang u = 16 cm.
c) Konstruiere ein goldenes Dreieck mit der Basislänge c = 3 cm.

125. Die Türme des Kölner Doms sind a = 160 m hoch. Sie sind an der Stelle, an der der Turmhelm beginnt, im goldenen Schnitt geteilt. In welcher Höhe x befindet sich diese Stelle?
Konstruiere dies in einem geeigneten Maßstab und berechne dann aus a = 160 m die wahre Länge der Strecke x.

126.

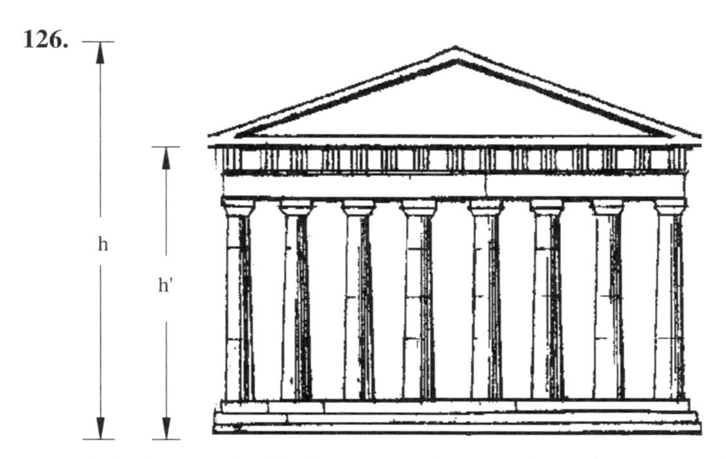

Bei einem griechischen Tempel unterteilen die Säulen die Gesamthöhe h = 12,80 m stetig.
a) Ermittle durch Konstruktion im Maßstab 1 : 200 die Höhe h' der Säulen.
b) Berechne die Höhe h' auf cm genau.

127. Berechne in einem goldenen Dreieck mit der Basis 5,6 cm die Höhe h sowie den Flächeninhalt dieses Dreiecks.

128. Beweise:
Wird in einem rechtwinkligen Dreieck die Hypotenuse c durch die Höhe h stetig geteilt, so ist der längere Hypotenusenabschnitt q gleich der kleineren Kathete a (siehe Skizze).
Hinweis: Zeige zuerst, dass aufgrund der stetigen Teilung gilt: $q^2 = c \cdot p$

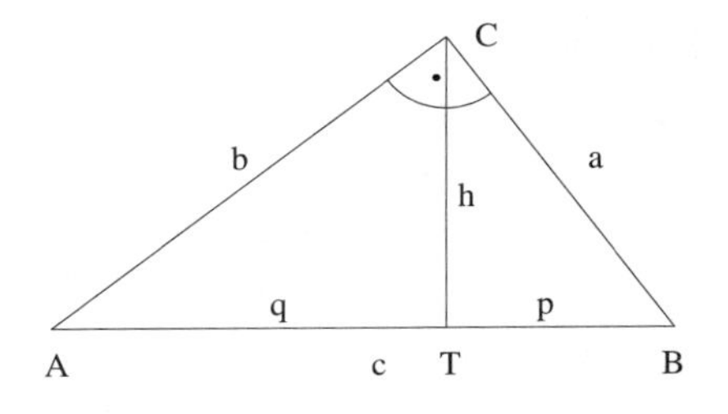

129. Die Rechteckseiten eines DIN-Formats verhalten sich wie $\sqrt{2} : 1$.
Zeige: Halbiert man ein solches Blatt durch Falten (siehe Skizze), so erhält man wieder ein DIN-Format.
Zeige, dass dann auch die Diagonalen [DB] und [AF] im gleichen Verhältnis $\sqrt{2} : 1$ stehen.

130. Zeige: Nimmt man vom goldenen Viereck ABCD das Quadrat AEFD weg, so ist das verbleibende Viereck EBCF wieder ein goldenes Viereck.

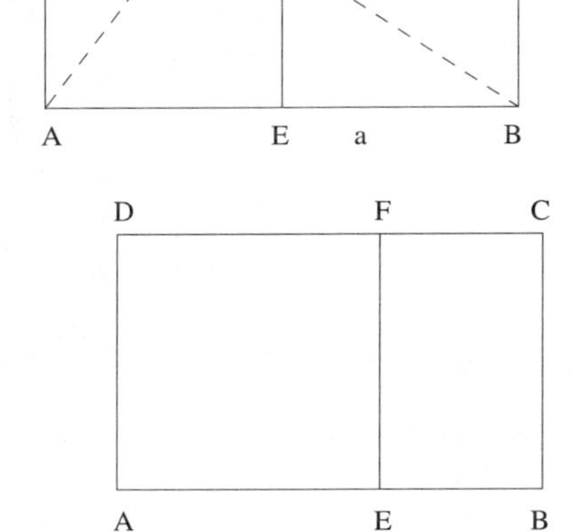

Pyramide

Noch heute kann man die baulichen Wunderwerke des alten Ägyptens besichtigen, die jahrtausendealten Pyramiden von Gizeh. Die geometrische Form, die Oberfläche und der Rauminhalt von Pyramiden werden auf den nächsten Seiten betrachtet.

9 Flächen und Winkel an der Pyramide

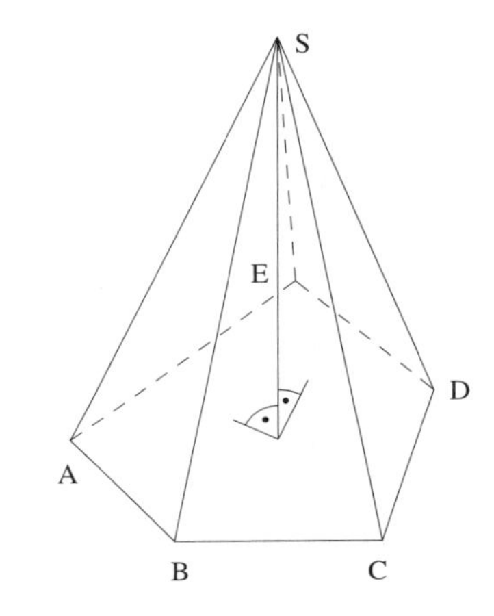

Eine **Pyramide** entsteht, wenn man die Eckpunkte eines Vielecks mit einem Punkt S außerhalb der Vielecksebene mit Strecken verbindet.
Das Vieleck heißt **Grundfläche G**, die Dreiecksflächen zwischen Vieleckseite und Spitze heißen **Seitenflächen**. Das Lot von der Spitze S auf die Grundfläche G heißt **Höhe h** der Pyramide.

Eine Pyramide heißt **gerade**, wenn die Grundfläche der Pyramide einen Umkreis besitzt und der Höhenfußpunkt F der Mittelpunkt des Umkreises ist, d. h. die Seitenkanten der Mantelfläche der Pyramide sind gleich lang.

Eine Pyramide heißt **regulär**, wenn alle Seitenkanten gleich lang sind. Eine reguläre dreiseitige Pyramide heißt **Tetraeder**.

Unter dem **Neigungswinkel ε einer Gerade g gegen eine Ebene E** versteht man denjenigen spitzen Winkel, den die Gerade g mit ihrer senkrechten Projektion g' in der Ebene bildet.

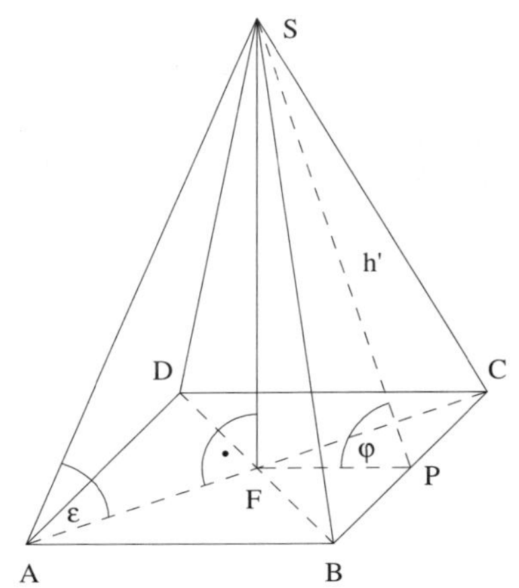

Unter dem Neigungswinkel ε einer Seitenkante der Pyramide gegen die Grundfläche versteht man folglich den Winkel, den z. B. die Gerade AS mit der senkrechten Projektion AF bildet (siehe Skizze). Den Winkel ε erhält man in **wahrer** Größe, wenn man das Dreieck AFS konstruiert.

Unter dem **Neigungswinkel φ zweier Ebenen E_1 und E_2** mit einer gemeinsamen Schnittgeraden s versteht man denjenigen spitzen Winkel, den zwei Geraden g_1 und g_2 miteinander einschließen, die in E_1 und E_2 liegen und im gleichen Punkt $P \in s$ senkrecht zu s stehen. Unter dem Neigungswinkel φ einer Seitenfläche gegen die Grundfläche der Pyramide versteht man folglich denjenigen Winkel φ, den z. B. h' mit der Grundfläche bildet (siehe Skizze). Den Winkel erhält man in **wahrer** Größe, wenn man das Dreieck PFS konstruiert.

Schneidet man eine Pyramide längs der Seitenkanten auf und klappt die Seitenflächendreiecke in die Grundflächenebene, so entsteht das **Netz** der Pyramide.

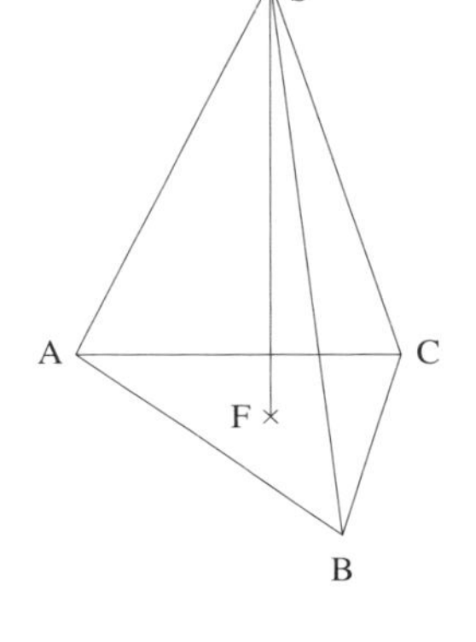

Die Seitenflächen allein bilden den **Pyramidenmantel M**.
Die **Oberfläche O_{Pyr}** der Pyramide setzt sich aus Grundfläche G und Mantelfläche M zusammen, d. h.

$$\mathbf{O_{Pyr} = G + M}$$

Die Verlängerungen der Höhen der Seitenflächen schneiden sich im Höhenfußpunkt F der Pyramide.

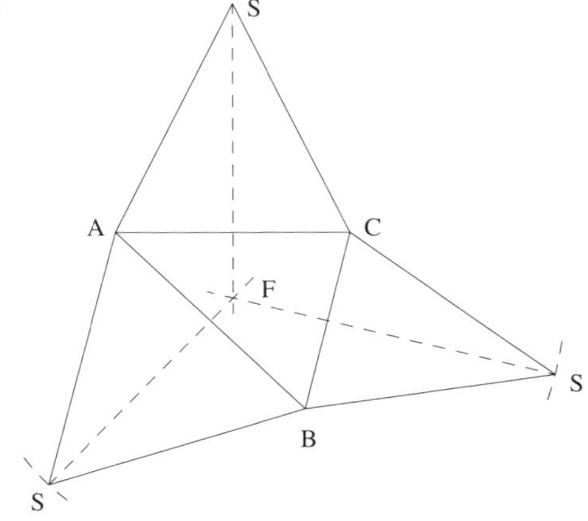

Beispiel:

Eine gerade quadratische Pyramide mit der Grundflächenkante a = 3 cm und der Höhe h = 3 cm steht so auf der Aufrissebene, dass die Grundkante parallel zur Rissachse ist und von der Aufrissebene 2 cm entfernt ist.

1. Zeichne Grund- und Aufriss der Pyramide sowie das Schrägbild für $\omega = 45°$ und $q = \frac{1}{2}\sqrt{2} \approx 0{,}71$.
2. Konstruiere den Neigungswinkel φ einer Seitenfläche gegen die Grundfläche in wahrer Größe.
3. Berechne die Länge der Seitenkante s, die Länge der Seitenflächenhöhe h' sowie die Oberfläche der Pyramide.
4. Zeichne das Netz der Pyramide.

Lösung:

Überlegungsfigur:

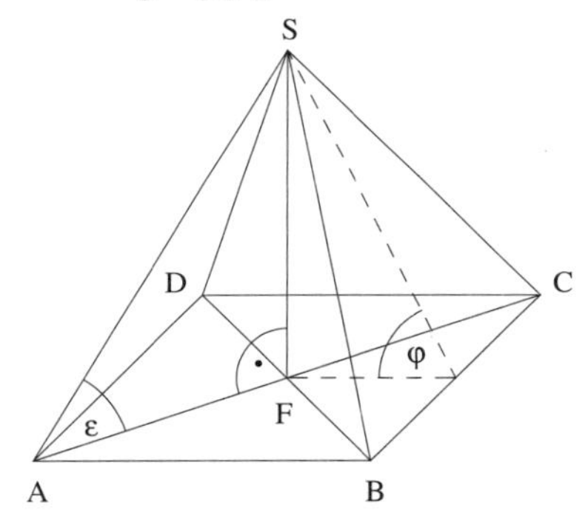

1. *Konstruktion:*

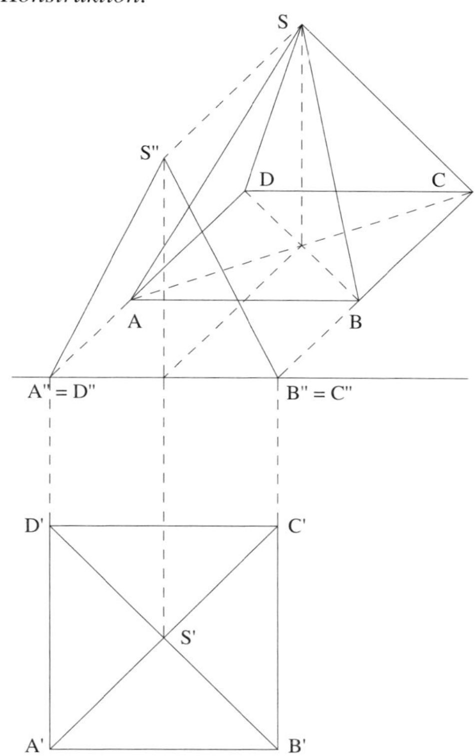

2. *Konstruktion von ε:*

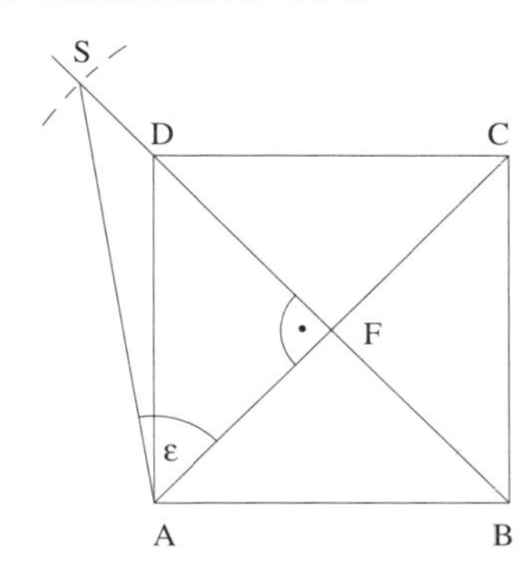

Konstruktion von φ:

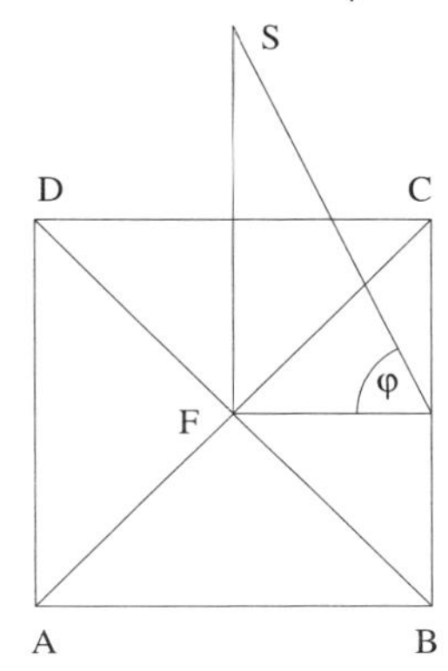

3. $s^2 = \overline{AF}^2 + h^2 = \left(\frac{a}{2}\sqrt{2}\right)^2 + h^2 = \frac{1}{2}a^2 + h^2$

$= 4{,}5 + 9 = 13{,}5 \Rightarrow s = \sqrt{13{,}5}\text{ cm} \approx 3{,}67\text{ cm}$

$h'^2 = \left(\frac{a}{2}\right)^2 + h^2 = \frac{a^2}{4} + h^2 = \frac{9}{4} + 9 = 11{,}25$

$\Rightarrow h' = \sqrt{11{,}25}\text{ cm} \approx 3{,}35\text{ cm}$

$O = G + M = a^2 + 4 \cdot \frac{1}{2} \cdot a \cdot h' = 9 + 4 \cdot \frac{1}{2} \cdot 3 \cdot 3{,}35 = 29{,}10\text{ cm}^2$

4.

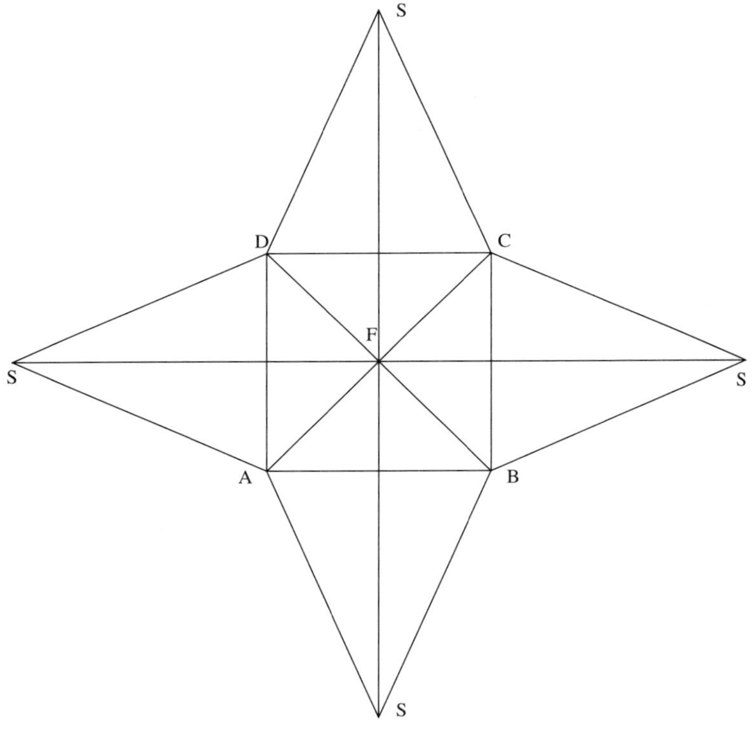

S
D
C
F
S
S
A
B
S

Aufgaben

131. Die Grundfläche einer Pyramide ist ein rechtwinkliges Dreieck mit der Kathete $a = 3$ cm und der Hypotenuse $c = 4{,}5$ cm. Die Höhe h der Pyramide beträgt $h = 4$ cm, wobei der Höhenfußpunkt der Schwerpunkt des Dreiecks ist. Zeichne das Netz der Pyramide.

132. Die Grundfläche einer Pyramide ist ein Trapez ABCD mit den parallelen Seiten $a = 4$ cm und $c = 2$ cm sowie der Seite $d = 3$ cm und dem Winkel $\alpha = 60°$. Die Pyramidenhöhe beträgt $h = 4$ cm und der Diagonalenschnittpunkt des Trapezes ist der Höhenfußpunkt F. Zeichne das Netz der Pyramide sowie den Neigungswinkel ε der Seitenkante [AS] gegen die Grundfläche in wahrer Größe.

133. Konstruiere das Netz eines regulären Tetraeders mit der Kantenlänge $a = 2{,}5$ cm.

134. Die Dachfläche eines Kirchturms ist eine Pyramide mit quadratischer Grundfläche ($a = 6$ m) und der Höhe ($h = 8$ m). Das Dach soll mit Kupferblech neu eingedeckt werden. Welche Fläche muss überdeckt werden?

10 Das Prinzip von Cavalieri und das Volumen der Pyramide

10.1 Anschauliche Herleitung des Pyramidenvolumens

Eine dreiseitige Pyramide mit dem Grundflächeninhalt G, der Höhe h und dem Volumen V wird nach Halbierung der Kanten wie in der Skizze in zwei Prismen und in zwei Pyramiden zerlegt:

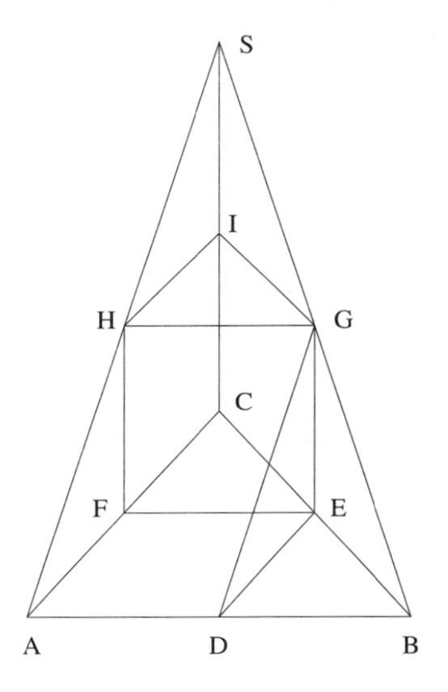

Prismen
Für das Volumen eines Prismas gilt:
$V_{Pr} = G' \cdot h'$.
Aufgrund der Eigenschaften der zentrischen Streckung mit dem Faktor $m = \frac{1}{2}$ (Halbierung der Seiten) gilt für jedes der beiden Prismen:

$G' = m^2 \cdot G = \frac{1}{4} \cdot G; \ h' = m \cdot h = \frac{1}{2} \cdot h$

$V_{Pr} = G' \cdot h' = \frac{1}{4} G \cdot \frac{1}{2} h = \frac{1}{8} G \cdot h$

Pyramiden
Wegen des Streckungsfaktors $m = \frac{1}{2}$ verhält sich das Volumen einer kleinen Pyramide zum Gesamtvolumen wie die 3. Potenz des Abbildungsfaktors m, d. h.

$V'_{Pyr} = m^3 \cdot V_{Pyr} = \frac{1}{8} \cdot V_{Pyr}$

Die Gesamtpyramide setzt sich aus den beiden Prismen und den beiden Pyramiden zusammen. Als Volumenbilanz ergibt sich:

$$V_{Pyr} = 2 \cdot \frac{1}{8} G \cdot h + 2 \cdot \frac{1}{8} V_{Pyr} = \frac{1}{4} G \cdot h + \frac{1}{4} V_{Pyr}$$

$$V_{Pyr} = \frac{1}{4} G \cdot h + \frac{1}{4} V_{Pyr} \quad \Big| -\frac{1}{4} V_{Pyr}$$

$$\frac{3}{4} V_{Pyr} = \frac{1}{4} G \cdot h \quad \Big| \cdot \frac{3}{4}$$

$$V_{Pyr} = \frac{1}{4} \cdot \frac{4}{3} \cdot G \cdot h$$

$$\mathbf{V_{Pyr} = \frac{1}{3} G \cdot h}$$

Beispiel:

Eine Pyramide mit der Höhe h = 5 cm hat ein rechtwinkliges Dreieck mit den Katheten a = 4 cm und b = 6 cm als Grundfläche. Wie groß ist das Volumen der Pyramide?

Lösung:

$$V = \frac{1}{3} G \cdot h = \frac{1}{3} \cdot \frac{1}{2} a \cdot b \cdot h = \frac{1}{6} \cdot 4 \cdot 6 \cdot 5 \text{ cm}^3 = 20 \text{ cm}^3$$

10.2 Herleitung des Pyramidenvolumens mit dem Prinzip von Cavalieri

Prinzip von Cavalieri

Liegen zwei Körper zwischen zwei parallelen Ebenen und werden sie von jeder zu diesen Ebenen parallelen Ebene in inhaltsgleichen Flächen geschnitten, so haben die Körper das gleiche Volumen.

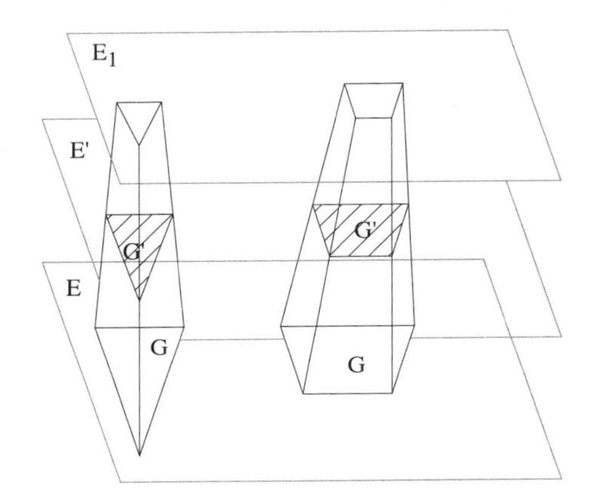

Für Pyramiden gilt:

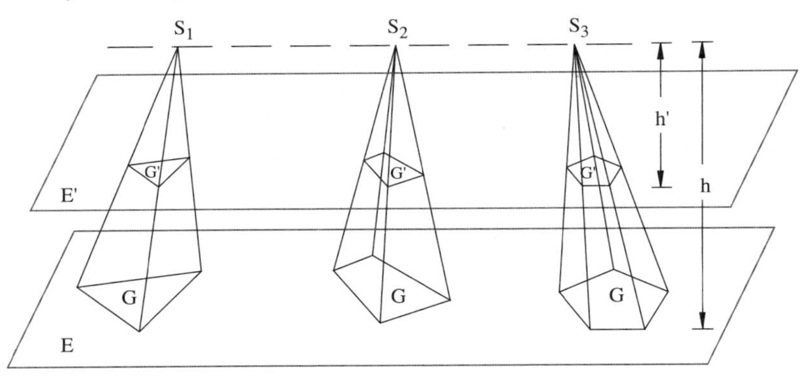

Da bei gleicher Grundfläche G und gleicher Höhe h der Pyramiden die Schnittfläche G' als Bild einer zentrischen Streckung mit den Zentren S_1, S_2 oder S_3 und dem jeweils gleichen Abbildungsfaktor $m = \frac{h'}{h}$ aufgefasst werden können, sind die Flächen G' jeweils gleich groß.

Daraus folgt mit dem Prinzip von Cavalieri:

Pyramiden mit gleicher Grundfläche und gleicher Höhe sind volumengleich.

Das Prisma mit der Grundfläche G, der Höhe h und dem Volumen V = G · h wird in drei volumengleiche Pyramiden ABCD (I), BCDE (II) und CDEF (III) zerlegt.

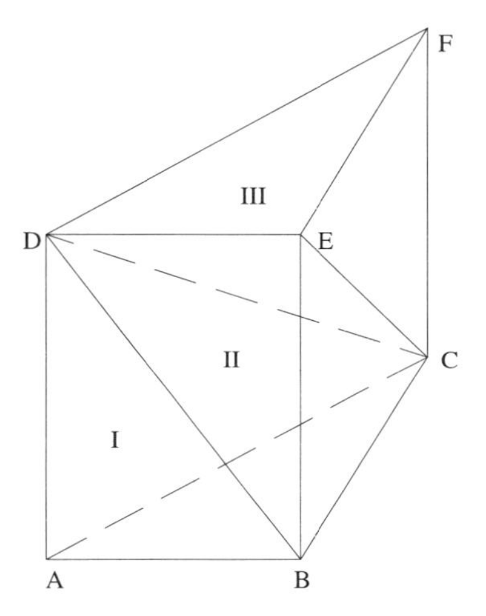

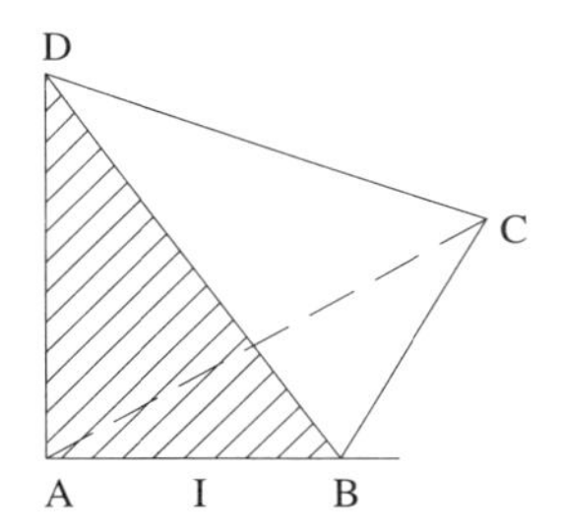

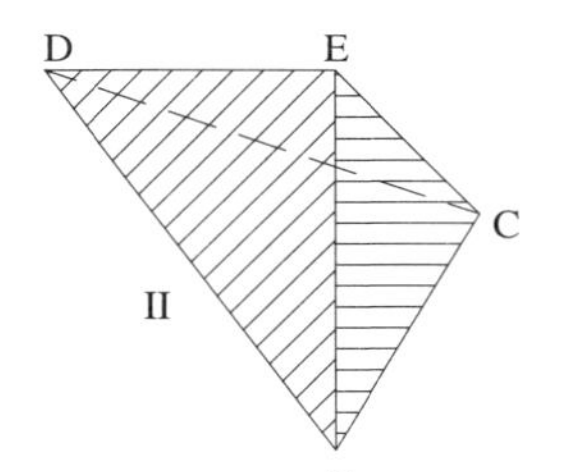

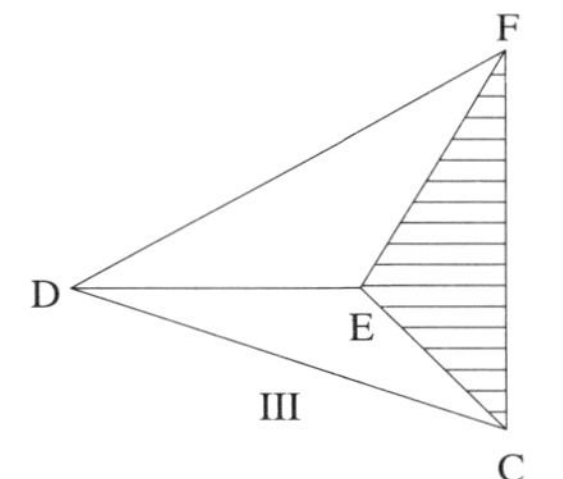

In der Skizze sind die gleichen Grundflächen in I und II bzw. in II und III gleich schraffiert. I und II bzw. II und III haben jeweils gleiche Höhen, so dass die drei Pyramiden untereinander gleich sind. Daraus folgt für das Volumen der Pyramide:

$$V_{Pyr} = \frac{1}{3} V_{Pr} = \frac{1}{3} G \cdot h$$

Aufgaben

135. Bestimme das Volumen einer geraden quadratischen Pyramide, deren Grundflächenkante a = 6 cm und deren Seitenkanten s = 8 cm betragen.

136. Bei der „schiefen“ Pyramide ist die Grundfläche ABC ein gleichseitiges Dreieck mit der Seitenlänge a. Die Kante [CD] steht senkrecht auf der Grundfläche und hat auch die Länge a.

a) Bestimme das Volumen und die Oberfläche dieser Pyramide in Abhängigkeit von der Länge a.

b) Konstruiere den Winkel φ in wahrer Größe, den die Flächen ABC und ABD miteinander einschließen.

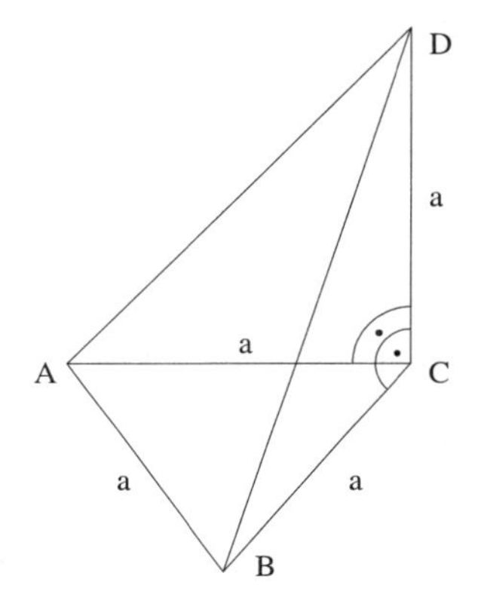

137. Die Grundfläche einer quadratischen Pyramide ist ein Quadrat mit der Seitenkante a. Für die Höhe h gilt: h = 2a.

a) Bestimme Volumen und Oberfläche der Pyramide.

b) Konstruiere den Winkel ε in wahrer Größe, den eine Seitenkante mit der Grundfläche einschließt.

138. Eine gerade Pyramide, deren Grundfläche ein Quadrat mit der Fläche a^2 ist, hat die Seitenflächenhöhe $h' = \frac{3}{2}a$.

a) Berechne Oberfläche und Volumen dieser Pyramide.

b) Konstruiere den Neigungswinkel ε einer Seitenkante gegen die Grundfläche.

139. Eine Pyramide hat als Grundfläche ein Rechteck mit den Seiten a = 4 cm und b = 3 cm. Die Spitze der Pyramide liegt h = 5 cm senkrecht über dem Schnittpunkt der Diagonalen des Rechtecks.

a) Zeichne ein Schrägbild der Pyramide mit q = 0,5 und ω = 45°.

b) Berechne die Länge s der Seitenkanten.

c) Wie groß ist die Mantelfläche M der Pyramide?

d) (1) Die Pyramide soll vollständig aus Holz angefertigt werden.

(2) Nur die Mantelfläche der Pyramide soll mit Kupferblech der Dicke $d = 4$ mm hergestellt werden.

Wie verhalten sich die Massen m_1 und m_2 zueinander, wenn für die Dichten gilt:

Dichte des Holzes: $\rho_1 = 0{,}9\,\frac{g}{cm^3}$;

Dichte des Kupfers: $\rho_2 = 8{,}9\,\frac{g}{cm^3}$?

140. Die Grundfläche einer geraden dreiseitigen Pyramide ist ein gleichseitiges Dreieck ABC mit der Kantenlänge $a = 5$ cm. Die Höhe der Pyramide beträgt $h = 4$ cm.

a) Skizziere zunächst ein Schrägbild der Pyramide mit der Spitze S und konstruiere dann statt des gesamten Netzes nur die Flächen ABC und ABS.

b) Konstruiere das Lot vom Mittelpunkt der Grundkante [AB] auf die Seitenkante [AS] in wahrer Länge.

c) Berechne das Volumen der Pyramide.

141. Die Grundfläche einer geraden Pyramide ist ein reguläres Sechseck, dessen Inkreis den Radius r besitzt. Die Seitenflächenhöhe der Pyramide hat die Länge $h' = 2r$.

a) Zeichne das Netz dieser Pyramide für den Umkreisradius $R = 2$ cm.

b) Bestimme das Volumen und die Oberfläche der Pyramide in Abhängigkeit vom Inkreisradius r.

142. Einem Kreis mit Radius r ist ein reguläres Sechseck einbeschrieben und eines umbeschrieben.

a) Berechne die Flächen der Sechsecke in Abhängigkeit von r.

b) Die Sechsecke sind Grundflächen von geraden Pyramiden mit der Höhe $h = r$. In welchem Verhältnis stehen die Volumina der beiden Körper?

c) Berechne die Oberfläche der äußeren Pyramide.

d) Beide Pyramiden werden in der Höhe $h' = \frac{1}{4}h$ von einer Parallelebene zur Grundfläche geschnitten. Wie groß ist diese Schnittfläche bei der inneren Pyramide?

143. Eine Pyramide hat eine Grundfläche $G = 50\ \text{cm}^2$ und das Volumen $V = 200\ \text{cm}^3$. In welcher Höhe muss sie parallel zur Grundfläche abgeschnitten werden, damit das Volumen des Stumpfes $V_{St} = 175\ \text{cm}^3$ wird? Welchen Flächeninhalt hat die Deckfläche des Pyramidenstumpfes?

144. Aus einer geraden quadratischen Pyramide ist ein Pyramidenstumpf ausgeschnitten worden. Die Kantenlänge der Grundfläche beträgt $a = 4$ cm, die der Deckfläche des Stumpfes $a' = 2$ cm. Der Abstand von Grund- und Deckfläche beträgt $h' = 2{,}5$ cm.

a) Zeichne die Gesamtpyramide und den Pyramidenstumpf in Grund- und Aufriss (Grundkante parallel zur Rissachse und Abstand 2 cm von der Aufrissebene) sowie den Pyramidenstumpf im Schrägbild mit $\omega = 45°$ und $q = \frac{1}{2}\sqrt{2}$.

b) Berechne die Abstände der Grund- und der Deckfläche von der Spitze S der Gesamtpyramide.

c) Bestimme das Volumen des Pyramidenstumpfes.

d) Berechne die Länge der Seitenkante des Pyramidenstumpfes.

145. Zeige, dass für das Volumen eines Pyramidenstumpfes mit der Grundfläche G, der Deckfläche G' und der Höhe h gilt:

$$V_{\text{Stumpf}} = \frac{1}{3}h\left(G + \sqrt{G \cdot G'} + G'\right)$$

11 Reguläres Tetraeder, reguläres Oktaeder und platonische Körper

Wird ein geometrischer Körper von Vielecken begrenzt, so heißt er **Polyeder**. Sind die Vielecke kongruent und treffen in jeder Ecke gleich viele Kanten zusammen, so spricht man von einem **regulären Polyeder**. Es gibt nur fünf reguläre Polyeder, die **platonischen Körper**.

Begründung: Bei einem regulären Polyeder stoßen in jeder Ecke reguläre Flächen mit gleich großen Winkeln zusammen. Damit eine räumliche Ecke entsteht, muss es sich um mindestens drei Flächen handeln, wobei die Winkelsumme kleiner als 360° sein muss, da sonst das Netz nicht in die Ebene ausgebreitet werden könnte. Es gilt:

gleichseitiges Dreieck:	Winkel 60°	3 Dreiecke = **Tetraeder**
		4 Dreiecke = **Oktaeder**
		5 Dreiecke = **Ikosaeder**
Quadrat:	Winkel 90°	3 Quadrate = **Würfel** oder **Hexaeder**
reguläres Fünfeck:	Winkel 108°	3 Fünfecke = **Dodekaeder**

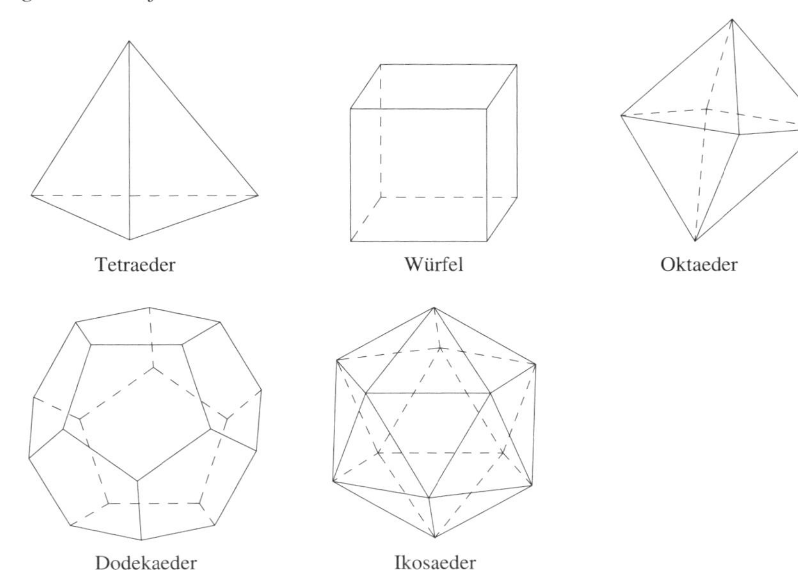

Tetraeder

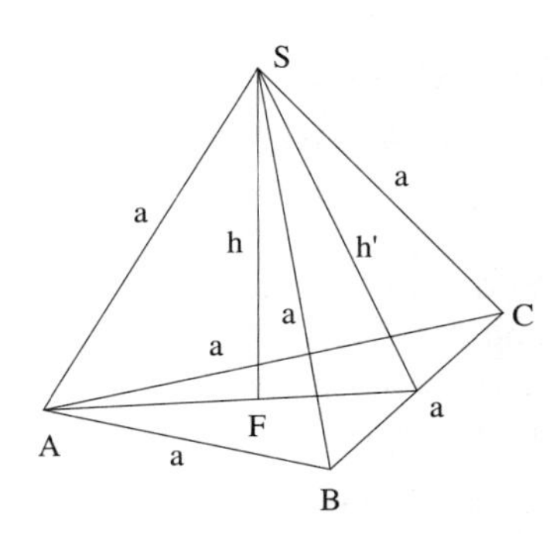

Die Flächen sind gleichseitige Dreiecke mit der Höhe $h' = \frac{a}{2}\sqrt{3}$ und der Fläche

$G = \frac{a^2}{4}\sqrt{3}$.

Da der Lotfußpunkt F = Schwerpunkt S gilt, folgt:

$\overline{AF} = \frac{2}{3}h' = \frac{a}{3}\sqrt{3}$

$h^2 + \overline{AF}^2 = a^2$

$h^2 = a^2 - \overline{AF}^2 = a^2 - \frac{a^2}{3} = \frac{2}{3}a^2 \Rightarrow h = \sqrt{\frac{2}{3}a^2} = a\sqrt{\frac{2}{3}}$

$\Rightarrow \quad V_{Tetr} = \frac{1}{3}G \cdot h = \frac{1}{3} \cdot \frac{a^2}{4}\sqrt{3} \cdot a\sqrt{\frac{2}{3}} = \frac{1}{12}a^3\sqrt{2}$

$\Rightarrow \quad O_{Tetr} = 4 \cdot G = a^2\sqrt{3}$

Oktaeder

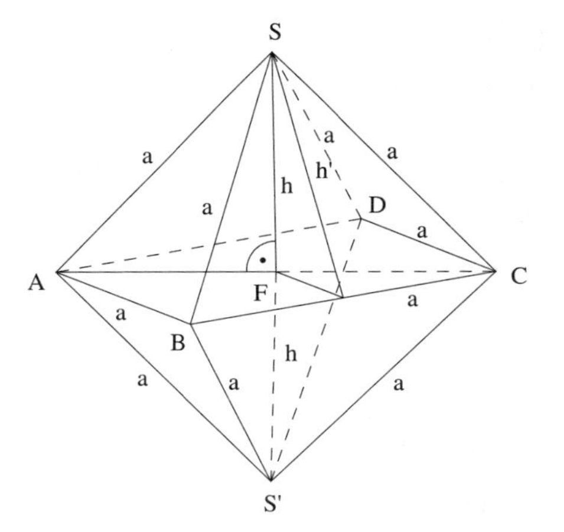

Die Seitenflächen sind gleichseitige Dreiecke mit der Höhe $h' = \frac{a}{2}\sqrt{3}$

und der Fläche $A = \frac{a^2}{4}\sqrt{3}$.

Für die Höhe $h = \overline{FS}$ gilt mit Hilfe des Satzes von Pythagoras und $\overline{AF} = \frac{a}{2}\sqrt{2}$ (halbe Diagonale eines Quadrats):

$h^2 + \overline{AF}^2 = a^2$

$h^2 = a^2 - \overline{AF}^2 = a^2 - \frac{a^2}{2} = \frac{a^2}{2}$

$\Rightarrow \quad h = \sqrt{\frac{a}{2}} = \frac{a}{2}\sqrt{2}$

$\Rightarrow \quad V_{Okt} = 2 \cdot \frac{1}{3}G \cdot h = 2 \cdot \frac{1}{3}a^2 \cdot \frac{a}{2}\sqrt{2} = \frac{a^3}{3}\sqrt{2}$

$\Rightarrow \quad O_{Okt} = 8 \cdot A = 8 \cdot \frac{a^2}{4}\sqrt{3} = 2a^2\sqrt{3}$

Beispiel:

In welchem Verhältnis stehen Volumina und Oberflächen von Oktaeder und Tetraeder bei gleicher Kantenlänge a?

Lösung:

$$\frac{V_{Okt}}{V_{Tetr}} = \frac{\frac{a^3}{3}\sqrt{2}}{\frac{1}{12}a^3\sqrt{2}} = 4:1; \quad \frac{O_{Okt}}{O_{Tetr}} = \frac{2a^2\sqrt{3}}{a^2\sqrt{3}} = 2:1$$

Aufgaben

146. Gegeben ist das reguläre Tetraeder ABCD der nebenstehenden Skizze mit dem Höhenfußpunkt F. Alle Seitenkanten sind gleich lang mit a = 4 cm.

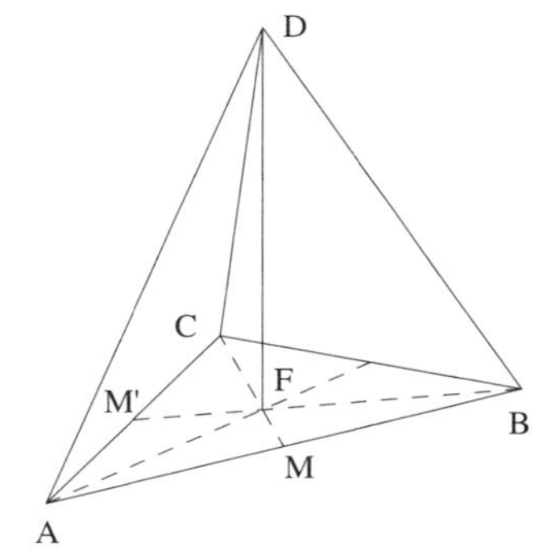

a) Berechne die Länge $\overline{BF}$.

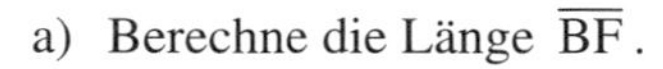

b) Berechne die Höhe $h = \overline{FD}$.

c) Konstruiere den Winkel α der Seitenkante [BD] gegen die Grundfläche.

d) Konstruiere den Winkel β der Seitenfläche ACD gegen die Grundfläche.

e) Von der Mitte M der Seite [AB] aus wird das Lot auf [AD] gefällt. Berechne die Länge dieses Lotes.

147. Gegeben ist eine gerade quadratische Pyramide mit lauter gleichen Kanten a.

a) Berechne das Volumen und die Oberfläche dieser Pyramide in Abhängigkeit von a (Skizze!).

b) Wie groß wäre die Kantenlänge a für ein Volumen $V = \frac{32}{3}\sqrt{2}\ \text{cm}^3$?

c) Konstruiere den Neigungswinkel ε einer Seitenkante und den Neigungswinkel φ einer Seitenfläche gegen die Grundfläche.

d) Eine Parallelebene zur Grundfläche im Abstand $h' = \frac{2}{3} h$ schneidet aus der Pyramide einen Pyramidenstumpf aus. Wie verhalten sich die Volumina des Pyramidenstumpfes und der Restpyramide?

148. Einem Würfel mit der Kantenlänge $x = a\sqrt{2}$ ist ein reguläres Oktaeder einbeschrieben.

a) Berechne das Volumen des Oktaeders in Abhängigkeit von a.

b) In welchem Verhältnis stehen die Oberflächen von Oktaeder und Würfel?

149. Ein reguläres Tetraeder und ein reguläres Oktaeder haben gleiche Oberflächen. In welchem Verhältnis stehen die Kantenlängen der beiden Körper?

150. Aus einem Würfel mit der Kantenlänge a ist eine Pyramide, deren Grundfläche die Deckfläche des Würfels und deren Spitze der Mittelpunkt der Grundfläche des Würfels ist, herausgefräst.
Wie groß sind Volumen und Oberfläche des Restkörpers?

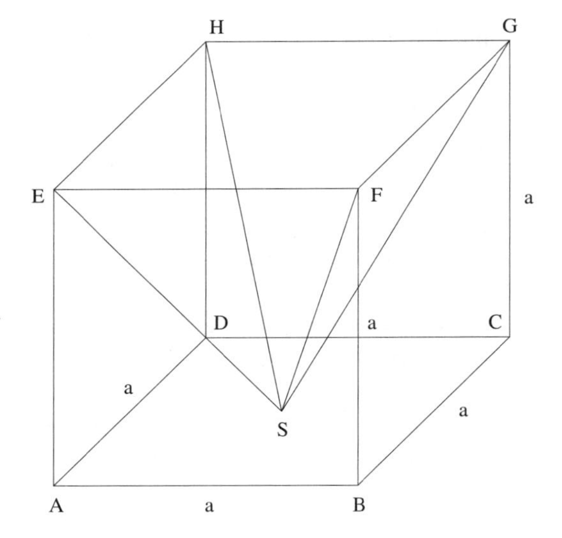

Anhang

Wie geometrische Figuren zusammenhängen und auseinander hervorgehen, wird dir an dieser Stelle noch einmal erklärt. Die Grundlagen der Geometrie werden dir sicher auch beim Lösen der Aufgaben hilfreich sein.
Alle Lösungen zu den Aufgaben sind ausführlich beschrieben. Bis auf wenige Ausnahmen (Maßstab 1 : 2; nur Vergleich der Form möglich!) sind die Konstruktionen im Maßstab 1 : 1 ausgeführt, so dass du durch Übereinanderlegen deiner Skizze mit der im Lösungsteil genau erkennen kannst, ob deine Lösung richtig oder falsch ist.

12 Wiederholung wichtiger Inhalte der Geometrie 7./8. Klasse*

12.1 Dreiecksungleichung

In jedem Dreieck ABC ist eine Seite stets größer als die Differenz, aber kleiner als die Summe der beiden anderen Seiten.

$|a - b| < c < a + b$

$|c - b| < a < c + b$

$|c - a| < b < c + a$

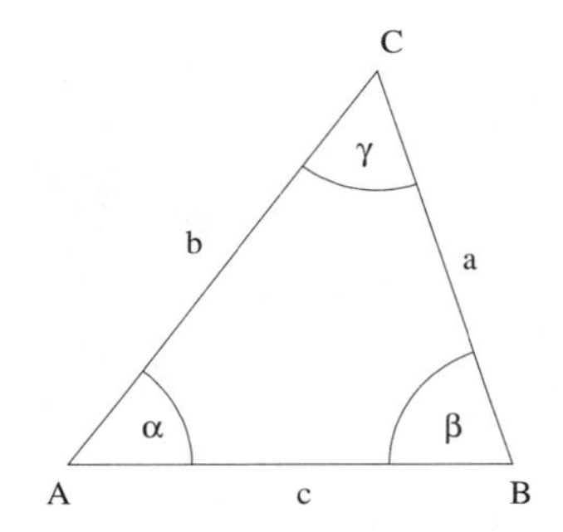

12.2 Winkel an Geradenkreuzungen, bei Dreiecken und Vierecken

1. **Nebenwinkel** ergänzen sich zu 180° (z. B. α_1 und β_1).
   Scheitelwinkel sind gleich groß (z. B. α_1 und γ_1).
2. Geraden sind **senkrecht** zueinander, wenn sie einen 90°-Winkel miteinander bilden.
   Geraden sind **parallel zueinander**, wenn sie eine gemeinsame Lotgerade besitzen.
3. Genau dann, wenn die Geraden g_1 und g_2 einer Geradenkreuzung parallel zueinander sind, gilt:

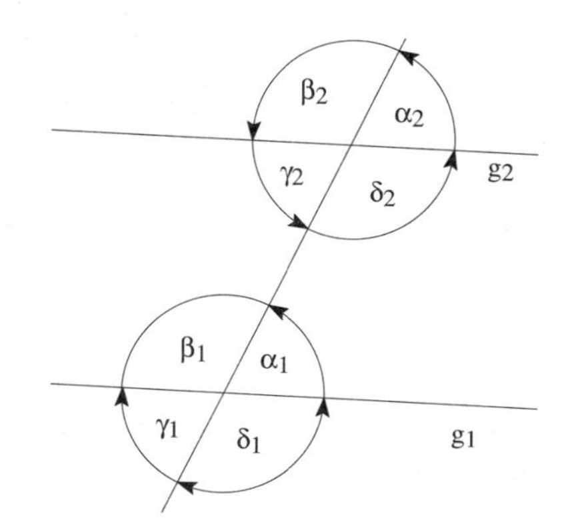

* Verwende dazu auch
Mathematik Training, Geometrie 7. Klasse, Stark Verlag, Bestell-Nr. 90021,
Mathematik Training, Geometrie 8. Klasse, Stark Verlag, Bestell-Nr. 90022.

a) **Stufenwinkel** sind gleich (z. B. α_1 und α_2).
b) **Wechselwinkel (Z-Winkel)** sind gleich (z. B. α_1 und γ_2).
c) **Nachbarwinkel (E-Winkel)** ergänzen sich zu 180° (z. B. α_1 und δ_2).

4. Die Innenwinkelsumme in jedem Dreieck beträgt 180°.
5. In jedem Dreieck ist jeder Außenwinkel so groß wie die Summe der nicht an ihm anliegenden Innenwinkel. Die Summe der Außenwinkel beträgt in jedem Dreieck 360°.
6. Die Innenwinkelsumme in jedem n-Eck beträgt $(n - 2) \cdot 180°$. Insbesondere gilt: Die Innenwinkelsumme im Viereck beträgt 360°.

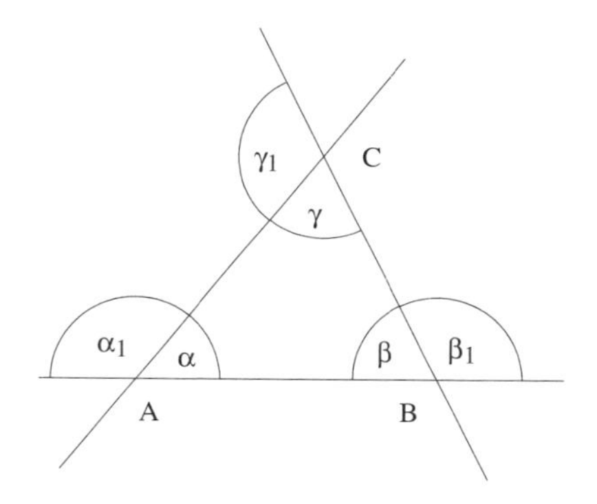

7. Das Lot ist die kürzeste Verbindung eines Punktes $P \notin g$ mit einem Punkt L der Geraden g.
Die Länge des Lotes heißt der **Abstand** des Punktes P von der Geraden g.

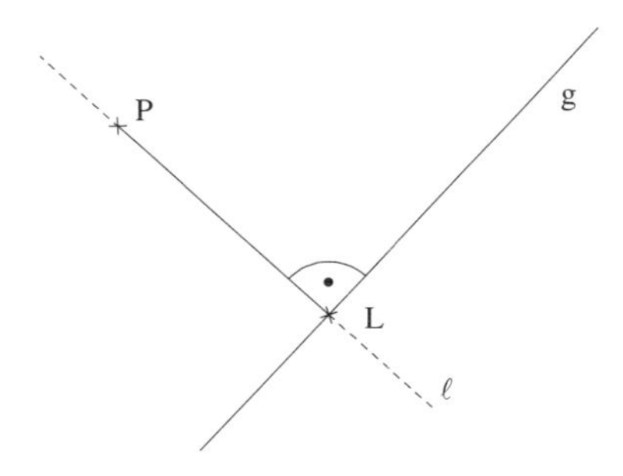

12.3 Symmetrie und Kongruenz geometrischer Figuren

1. Eine geometrische Abbildung heißt **Kongruenzabbildung**, wenn Figur und Bildfigur deckungsgleich zueinander sind.

2. a) Die **Achsenspiegelung S_a** ist eine längentreue und gegensinnig winkeltreue Kongruenzabbildung.
Die Abbildungsvorschrift lautet:
Bei gegebener Achse a wird jedem Punkt P der Ebene ein Bildpunkt P' wie folgt zugeordnet:
(1) Für $P \notin a$ gilt: P' liegt so, dass die Verbindungsstrecke [PP'] von a rechtwinklig halbiert wird.
(2) Für $P \in a$ gilt: $P' = P$

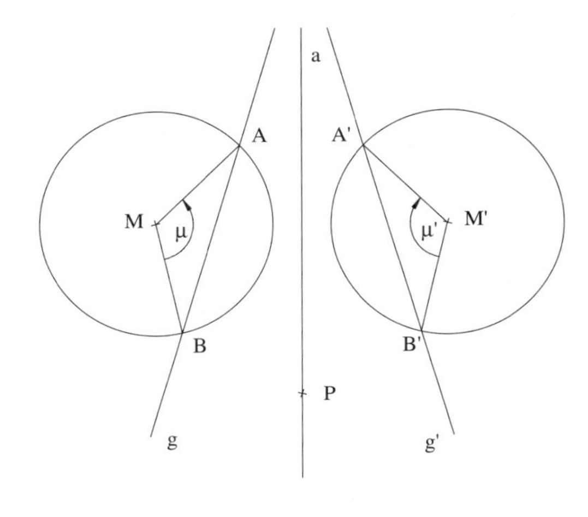

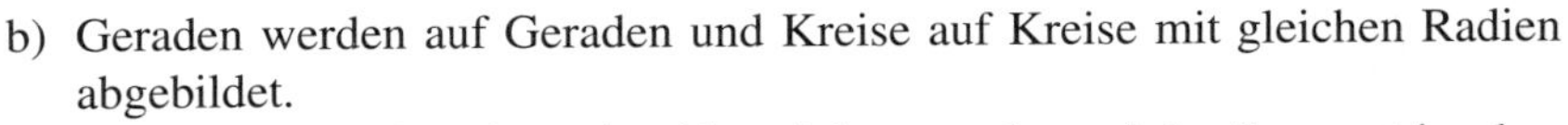

b) Geraden werden auf Geraden und Kreise auf Kreise mit gleichen Radien abgebildet.
Symmetrische Geraden schneiden sich entweder auf der Symmetrieachse oder sind parallel zu ihr.

c) Schneiden sich zwei geometrische Linien in einem Punkt P, so schneiden sich die symmetrischen Linien in einem Punkt P', der Bildpunkt von P ist.

d) Achsenpunkte und nur diese sind von zueinander symmetrischen Punkten gleich weit entfernt.

e) Die Achsenpunkte sind Fixpunkte, die Achse ist Fixpunktgerade und die Lotgeraden zur Achse sind Fixgeraden.

3. Die **Punktspiegelung S_Z** ist eine Doppelspiegelung an zwei Achsen a_1 und a_2, die sich im Zentrum Z senkrecht schneiden.
   $S_Z = S_{a_2} \circ S_{a_1} \wedge a_1 \perp a_2$.

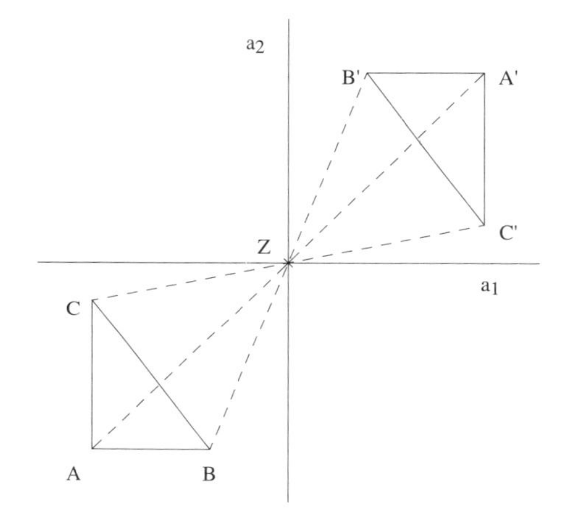

   Die Punktspiegelung S_Z ist eine gleichsinnige Kongruenzabbildung, d. h. sie ist längentreu und gleichsinnig winkeltreu. Die Abbildungsvorschrift der Punktspiegelung lautet: Bei gegebenem Zentrum Z wird jedem Punkt P der Ebene ein Bildpunkt P' wie folgt zugeordnet:
   a) $P \neq Z$: $P' \in PZ \wedge \overline{P'Z} = \overline{PZ}$
   b) $P = Z$: $P' = P = Z$
   Bei jeder Punktspiegelung S_Z sind Gerade und Bildgerade parallel zueinander. Geraden durch Z sind Fixgeraden, Z ist der einzige Fixpunkt.

4. Die **Verschiebung $V_{\vec{v}}$** ist eine Doppelspiegelung an zwei Achsen a_1 und a_2, die parallel zueinander sind.
   $V_{\vec{v}} = S_{a_2} \circ S_{a_1} \wedge a_1 \parallel a_2$

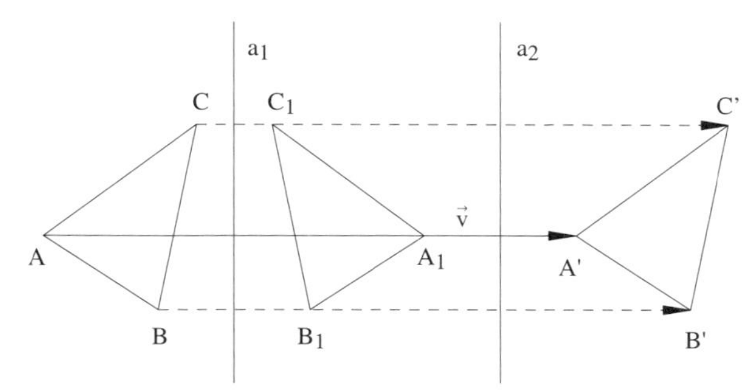

   Die Verschiebung $V_{\vec{v}}$ ist eine gleichsinnige Kongruenzabbildung, d. h. sie ist längentreu und gleichsinnig winkeltreu.
   Die Abbildungsvorschrift der Verschiebung lautet:
   Der Verschiebungspfeil $\vec{v}$ (Verschiebungsvektor $\vec{v}$) führt vom Punkt P zum Bildpunkt P', d. h. $\overrightarrow{PP'} = \vec{v}$.

Die Länge des Verschiebungspfeiles $\vec{v}$ ist gleich dem doppelten Abstand der Achsen a_1 und a_2, er steht senkrecht auf diesen und ist von der ersten zur zweiten Symmetrieachse gerichtet.

Im Koordinatensystem gilt:

$\vec{v} = \begin{pmatrix} v_1 \\ v_2 \end{pmatrix}$ Verschiebung um v_1 in x-Richtung
Verschiebung um v_2 in y-Richtung

Die Verschiebung hat keine Fixpunkte, Geraden parallel zum Verschiebungsvektor sind Fixgeraden.

5. Die **Drehung $D_{Z;\,2\alpha}$** ist eine Doppelspiegelung an zwei Achsen a_1 und a_2, die sich im Zentrum Z unter einem Winkel α schneiden.

   $D_{Z;\,2\alpha} = S_{a_2} \circ S_{a_1} \;\wedge\; \sphericalangle(a_1; a_2) = \alpha$

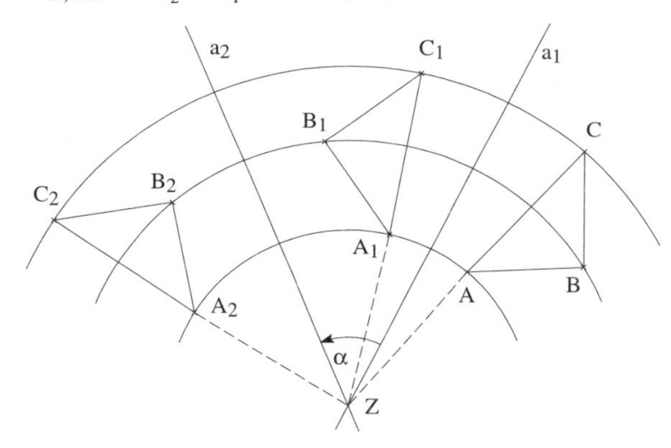

Die Drehung $D_{Z;\,2\alpha}$ ist eine gleichsinnige Kongruenzabbildung, d. h. sie ist längentreu und gleichsinnig winkeltreu.

Die Abbildungsvorschrift für die Drehung lautet:
Bei gegebenem Zentrum Z wird jedem Punkt P der Ebene ein Bildpunkt P' wie folgt zugeordnet:

a) $P \neq Z$: $\overline{P'Z} = \overline{PZ} \;\wedge\; \sphericalangle PZP' = 2\alpha$
b) $P = Z$: $P' = P = Z$

Der Drehwinkel $\varphi = 2\alpha$ ist doppelt so groß wie der Winkel α, den die Achsen a_1 und a_2 miteinander einschließen. Die Orientierung des Winkels geht von der 1. Achse zur 2. Achse. Z ist der einzige Fixpunkt der Abbildung. Es gibt keine Fixgeraden.

Die Hintereinanderausführung (Verkettung) von Kongruenzabbildungen (Achsenspiegelung, Punktspiegelung, Verschiebung und Drehung) in beliebiger Abfolge ergibt wieder eine Kongruenzabbildung.

12.4 Dreiecke

1. Satz vom **gleichschenkligen** Dreieck:
   Trifft für ein Dreieck **eine** der folgenden Aussagen zu, so gelten auch die beiden anderen.
   a) Das Dreieck ist gleichschenklig.
   b) Das Dreieck besitzt eine Symmetrieachse.
   c) Das Dreieck besitzt zwei gleich große Winkel.

   Sonderfall: Gleichseitiges Dreieck mit drei gleich langen Seiten, drei Symmetrieachsen und drei gleichen Winkeln (60°).

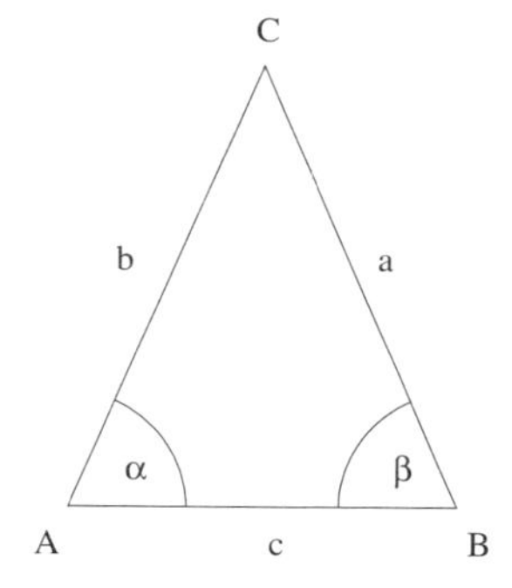

2. Für **rechtwinklige** Dreiecke gilt der **Satz des Thales**:
   Ein Dreieck ABC hat genau dann bei C einen rechten Winkel, wenn die Ecke C auf dem Halbkreis über [AB] liegt.

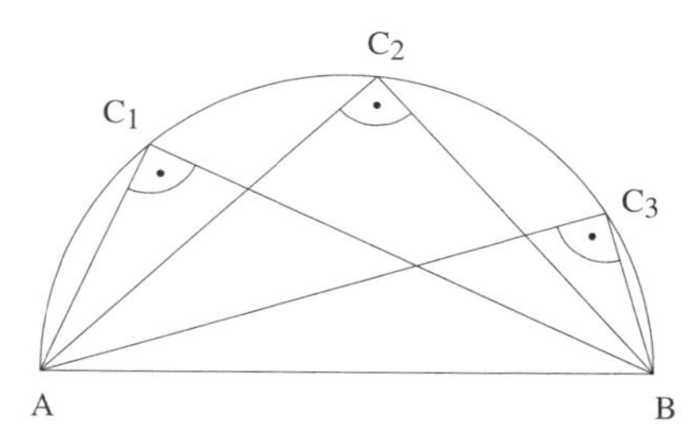

3. Für **beliebige** Dreiecke ABC gilt:
   a) In jedem Dreieck liegt der größeren Seite der größere Winkel gegenüber, insbesondere liegt der größten Seite der größte Winkel gegenüber.
   b) In jedem Dreieck schneiden sich die Mittelsenkrechten m_a, m_b, m_c der Dreiecksseiten in einem Punkt M, dem Mittelpunkt des **Umkreises** des Dreiecks.
   c) In jedem Dreieck schneiden sich die Winkelhalbierenden w_α, w_β, w_γ in einem Punkt W, dem Mittelpunkt des **Inkreises** des Dreiecks.

d) In jedem Dreieck schneiden sich die Seitenhalbierenden (Schwerlinien) s_a, s_b, s_c in einem Punkt S, dem **Schwerpunkt** des Dreiecks.

e) In jedem Dreieck schneiden sich die Höhen h_a, h_b, h_c in einem Punkt H, dem **Höhenschnittpunkt** des Dreiecks.

f) **Kongruenzsatz sss**
Dreiecke sind schon kongruent, wenn sie in drei Seiten übereinstimmen.

g) **Kongruenzsatz sws**
Dreiecke sind schon kongruent, wenn sie in zwei Seiten und dem Zwischenwinkel übereinstimmen.

h) **Kongruenzsatz wsw (sww, wws)**
Dreiecke sind schon kongruent, wenn sie in einer Seite und zwei gleichliegenden Winkeln übereinstimmen.

i) **Kongruenzsatz ssw$_g$**
Dreiecke sind schon kongruent, wenn sie in zwei Seiten und dem Gegenwinkel der größeren der beiden Seiten übereinstimmen.

12.5 Grundkonstruktionen

Folgende Grundkonstruktionen (Konstruktionen nur mit Zirkel und Lineal) wurden durchgeführt:

1. Streckenübertragung:
   Trage auf einer Geraden g vom Punkt P aus eine Strecke der Länge s ab bzw. konstruiere in einem Kreis eine Sehne der Länge s von einem Punkt P aus.

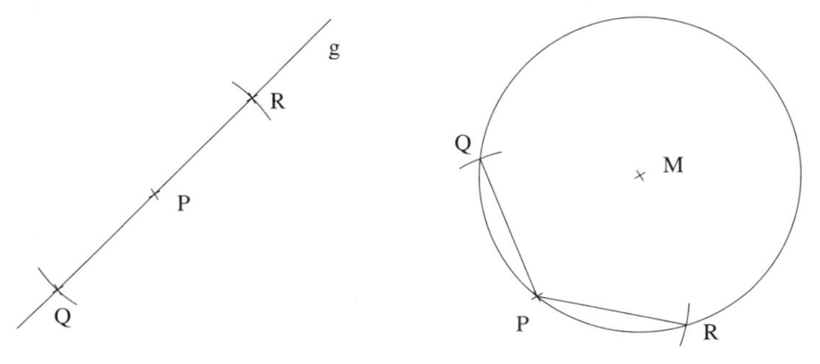

2. Winkelübertragung:
   Übertrage einen Winkel α so, dass ein Schenkel mit einer Halbgeraden [SP übereinstimmt.

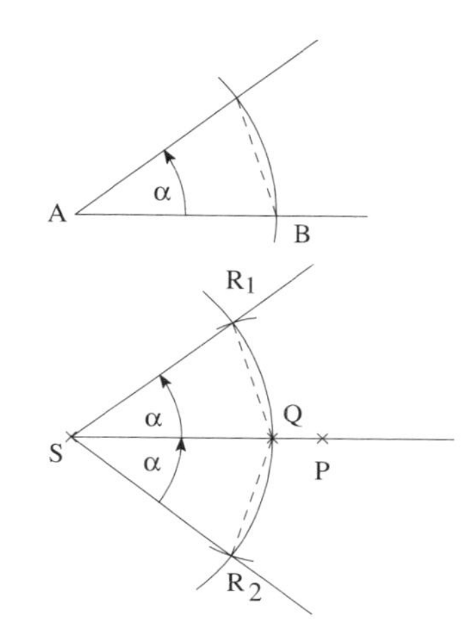

3. Konstruiere zu einer Geraden g und einem Punkt $P \notin g$ die Parallele zu g durch P.

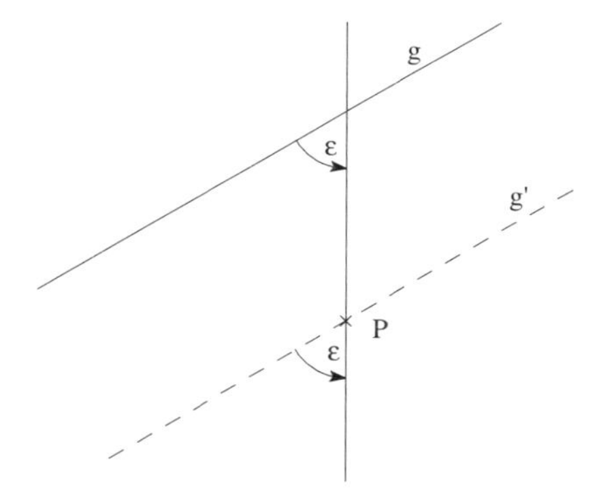

4. Konstruiere zu einem Punkt P den Bildpunkt P' bezüglich der Spiegelachse a.

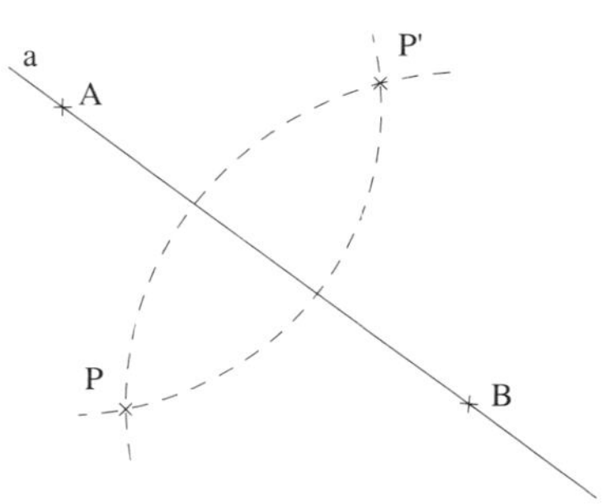

5. Konstruiere zu zwei gegebenen Punkten P und Q die Symmetrieachse.

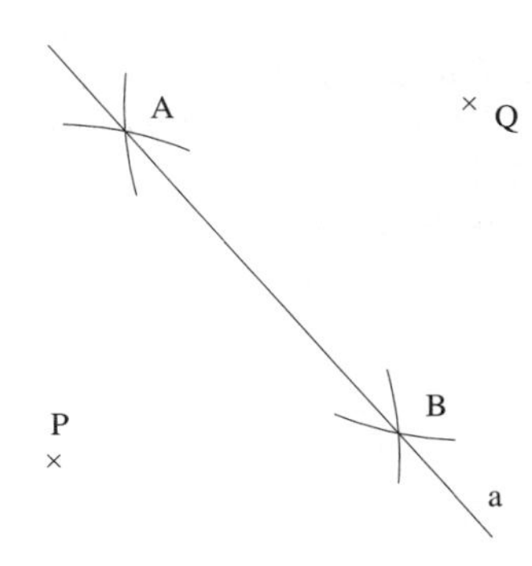

6. Konstruiere das Lot (die Senkrechte) ℓ zu einer Geraden g in einem Punkt $P \in g$.

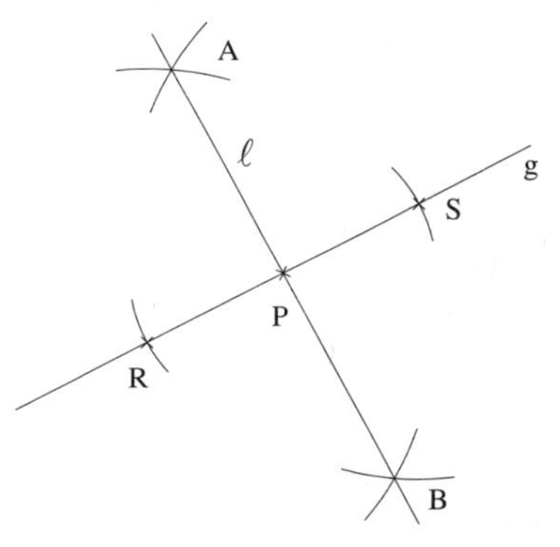

7. Konstruiere das Lot (die Senkrechte) ℓ zu einer Geraden g in einem Punkt $P \notin g$.

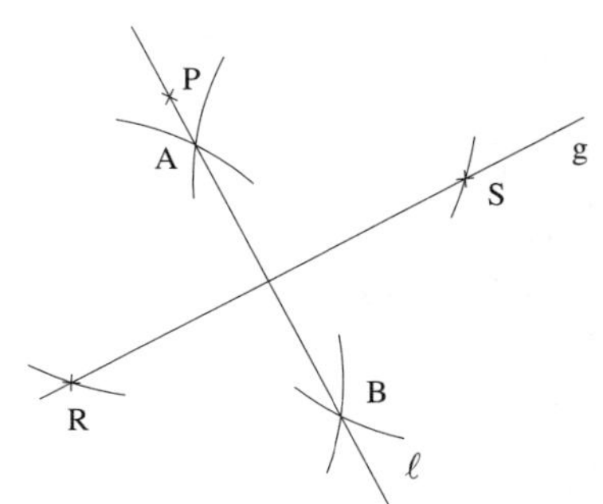

8. Konstruiere die Parallele p zu einer Geraden g durch einen Punkt $P \notin g$.

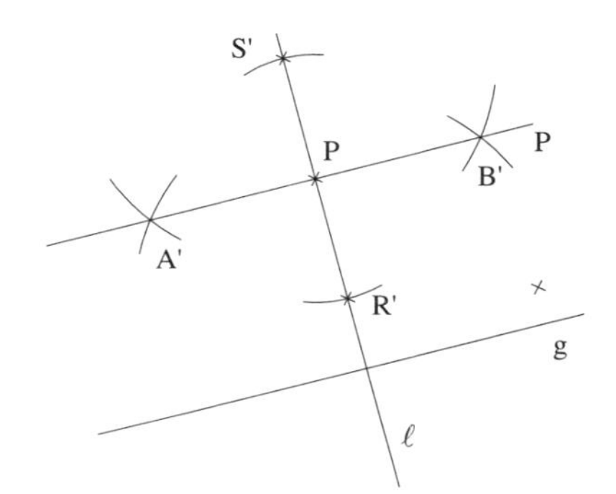

9. Konstruiere die Winkelhalbierende (Symmetrieachse) w eines Winkels mit dem Scheitel S.

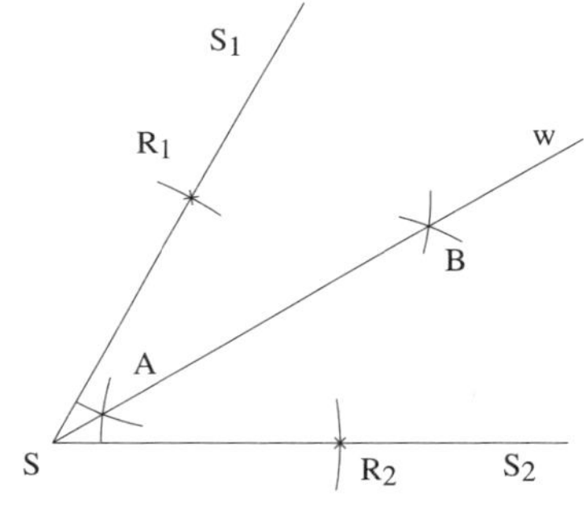

10. Konstruiere das Bild P' des Punktes P bei der Spiegelung S_Z am Zentrum Z.

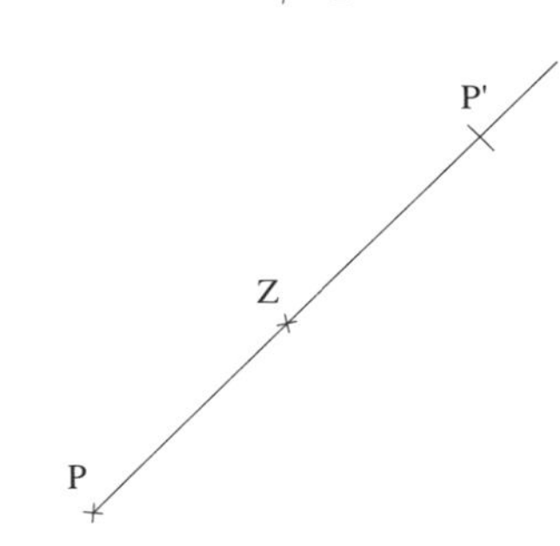

11. Konstruiere das Bild P' des Punktes P bei der Verschiebung $V_{\vec{v}}$

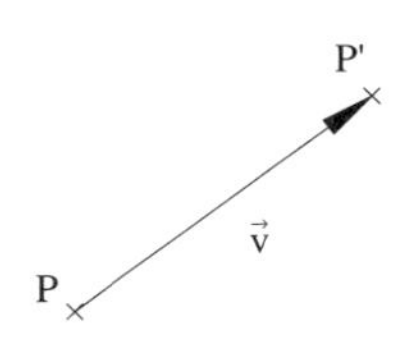

12. Konstruiere das Bild P' des Punktes P bei der Drehung $D_{Z;\,2\alpha}$.
    Es gilt: $\varphi = 2\alpha$

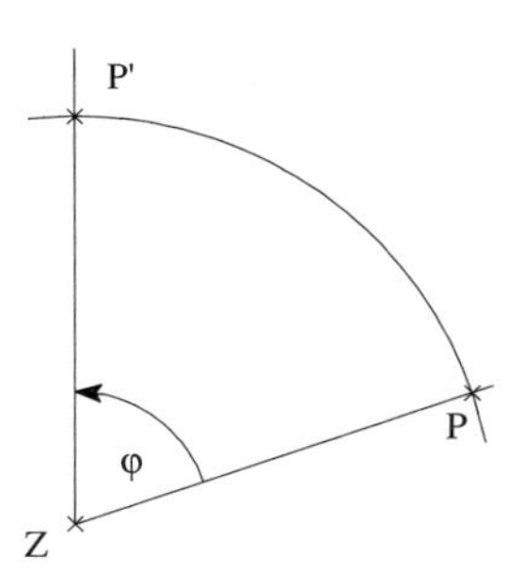

13. Konstruiere einen 60°-Winkel mit dem Scheitel A.

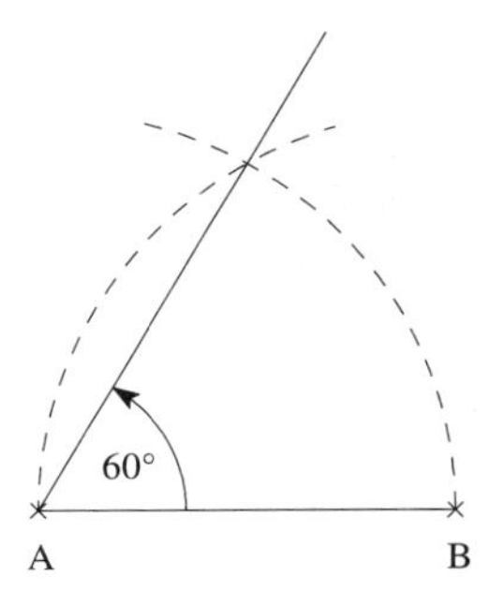

14. Dreieckskonstruktionen nach sss-Satz, sws-Satz, wws-Satz, ssw_g-Satz

12.6 Punktemengen

1. Die Menge aller Punkte P, die von einem Punkt M die Entfernung (den Abstand) r besitzen, bilden den **Kreis (die Kreislinie) k (M; r).**
   $k(M; r) = \{P \mid \overline{PM} = r\}$
   $= \{P \mid d(P; M) = r\}$
   $k_i = \{P \mid \overline{PM} < r\}$: Kreisinneres
   $k_a = \{P \mid \overline{PM} > r\}$: Kreisäußeres
   $k_A = \{P \mid \overline{PM} \leq r\}$: Kreisfläche

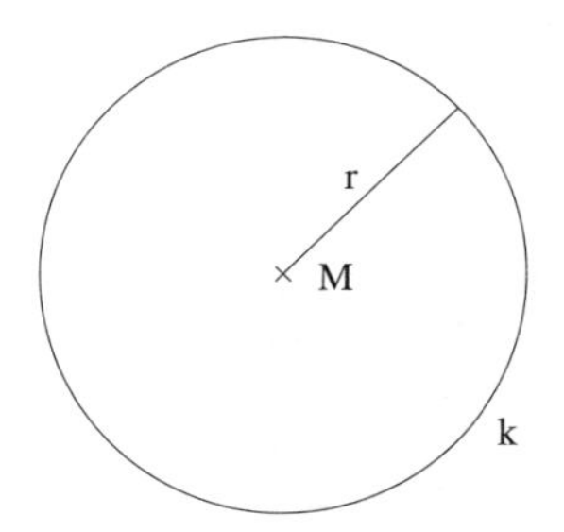

2. Die Menge aller Punkte P, die von zwei Punkten A und B die gleiche Entfernung besitzen, bilden die **Symmetrieachse a** oder die **Mittelsenkrechte a** zur Strecke [AB].
   $a = \{P \mid \overline{PA} = \overline{PB}\}$
   $= \{P \mid d(P; A) = d(P; B)\}$

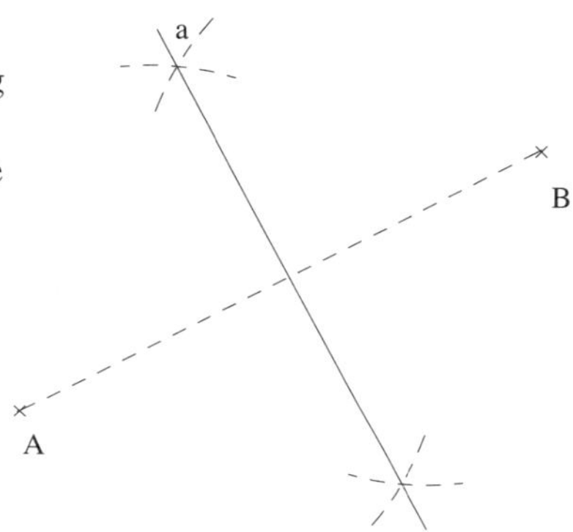

3. Die Menge aller Punkte P, die von zwei sich schneidenden Geraden g_1 und g_2 gleichen Abstand besitzen, bilden die **Winkelhalbierenden w_1, w_2.**
   $w_1, w_2 = \{P \mid d(P; g_1) = d(P; g_2)\}$
   Die Winkelhalbierenden w_1, w_2 stehen senkrecht aufeinander.

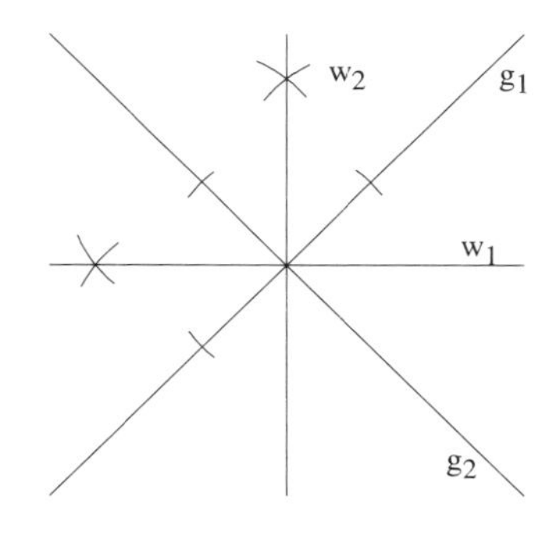

4. Die Menge aller Punkte P, die von zwei parallelen Geraden g_1, g_2 gleichen Abstand besitzen, bilden die **Mittelparallele m.**
   $m = \{P \mid d(P; g_1) = d(P; g_2)\}$

g1
m
g2

5. Die Menge aller Punkte P, die von einer Geraden g den gleichen Abstand c besitzen, bilden das **Parallelenpaar p_1, p_2** zur Geraden g.
   $p_1, p_2 = \{P \mid d(P; g) = c\}$

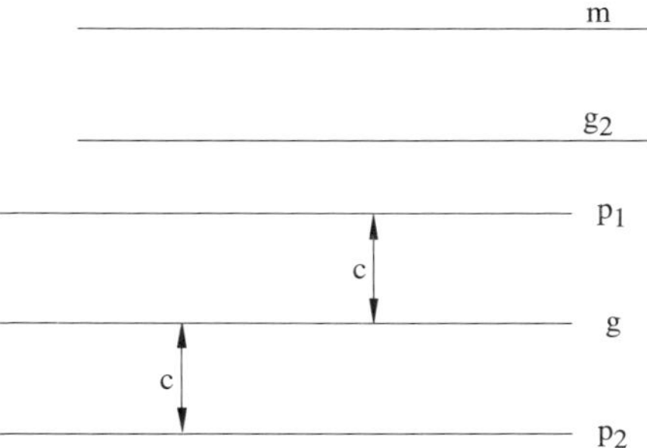

6. Die Menge aller Punkte P, von denen aus die Strecke [AB] unter einem rechten Winkel (90°-Winkel) gesehen wird, bilden den **Thaleskreis über [AB]**. Die Punkte innerhalb des Thaleskreises sehen [AB] unter einem Winkel $\varphi > 90°$, die Punkte außerhalb unter einem Winkel $\varphi < 90°$.

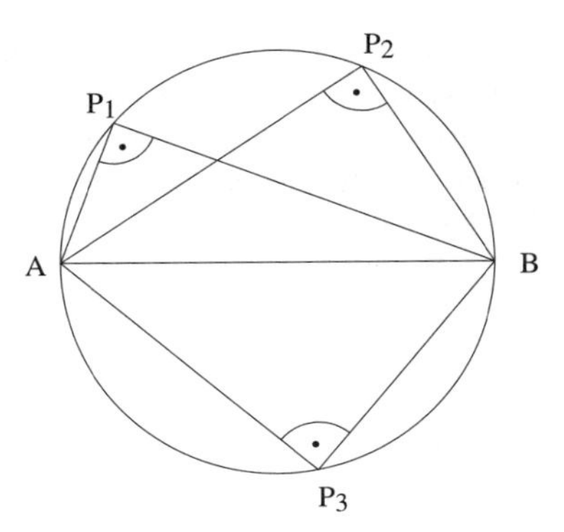

12.7 Vierecke

Zur Konstruktion eines allgemeinen Vierecks benötigt man fünf Angaben. Vierecke werden über Teildreiecke konstruiert.

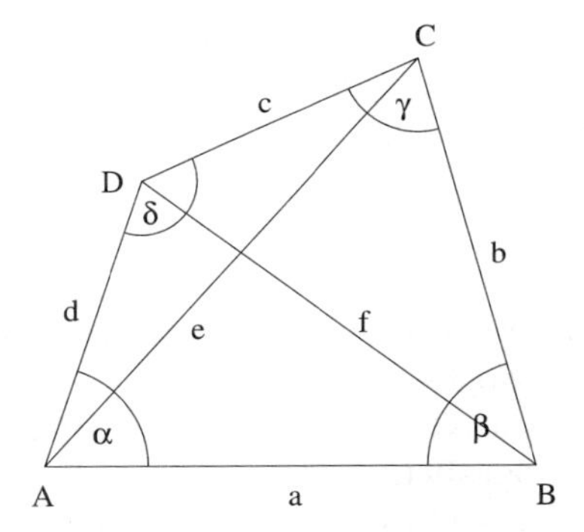

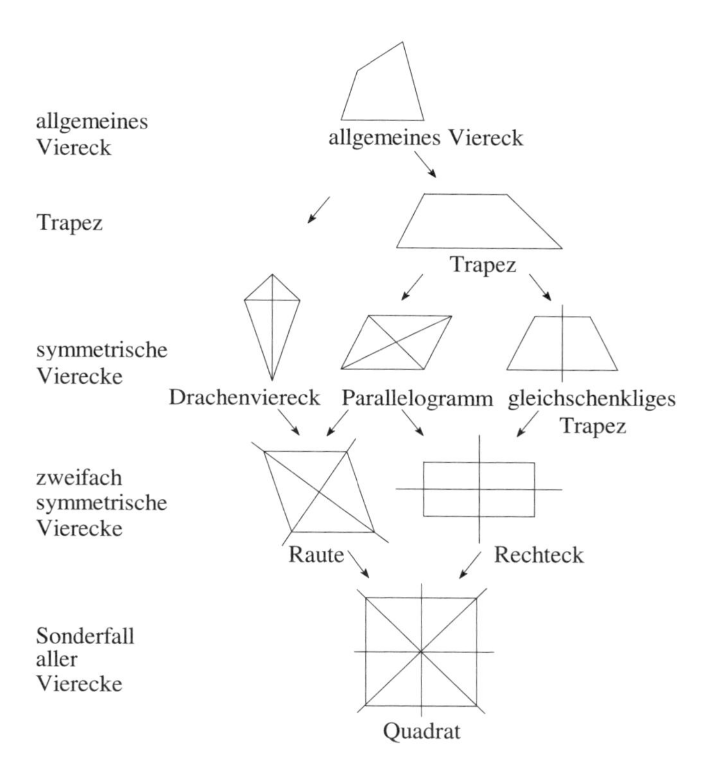

- Das **Trapez** hat zwei parallele Gegenseiten.
- Das **Drachenviereck** hat eine Diagonale als Symmetrieachse.
- Das gleichschenklige **Trapez** hat das Mittellot zu den parallelen Seiten als Symmetrieachse.
- Das **Parallelogramm** hat je zwei parallele Gegenseiten. Es ist punktsymmetrisch zum Schnittpunkt der Diagonalen.
- Die **Raute** hat zwei Diagonalen als Symmetrieachsen. Sie ist punktsymmetrisch zum Schnittpunkt der Diagonalen.
- Das **Rechteck** hat zwei Mittelsenkrechte zu den parallelen Seiten als Symmetrieachse. Es ist punktsymmetrisch zum Schnittpunkt der Symmetrieachsen bzw. Diagonalen.
- Das **Quadrat** ist ein regelmäßiges Viereck. Es besitzt vier Symmetrieachsen (zwei Seitenlote und zwei Diagonalen) und ist punktsymmetrisch zum Schnittpunkt der Diagonalen bzw. der Symmetrieachsen.

12.8 Vektoren

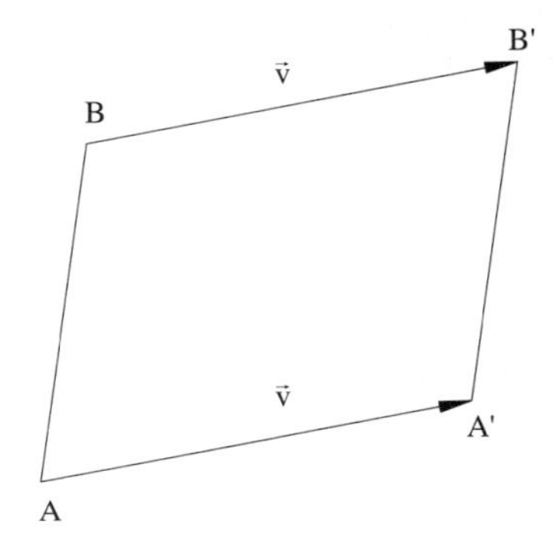

Bei der Kongruenzabbildung Verschiebung $V_{\vec{v}}$ wird der Begriff des (Verschiebungs-) **Vektors $\vec{v}$** eingeführt.
Ein Vektor $\vec{v}$ umfasst alle Pfeile, die gleich lang, parallel und gleich gerichtet sind. Jeder dieser Pfeile ist ein Repräsentant des Vektors.
Die Verkettung $V_{\vec{v}} = V_{\vec{b}} \circ V_{\vec{a}}$ zweier Verschiebungen führt auf die Verschiebung mit dem Summenvektor $\vec{v} = \vec{a} + \vec{b}$.
Die Vektoren $\vec{a}$ und $\vec{b}$ werden **addiert**, indem man an die Spitze des Vektors $\vec{a}$ den Anfangspunkt des Vektors $\vec{b}$ ansetzt. Der Summenvektor zeigt dann vom Anfangspunkt des Vektors $\vec{a}$ bis zur Spitze des Vektors $\vec{b}$.

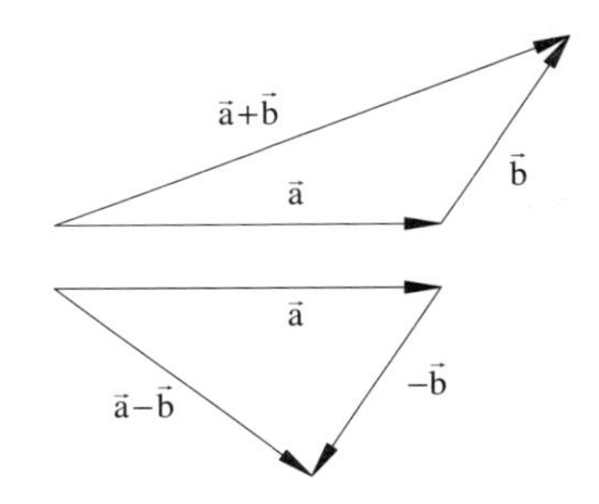

Die Vektoren a und b werden subtrahiert, indem man zum Vektor $\vec{a}$ den Gegenvektor $-\vec{b}$ von $\vec{b}$ addiert.
Der **Gegenvektor** $-\vec{b}$ ist gleich lang und parallel zum Vektor $\vec{b}$, aber entgegengesetzt gerichtet.

Der **Nullvektor $\vec{0}$** ergibt sich aus der Addition von Vektor und Gegenvektor:

$\vec{a} + (-\vec{a}) = \vec{0}$

12.9 Kreis und Tangente

Eine Gerade t durch den Punkt $P \in k\,(M; r)$ ist genau dann **Tangente**, wenn $t \perp MP$ gilt.

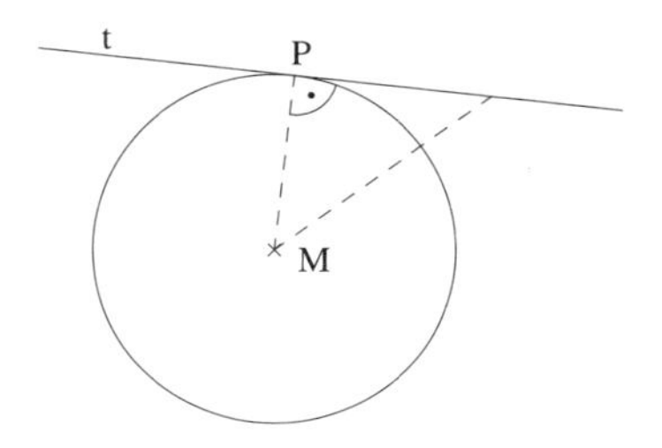

12.10 Kreis und Winkel

Umfangswinkelsatz

Die Umfangswinkel, die vom selben Fasskreisbogen umgeben werden, sind gleich groß, d. h. z. B. $\varphi_1 = \varphi_2 = \varphi_3$.

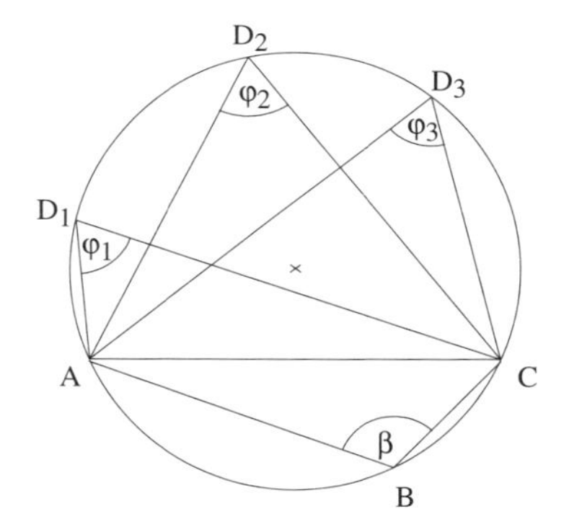

Der Mittelpunktswinkel μ zu einer Sehne ist doppelt so groß wie der zum größeren Fasskreisbogen gehörende Umfangswinkel φ, d. h. $\mu = 2 \cdot \varphi$.

Sonderfall: Für $\mu = 180°$, d. h. die Kreissehne ist Durchmesser, ergibt sich der Satz des Thales.

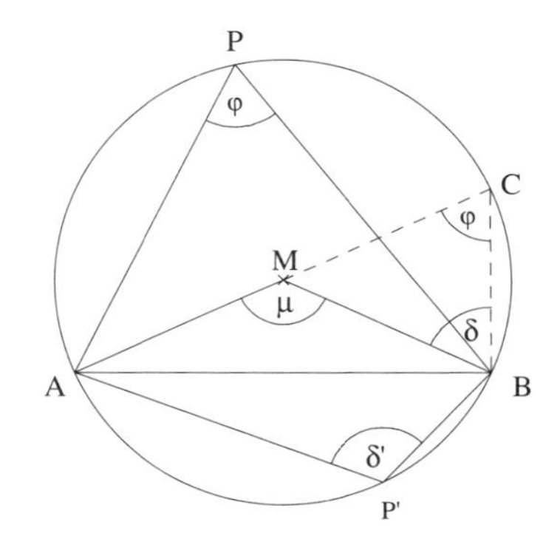

Satz vom Fasskreisbogenpaar

Die Menge aller Punkte, von denen aus eine Strecke [AB] unter einem Winkel φ erscheint, ist das Fasskreisbogenpaar zum Winkel φ über der Strecke [AB].

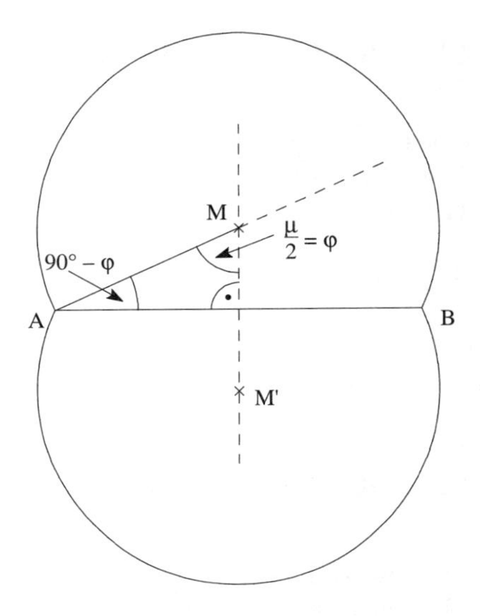

12.11 Kreisvierecke

Ein Viereck mit Inkreis heißt **Tangentenviereck**. Es gilt:
a + c = b + d

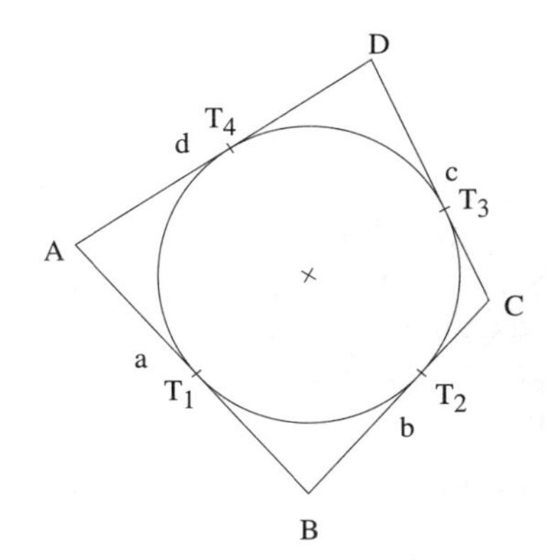

Ein Viereck mit Umkreis heißt **Sehnenviereck**. Es gilt:
$\alpha + \gamma = \beta + \delta = 180°$

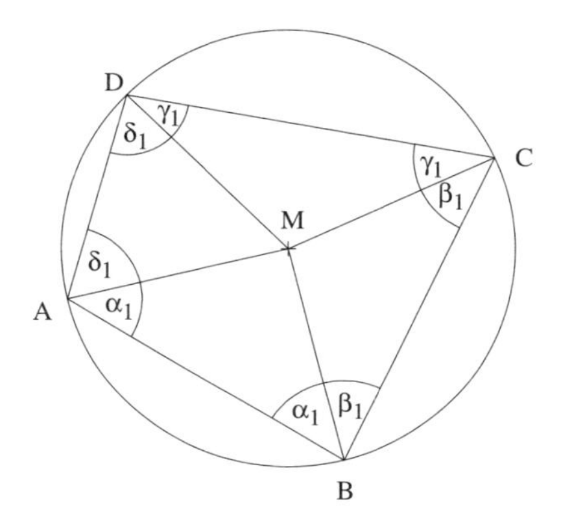

12.12 Flächeninhalte und Umfänge

	Flächeninhalt	Umfang
Rechteck:	$A = a \cdot b$	$u = 2 \cdot (a + b)$
Parallelogramm:	$A = a \cdot h_a = b \cdot h_b = g \cdot h$	$u = 2 \cdot (a + b)$
Dreieck:	$A = \frac{1}{2} a \cdot h_a = \frac{1}{2} b \cdot h_b = \frac{1}{2} c \cdot h_c = \frac{1}{2} g \cdot h$	$u = a + b + c$
Trapez:	$A = \frac{1}{2} (a + c) \cdot h = \frac{1}{2} m \cdot h$	$u = a + b + c + d$

Vielecke werden zur Flächenberechnung in Dreiecke zerlegt. Der Umfang ergibt sich als Summe aller Seiten.

12.13 Darstellung in Grund- und Aufriss sowie Schrägbild

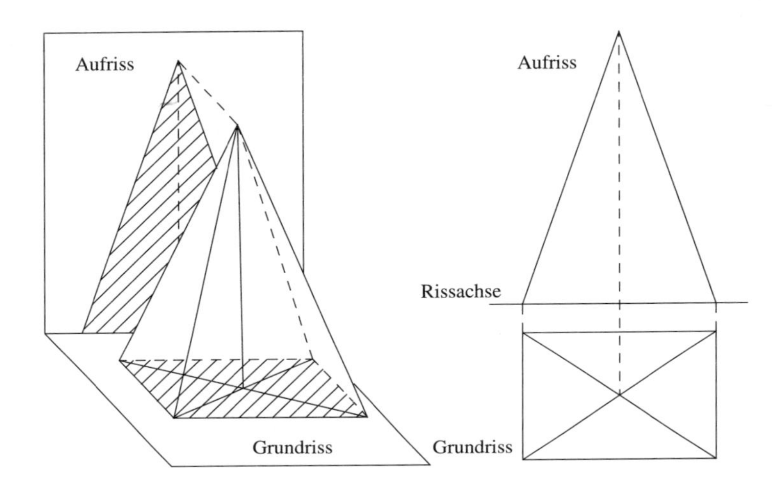

12.14 Das gerade Prisma

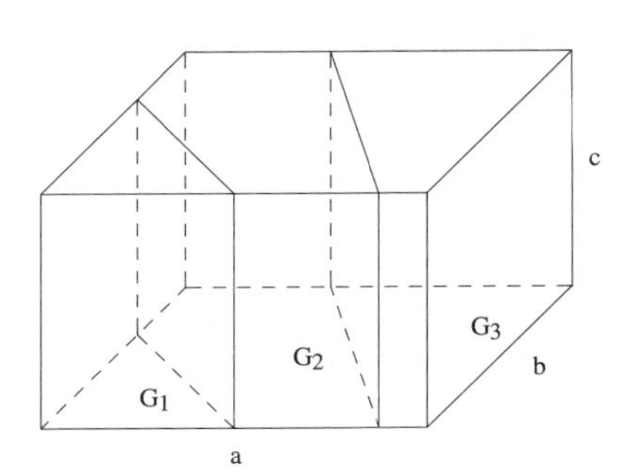

Quader

Volumen: $V_Q = a \cdot b \cdot c$

Oberfläche: $O = 2ab + 2ac + 2bc$

Prisma

Volumen: $V_{Pr} = G \cdot h$

Mantelfläche: $M_{Pr} = u \cdot h$, wobei u der Umfang der Grundfläche ist.

Oberfläche: $O_{Pr} = 2 \cdot G + u \cdot h$

13 Lösungen zu den Übungsaufgaben

1. Die zentrische Streckung $S_{Z;\,-1}$ heißt auch **Punktspiegelung**.

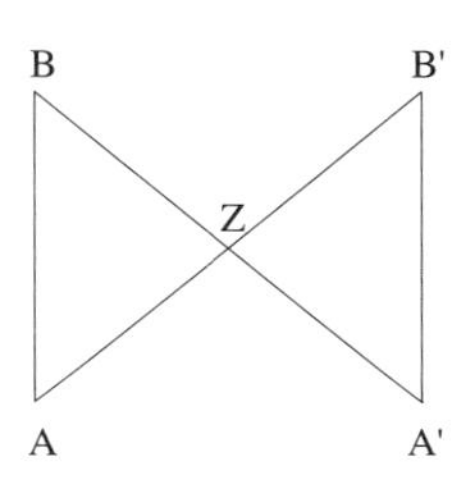

2. a)

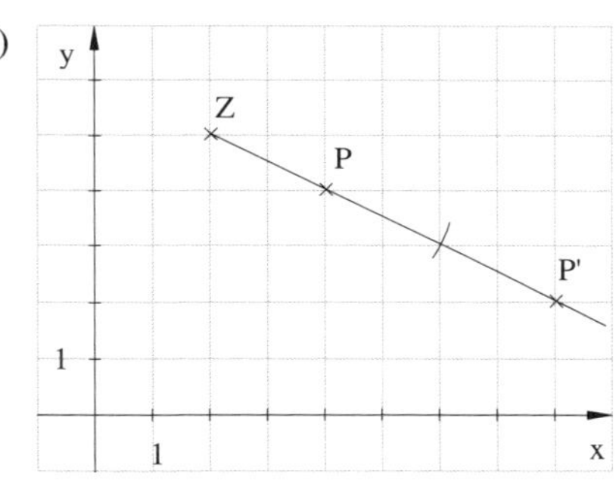

P' (8 | 2) 1 LE = 0,5 cm

b)

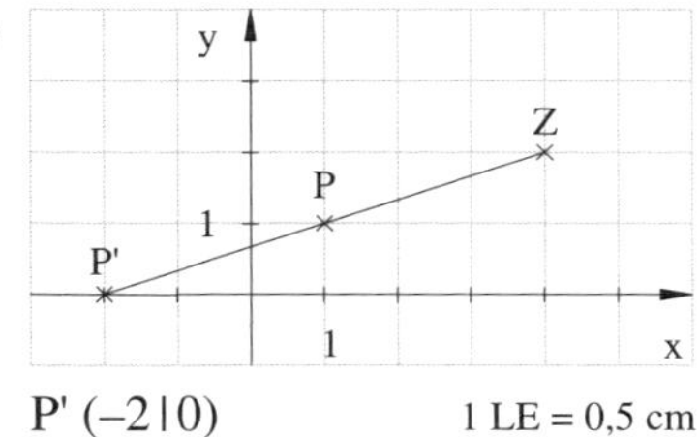

P' (–2 | 0) 1 LE = 0,5 cm

c)

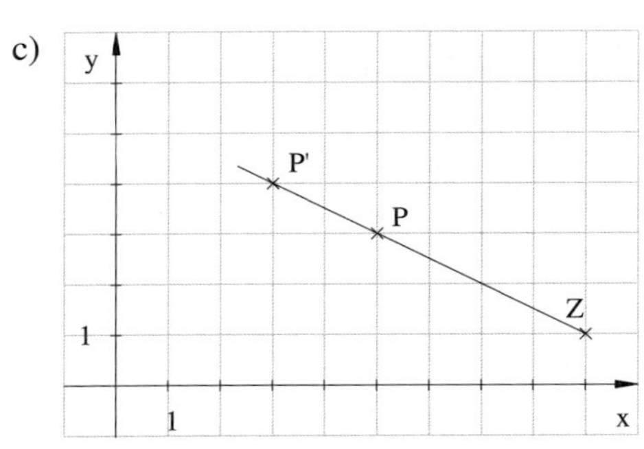

P' (3|4) 1 LE = 0,5 cm

d)

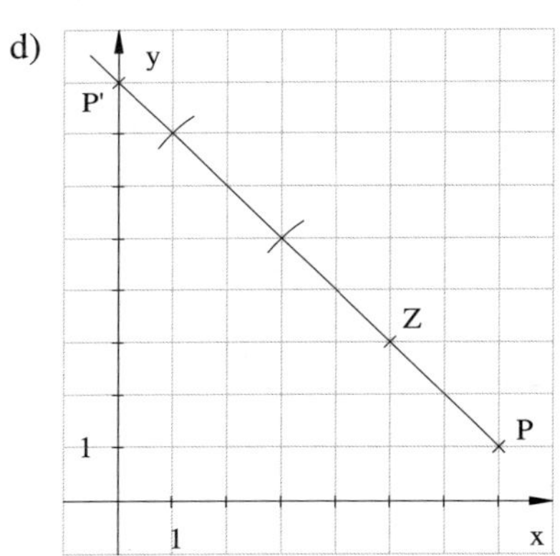

P' (0|8) 1 LE = 0,5 cm

3. a)

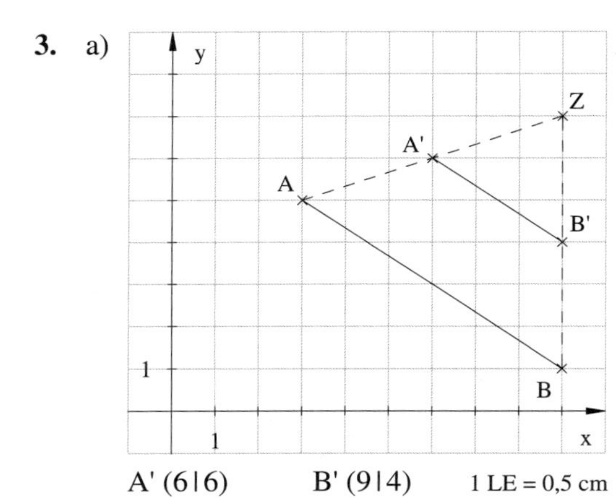

A' (6|6) B' (9|4) 1 LE = 0,5 cm

b)

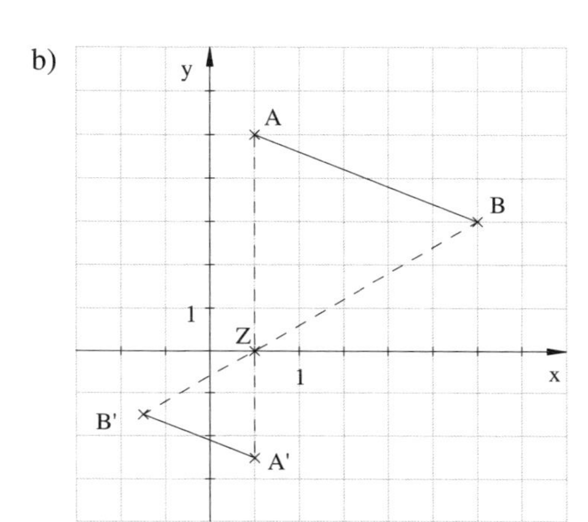

1 LE = 0,5 cm

A' (1 | –2,5) B' (–1,5 | –1,5)

4. a)

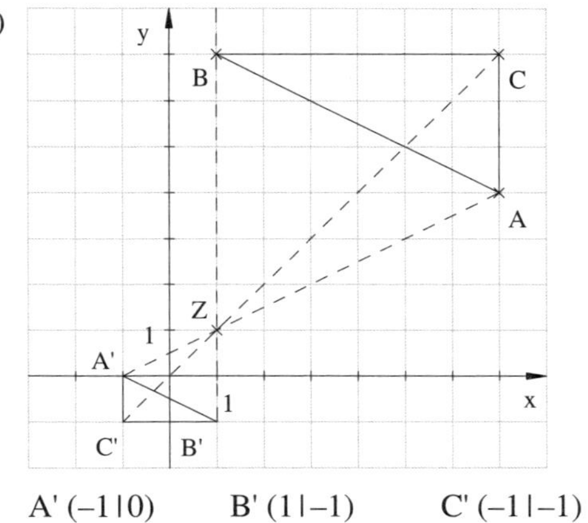

1 LE = 0,5 cm

A' (–1 | 0) B' (1 | –1) C' (–1 | –1)

b)

1 LE = 0,5 cm

A' = A (0 | 2) B' (0 | 6,5) C' (4,5 | 5)

c)

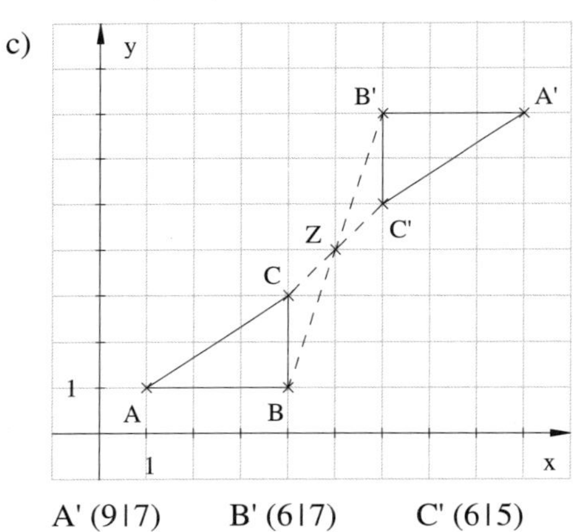

1 LE = 0,5 cm

A' (9 | 7) B' (6 | 7) C' (6 | 5)

5. a) $S_{Z;\,\frac{1}{2}}: A' \rightarrow A$

b) $S_{Z;\,-3}$: $[B'C'] \rightarrow [BC]$

c) $S_{Z;\,0,4}$: $\Delta A'B'C' \rightarrow \Delta ABC$

d) $S_{Z;\,-\frac{1}{5}}: R' \rightarrow R$

6. Es gilt: $Z = C$; $m = -\frac{1}{2}$

7. Da die zentrische Streckung eine winkeltreue Abbildung ist, wird $\frac{\gamma}{2}$ auf $\frac{\gamma'}{2} = \frac{\gamma}{2}$ und damit w_γ auf w'_γ abgebildet. Das Gleiche gilt für den 90°-Winkel der Höhe h_c, d. h. $h_c \rightarrow h'_c$.

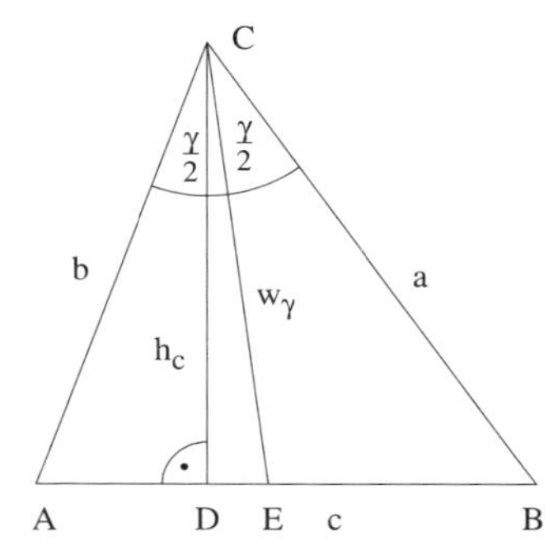

Wegen $S_{Z,\,m}$: $M_c \rightarrow M'_c \;\Rightarrow$

$S_{Z;\,m}$: $s_c \rightarrow s'_c$.

Da $M_c \rightarrow M'_c$ und 90°-Winkel auf 90°-Winkel $\Rightarrow m_c \rightarrow m'_c$.

Da $M_c \rightarrow M'_c$ und $M_b \rightarrow M'_b \;\Rightarrow$

$[M_bM_c] \rightarrow \left[M'_bM'_c\right]$.

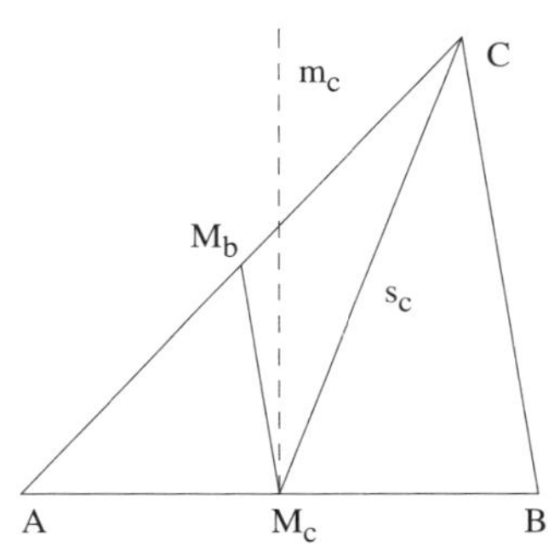

8. Das Bild ist jeweils ein

a) gleichseitiges Dreieck
b) rechtwinkliges Dreieck
c) gleichschenkliges Dreieck
d) Rechteck
e) Quadrat
f) Parallelogramm

9. Das Zentrum muss der Schnittpunkt der Verbindungslinien der Eckpunkte mit den gegenüberliegenden Seitenmitten sein, d. h. der Schnittpunkt der Seitenhalbierenden, also der Schwerpunkt S. Da z. B. $AM_1M_2M_3$ ein Parallelogramm ist, muss

$\overline{M_2M_3} = \frac{1}{2} \cdot \overline{AB} = \overline{AM_1}$

gelten, d. h. der Abbildungsfaktor $m = -\frac{1}{2}$.

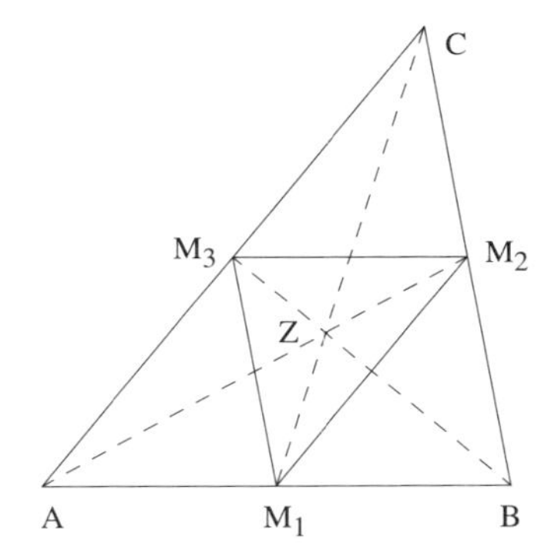

10. Wegen $m < 1$ liegt A' zwischen $Z = C$ und A.
Für die zentrische Streckung
$S_{A;\,m'}$: $A' \rightarrow C$ gilt dann
$\overline{AC} = m' \cdot \overline{AA'}$, also
$m' = \frac{\overline{AC}}{\overline{AA'}} = \frac{4}{2{,}4} = \frac{5}{3}$

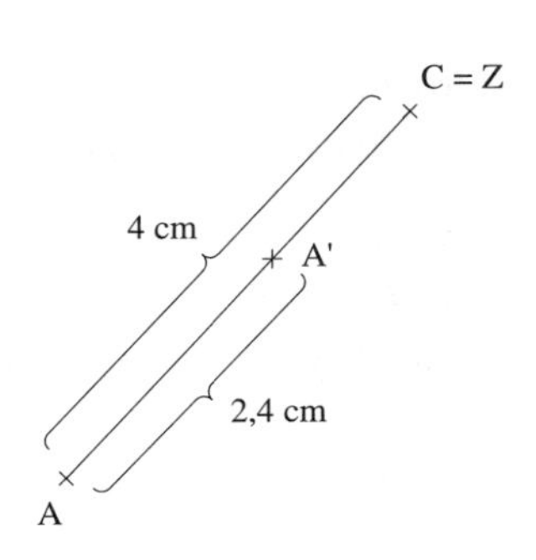

11. Für die Fläche des Dreiecks ABC gilt:
$A_{\Delta\,ABC} = \frac{1}{2} \cdot c \cdot h_c = \frac{1}{2} \cdot 8 \cdot 4{,}5\ \text{cm}^2 = 18\ \text{cm}^2$
$A_{\Delta\,ABC} = 21{,}78\ \text{cm}^2$
$\Rightarrow\ m^2 = \frac{A_{\Delta A'B'C'}}{A_{\Delta ABC}} = \frac{21{,}78}{18} = 1{,}21 \Rightarrow |m| = 1{,}1$

12. $V_Q = a \cdot b \cdot c$
Nach der Abbildung $S_{Z;\,m}$ gilt:
$a' = m \cdot a;\quad b' = m \cdot b;\quad c' = m \cdot c$
$V_Q' = a' \cdot b' \cdot c' = m \cdot a \cdot m \cdot b \cdot m \cdot c = m^3 \cdot a \cdot b \cdot c = m^3 \cdot V_Q$

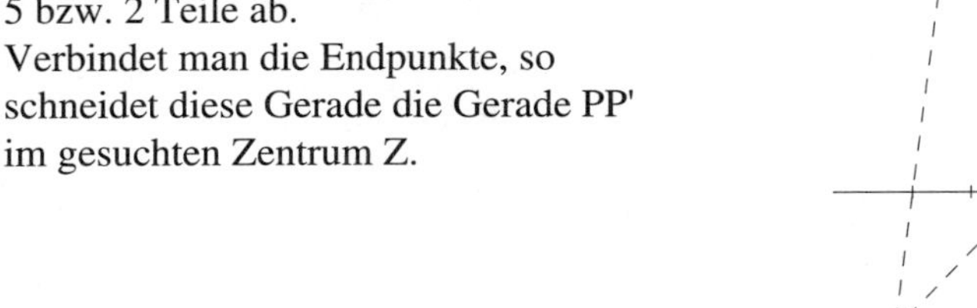
13. Man trägt auf Parallelen durch P' und P 5 bzw. 2 Teile ab.
Verbindet man die Endpunkte, so schneidet diese Gerade die Gerade PP' im gesuchten Zentrum Z.

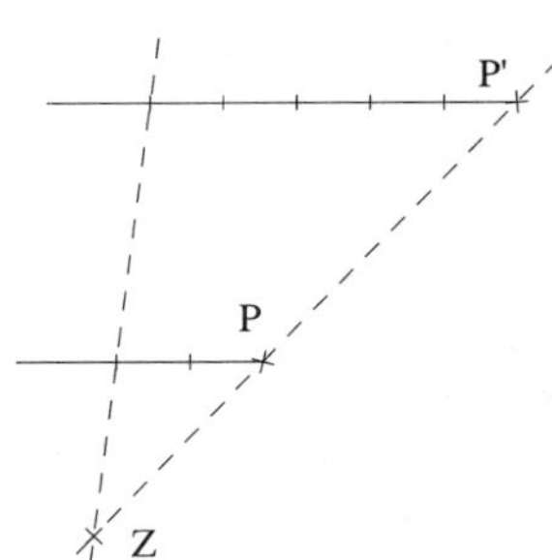

14. a) Zur Konstruktion der Bildpunkte A' und B' nutzt man die Unterteilung auf den Achsen aus.

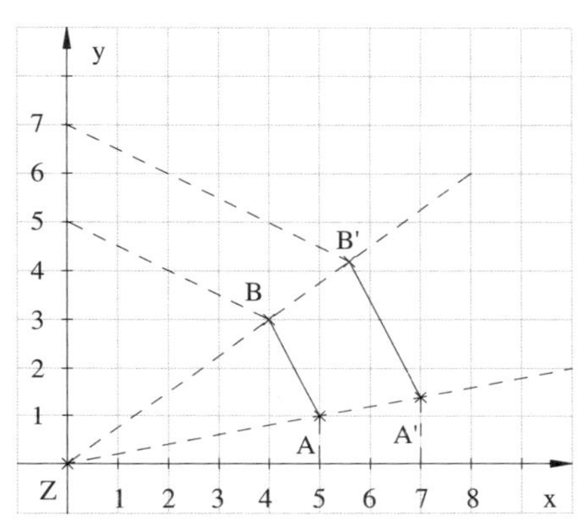

1 LE = 0,5 cm

b) $\overline{ZB'} = \frac{7}{5} \cdot \overline{ZB} = 7 \text{ cm} \Rightarrow \overline{BB'} = \overline{ZB'} - \overline{ZB} = 2 \text{ cm}$

c) Wegen $m = \frac{7}{5}$ gilt: $A_{\Delta ZA'B'} = \frac{49}{25} \cdot A_{\Delta ZAB} \Rightarrow \frac{A_{\Delta ZA'B'}}{A_{\Delta ZAB}} = \frac{49}{25}$

15. a) Z wird nach der 4. Grundkon-
b) struktion konstruiert, B' nach der 3. Grundkonstruktion.
C' liegt
(1) auf der Parallelen zu AC durch A'
(2) auf der Parallelen zu BC durch B'

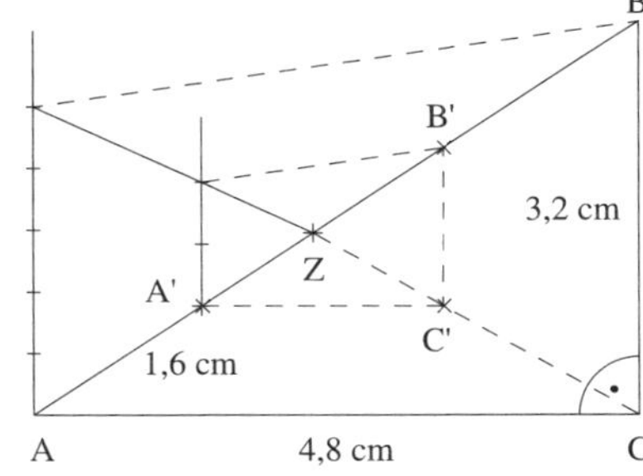

Es gilt mit $\overline{ZA} = x$:

$\overline{ZA'} = \frac{2}{5} \cdot \overline{ZA} \Rightarrow x - 1{,}6 = \frac{2}{5}x \Rightarrow \frac{3}{5}x = 1{,}6$

$\Rightarrow x = \frac{8 \cdot 5}{5 \cdot 3} \text{ cm} = \frac{8}{3} \text{ cm} \Rightarrow \overline{ZA} = \frac{8}{3} \text{ cm}; \ \overline{ZA'} = \overline{ZA} - \overline{AA'} = 1{,}07 \text{ cm}$

c) Für ein rechtwinkliges Dreieck ABC gilt:

$A_{\Delta ABC} = \frac{1}{2} \cdot \overline{AC} \cdot \overline{BC} = \frac{1}{2} \cdot 4{,}8 \cdot 3{,}2 \text{ cm}^2 = 7{,}68 \text{ cm}^2$

$A_{\Delta A'B'C'} = m^2 \cdot A_{\Delta} ABC = \frac{4}{25} \cdot 7{,}68 \text{ cm}^2 = 1{,}2288 \text{ cm}^2$

d) Es gilt: $\overline{AA'} = m^* \cdot \overline{AZ} \Rightarrow 1{,}6 = m^* \cdot \frac{8}{3} \Rightarrow m^* = 0{,}6 = \frac{3}{5}$

16. Aus der Skizze liest man ab:

$\overline{ZA} = m \cdot \overline{ZB} \Rightarrow$

$m = \frac{\overline{ZA}}{\overline{ZB}} = \frac{8}{12} = \frac{2}{3}$

$\overline{AC} = m \cdot \overline{BD} = \frac{2}{3} \cdot 6\text{ cm} = 4\text{ cm}$

Die Strecke [AC] ist 4 cm lang.

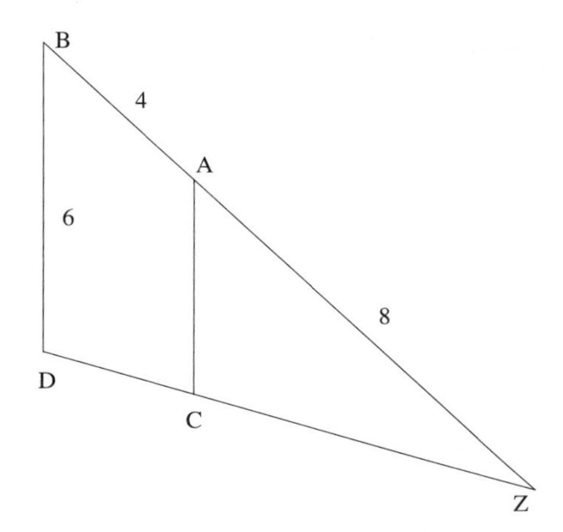

17. a) Z wird nach der 4. Grundkonstruktion gefunden (siehe Konstruktion am Ende der Aufgabe).

Mit $\overline{ZB} = x$ gilt:

$$\overline{ZB'} = m \cdot \overline{ZB}$$
$$x + 6 = \frac{7}{2} \cdot x$$
$$6 = \frac{5}{2} \cdot x$$
$$x = 2{,}4\text{ cm} \Rightarrow \overline{ZB} = 2{,}4\text{ cm}$$

b) A' liegt

1. auf ZA
2. auf der Parallelen zu BA durch B'

c) ΔZAB ist rechtwinklig.

$$A_{\Delta ZAB} = \frac{1}{2} \cdot \overline{AB} \cdot \overline{ZB} = \frac{1}{2} \cdot 2{,}4 \cdot 1{,}5\text{ cm}^2 = 1{,}8\text{ cm}^2$$

$$A_{\Delta ZA'B'} = m^2 \cdot A_{\Delta ZAB} = \frac{49}{4} \cdot 1{,}8\text{ cm}^2 = 22{,}05\text{ cm}^2$$

d) Da es sich um die Umkehrabbildung handelt, gilt:

$Z' = Z$ und $m' = \frac{1}{m} = \frac{2}{7}$

e) Z* liegt zwischen B und B', und zwar 2 cm von B entfernt, da ja $\overline{Z^*B'} = |-2| \cdot \overline{Z^*B}$ gelten muss. Mit $\overline{Z^*B} = 2$ cm und $\overline{Z^*B'} = 4$ cm wird die Bedingung erfüllt.

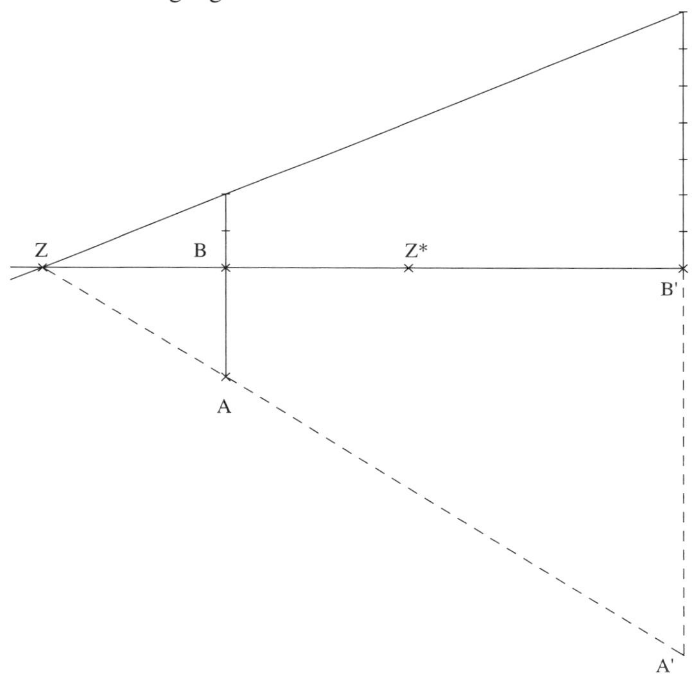

18. Für das Dreieck ZA'B' gilt:

$A_{\Delta ZA'B'} = A_{ABB'A'} + A_{\Delta ZAB} = 8 \cdot A_{\Delta ZAB} + A_{\Delta ZAB} = 9 \cdot A_{\Delta ZAB}$

Ferner gilt:

$A_{\Delta ZA'B'} = m^2 \cdot A_{\Delta ZAB} \quad \Rightarrow \quad m^2 = 9$

Da nach der Skizze m positiv ist $\Rightarrow$ m = 3.

19. a) Aus der Definition der zentrischen Streckung folgt:

$\overline{ZA} = m \cdot \overline{ZB}$

$5 = m \cdot 8 \Rightarrow m = \frac{5}{8}$

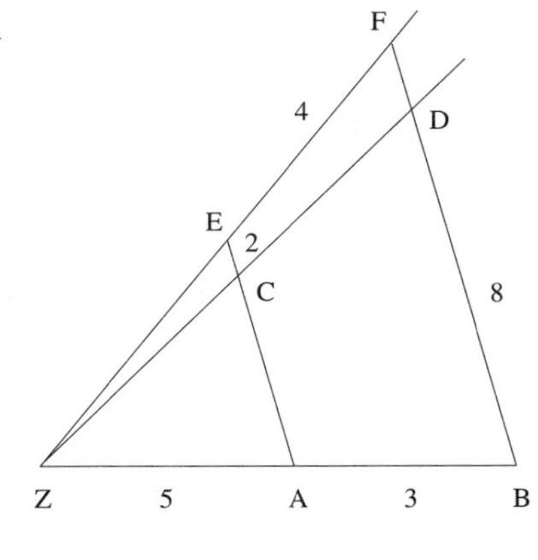

b) (1) $\overline{ZE} = x$

$\overline{ZE} = m \cdot \overline{ZF} \Rightarrow$

$x = \frac{5}{8}(x+4) \Rightarrow$

$x = \frac{5}{8}x + \frac{5}{2} \Rightarrow \frac{3}{8}x = \frac{5}{2} \Rightarrow$

$x = \frac{20}{3}\text{ cm} \Rightarrow \overline{ZE} = \frac{20}{3}\text{ cm}$

$= 6{,}67\text{ cm}$

(2) $\overline{AC} = m \cdot \overline{BD} = \frac{5}{8} \cdot 8\text{ cm} = 5\text{ cm} \Rightarrow \overline{AC} = 5\text{ cm}$

(3) $\overline{EC} = m \cdot \overline{DF} \Rightarrow \overline{DF} = \frac{\overline{EC}}{m} = \frac{2}{\frac{5}{8}}\text{ cm} = \frac{16}{5}\text{ cm} = 3{,}20\text{ cm}$

20. Es gilt stets:

$A' = m^2 \cdot A \Rightarrow A' = \frac{64}{25} \cdot 25\text{ cm}^2 = 64\text{ cm}^2$

$r' = |m| \cdot r \Rightarrow r' = \frac{8}{5} \cdot r$

Der Mittelpunkt M als Zentrum ist der einzige Fixpunkt der zentrischen Streckung $\Rightarrow$ M' = M.

21.

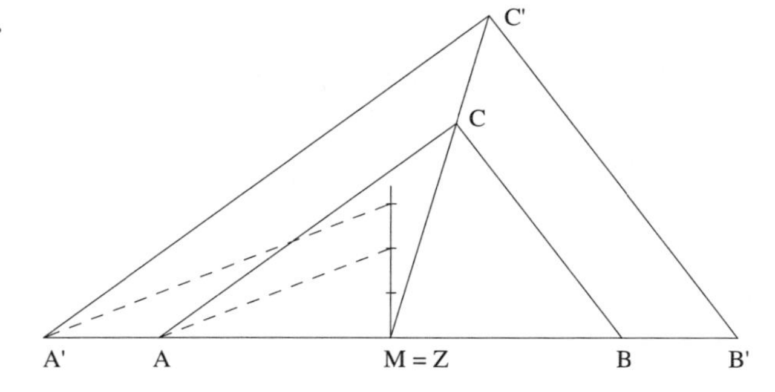

a) Im rechtwinkligen Dreieck ist der Mittelpunkt der Hypotenuse der Mittelpunkt des Umkreises (Thaleskreises). A' und B' werden mit Hilfe der 3. Grundkonstruktion gefunden.

C' liegt
1. auf der Parallelen zu AC durch A'
2. auf der Parallelen zu BC durch B'

b) $a' = m \cdot a \Rightarrow a' = 1{,}5 \cdot 3\text{ cm} = 4{,}5\text{ cm}$

$A_{\Delta ABC} = \frac{1}{2} \cdot a \cdot b = \frac{1}{2} \cdot 4 \cdot 3\text{ cm}^2 = 6\text{ cm}$

$A_{\Delta A'B'C'} = m^2 \cdot A_{\Delta ABC} = 2{,}25 \cdot 6\text{ cm}^2 = 13{,}5\text{ cm}^2$

22. a) B' ergibt sich aus B mit Hilfe der 3. Grundkonstruktion.

b) C' liegt
1. auf AC
2. auf der Parallelen zu BC durch B'.

c) Aus der Zeichnung liest man im Koordinatensystem ab:

$\overline{AC} = 3$ LE (LE = Längeneinheit z. B. 0,5 cm)

Es gilt:

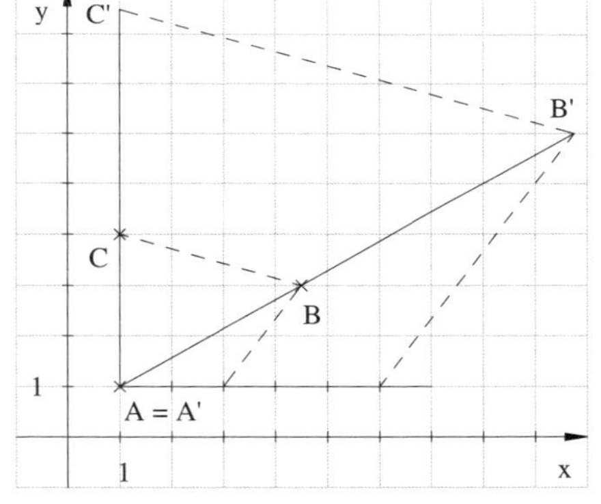

1 LE = 0,5 cm

$\overline{AC'} = m \cdot \overline{AC} = \frac{5}{2} \cdot 3\text{ LE} = \frac{15}{2}\text{ LE} \Rightarrow$

$\overline{CC'} = 7{,}5\text{ LE} - 3\text{ LE} = 4{,}5\text{ LE}$

Aus der Abbildungsvorschrift der zentrischen Streckung ergibt sich:

$\overline{C'A} = m' \cdot \overline{C'C} \Rightarrow m' = \frac{\overline{C'A}}{\overline{C'C}} = \frac{\frac{15}{2}}{\frac{9}{2}} = \frac{15}{9} = \frac{5}{3}$

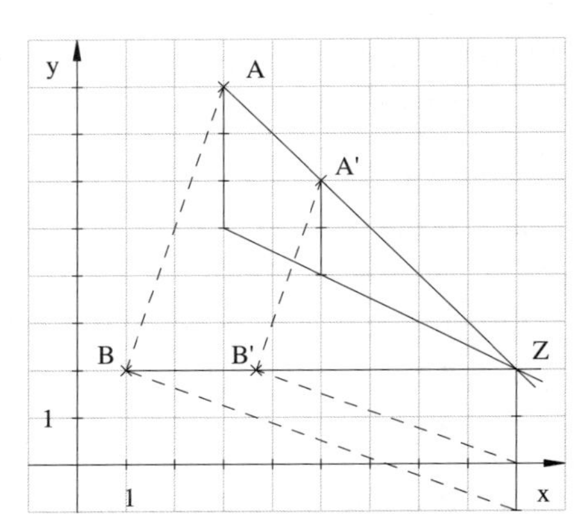

23. a) Das Zentrum Z erhält man mit Hilfe der 4. Grundkonstruktion, B' mit Hilfe der 3. Grundkonstruktion.

b) (1) Es sei $\overline{ZA} = x$. Dann gilt:

$$\overline{ZA'} = m \cdot \overline{ZA}$$

$$x + 2{,}5 = \tfrac{2}{3}x \quad \Rightarrow$$

$$\tfrac{1}{3}x = 2{,}5 \text{ cm} \quad \Rightarrow$$

$$x = 7{,}5 \text{ cm} \quad \Rightarrow$$

$$\overline{ZA'} = 5 \text{ cm}$$

(2) $\overline{A'B'} = m \cdot \overline{AB} = \tfrac{2}{3} \cdot 6{,}5 \text{ cm} \approx 4{,}33 \text{ cm}$

c) $\frac{\overline{ZB'}}{\overline{BB'}} = \frac{\overline{ZA'}}{\overline{AA'}} = \frac{5}{2{,}5} = \frac{2}{1} = 2$

d) $A_{\Delta A'B'Z} = m^2 \cdot A_{\Delta ABZ} = \frac{4}{9} \cdot A_{\Delta ABZ}$

e) Nach der Definition der zentrischen Streckung gilt:

$$\overline{AA'} = m' \cdot \overline{AZ} \quad \Rightarrow \quad m^* = \frac{\overline{AA'}}{\overline{AZ}} = \frac{2{,}5}{7{,}5} = \frac{1}{3}$$

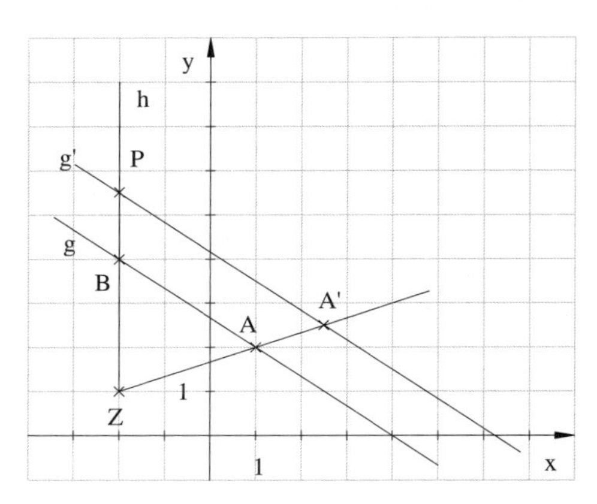

24. a) A' wird mit Hilfe der 4. Grundkonstruktion gefunden.

b) Da P der Bildpunkt des Punktes B bei der zentrischen Streckung $S_{Z;\,1,5}$ ist, gilt:

$S_{Z;\,1,5}$: $B \rightarrow P$

c) Da nach b) $\overline{ZP} = m \cdot \overline{ZB}$ gilt $\Rightarrow$ $\overline{ZP} = 1{,}5 \cdot \overline{ZB}$

d) Es handelt sich um die Umkehrabbildung, d. h.

$Z' = Z$ und $m' = \frac{1}{m}$

$S_{Z\,\frac{2}{3}}: P \rightarrow B$

25. a) $\overline{ZB} = 4$ LE $\quad \overline{ZB'} = 6$ LE

$\overline{ZB'} = m \cdot \overline{ZB} \Rightarrow$

$m = \frac{\overline{ZB'}}{\overline{ZB}} = \frac{6}{4} = 1{,}5$

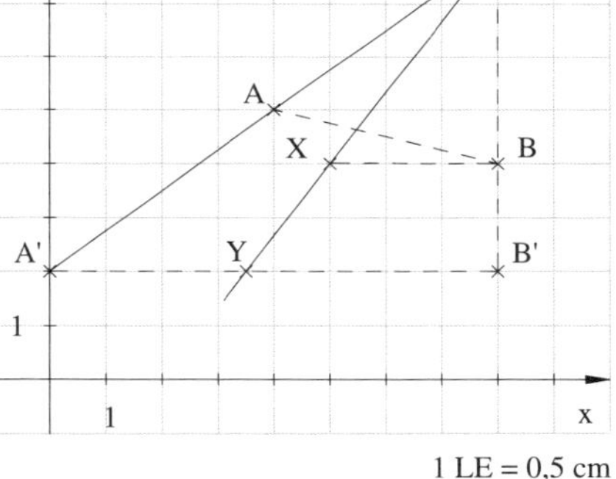

1 LE = 0,5 cm

b) Die Strecken [XB] und [YB'] sind parallel, da die Punkte jeweils die gleichen y-Koordinaten besitzen. Daher ist Y das Bild von X bei der Streckung $S_{Z;\,1{,}5}$:

$\overline{ZY} = 1{,}5 \cdot \overline{ZX} = 1{,}5 \cdot 5$ cm
$= 7{,}5$ cm

d. h. $\overline{ZY}$ kann berechnet werden.

c) Da die Strecken [AB] und [A'B'] nicht parallel sind, kann die Länge der Strecke [ZA'] nicht aus obiger Streckung berechnet werden.

26. a) Aus der Definition der zentrischen Streckung folgt:

$\overline{AC} = 0{,}6 \cdot \overline{AB}$
$= 0{,}6 \cdot 5$ cm $= 3$ cm

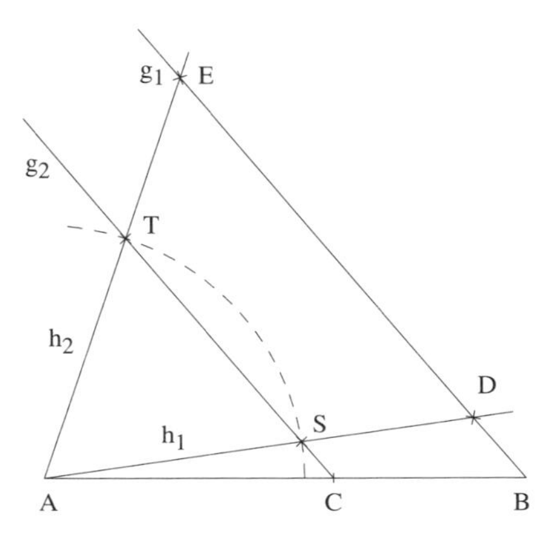

b) Da die Geraden g_1 und g_2 parallel sind, wird D auf S und E auf T durch die gleiche zentrische Streckung $S_{A;\,0{,}6}$ abgebildet, d. h.

$S_{A;\,0{,}6}: D \rightarrow S$

c) Aus der Definition der zentrischen Streckung folgt:

$\overline{AT} = m \cdot \overline{AE} \;\Rightarrow\; \overline{AE} = \frac{\overline{AT}}{m} = \frac{2{,}7}{0{,}6}$ cm $= 4{,}5$ cm .

27. **Achtung:** Nur Überlegungsfigur!
Nicht im gleichen Maßstab!

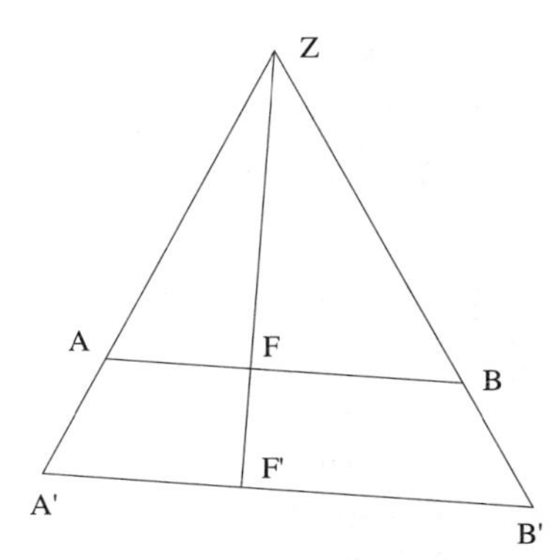

a) Aus der Definition der zentrischen Streckung folgt:

$$\overline{ZA'} = m \cdot \overline{ZA} \quad \Rightarrow \quad m = \frac{\overline{ZA'}}{\overline{ZA}} = \frac{7}{5}$$

b) $\overline{ZB'} = m \cdot \overline{ZB} \quad \Rightarrow$

$$\overline{ZB} = \frac{\overline{ZB'}}{m} = \frac{8}{\frac{7}{5}}\text{ cm} = \frac{40}{7}\text{ cm}$$

$$= 5{,}71\text{ cm}$$

c) $\overline{ZF'} = m \cdot \overline{ZF} = \frac{7}{5} \cdot 4\text{ cm} = \frac{28}{5}\text{ cm} = 5{,}6\text{ cm}$

d) [ZF'] $\perp$ [A'B'], da Winkel an Parallelen gleich groß sind, d. h. sie schließen einen 90°-Winkel ein.

28. Nur Überlegungsfigur!

a) A wird auf D durch eine zentrische Streckung mit dem Zentrum C abgebildet. Für den Abbildungsfaktor m gilt:

$$m < 0 \text{ und } \overline{CD} = |m| \cdot \overline{CA} \Rightarrow$$

$$|m| = \frac{\overline{CD}}{\overline{CA}} = \frac{2{,}4}{4} = 0{,}6 \Rightarrow m = -0{,}6$$

b) Durch die gleiche Streckung wird B auf E abgebildet, d. h.

$$\overline{CE} = |m| \cdot \overline{CB} \quad \Rightarrow \quad \overline{CB} = \frac{\overline{CE}}{|m|} = \frac{1{,}8}{0{,}6}\text{ cm} = 3\text{ cm}$$

c) Für die Strecken auf dem Lot gilt:

$$\overline{CF'} = |m| \cdot \overline{CF} = 0{,}6\text{ cm} \cdot 2{,}5\text{ cm} = 1{,}5\text{ cm.}$$

Der Punkt C hat von der Strecke [AB] die Entfernung 1,5 cm, d. h. die Geraden haben den Abstand

$$\overline{FF'} = \overline{CF} + \overline{CF'} = 2{,}5\text{ cm} + 1{,}5\text{ cm} = 4\text{ cm}$$

d) $S_{Z^*;\, m^*}: [ED] \to [AB]$ ist die Umkehrabbildung zu $S_{Z;\, m}$.

Folglich gilt: $Z^* = Z$ und $m^* = \frac{1}{m} = -\frac{1}{\frac{3}{5}} = -\frac{5}{3}$

29. Nur Überlegungsfiguren!

a) $\overline{ZB'} = m \cdot \overline{ZB}$

$x + 3 = 3 \cdot x$

$3 = 2x$

$x = 1{,}5 \text{ cm}$

$\Rightarrow \overline{ZB} = 1{,}5 \text{ cm}; \ \overline{ZB'} = 4{,}5 \text{ cm}$

x 3 cm

Z B B'

b) $\overline{BC} = m \cdot \overline{BA}$

$x + 4 = 1{,}5 \cdot x$

$4 = 0{,}5x$

$x = 8 \text{ cm}$

$\Rightarrow \overline{BA} = 8 \text{ cm}; \ \overline{BC} = 12 \text{ cm}$

x 4 cm

B A C

c) $\overline{ZA'} = m \cdot \overline{ZA}$

$x = \frac{2}{3}\left(x + \frac{1}{2}\right)$

$x = \frac{2}{3}x + \frac{1}{3}$

$\frac{1}{3}x = \frac{1}{3}$

$x = 1 \text{ cm}$

$\Rightarrow \overline{ZA} = 1{,}5 \text{ cm}; \ \overline{ZA'} = 1 \text{ cm}$

x 0,5 cm

Z A' A

d) $\overline{ZP'} = |m| \cdot \overline{ZP}$

$7 - x = 3 \cdot x$

$7 = 4x$

$x = 1{,}75 \text{ cm}$

$\Rightarrow \overline{ZP} = 1{,}75 \text{ cm}; \ \overline{ZP'} = 5{,}25 \text{ cm}$

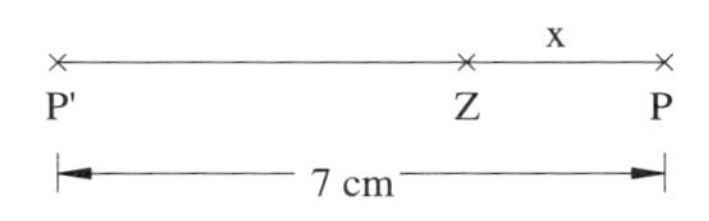

30. a) $S_{S;\,m}: B \rightarrow A$

$\overline{SA} = m \cdot \overline{SB} \;\Rightarrow\; m = \frac{\overline{SA}}{\overline{SB}} = \frac{3}{5}$

$\Rightarrow\; S_{S;\,\frac{3}{5}}: B \rightarrow A$ ist die gesuchte zentrische Streckung.

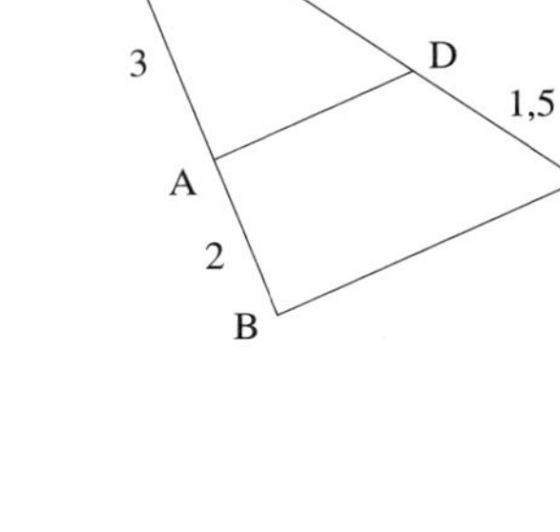

b) Aus den Eigenschaften der zentrischen Streckung ergibt sich:

$$\overline{SD} = m \cdot \overline{SC}$$
$$x = \frac{3}{5}\left(x + \frac{3}{2}\right)$$
$$x = \frac{3}{5}x + \frac{9}{10}$$
$$\frac{2}{5}x = \frac{9}{10}$$

$\Rightarrow\; x = 2{,}25\text{ cm} \;\Rightarrow\; \overline{SD} = 2{,}25\text{ cm};\; \overline{SC} = 3{,}75\text{ cm}$

31. a) Z wird mit Hilfe der 4. Grundkonstruktion gefunden.

B liegt
1. auf ZB'
2. auf der Parallelen zu A'B' durch A.

b) $\overline{ZB'} = m \cdot \overline{ZB}$

Es sei

$$\overline{ZB} = x$$
$$x + 3{,}16 = 1{,}5x$$
$$3{,}16 = 0{,}5x$$
$$x = 6{,}32$$

$\Rightarrow\; \overline{ZB} = 6{,}32\text{ cm}$

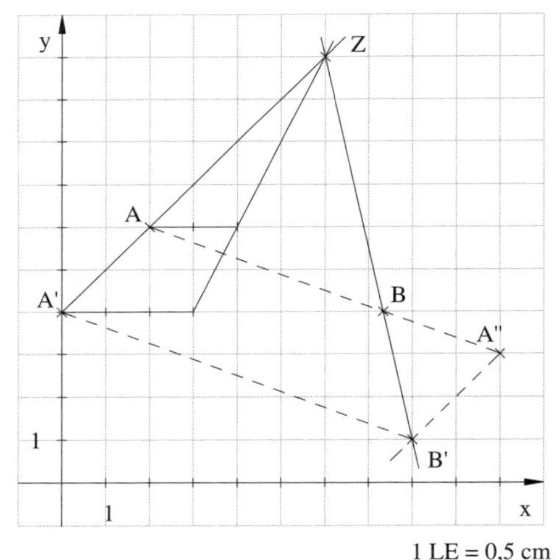

1 LE = 0,5 cm

c) Aus den Eigenschaften der zentrischen Streckung folgt:

$U_{\Delta A'B'Z} = m \cdot U_{\Delta ABZ} = 1{,}5 \cdot U_{\Delta ABZ}$

$A_{\Delta A'B'Z} = m^2 \cdot A_{\Delta ABZ} = 2{,}25 \cdot A_{\Delta ABZ}$

d) Aus der Definition der zentrischen Streckung folgt für diese Abbildung $S_{B;\,m^*}: Z \rightarrow B'$:

$$\overline{BB'} = |m^*| \cdot \overline{BZ} \;\Rightarrow\; |m^*| = \frac{\overline{BB'}}{\overline{BZ}} = \frac{3{,}16}{6{,}32} = \frac{1}{2} \;\Rightarrow\; m^* = -\frac{1}{2}$$

A'' liegt

1. auf AB
2. auf der Parallelen zu AZ durch B'.

32. Die Diagonale f schneidet die Diagonale e im Punkt S. In den Endpunkten A bzw. C sind die parallelen Seiten a bzw. c angetragen. Die Endpunkte B bzw. D bestimmen f = [BD], d. h. S kann aufgefasst werden als Zentrum einer zentrischen Streckung mit dem Faktor $|m| = \frac{a}{c} \Rightarrow S_{S;\,-\frac{a}{c}}: C \rightarrow A$ bzw. $S_{S;\,-\frac{c}{a}}: A \rightarrow C$.

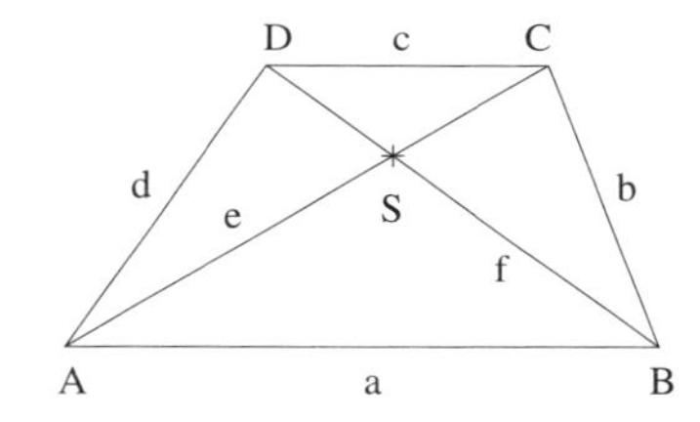

Die gleiche Überlegung gilt für die Diagonale f, d. h. $S_{S;\,-\frac{a}{c}}: D \rightarrow B$ bzw. $S_{S;\,-\frac{c}{a}}: B \rightarrow D$

33. Man verbindet einen beliebigen Punkt $P \in g$ mit einem Punkt $P' \in h$ und konstruiert zum Faktor m = –3 ein Zentrum Z mit Hilfe der 4. Grundkonstruktion.
Es gibt unendlich viele solcher Zentren, die auf einer Parallelen z zu g und h durch Z liegen.

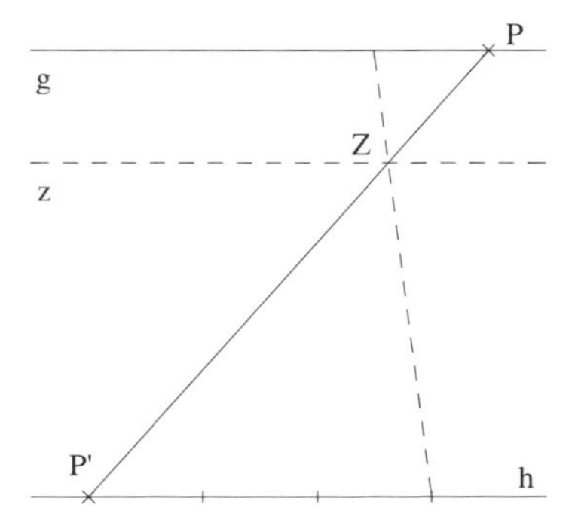

34.

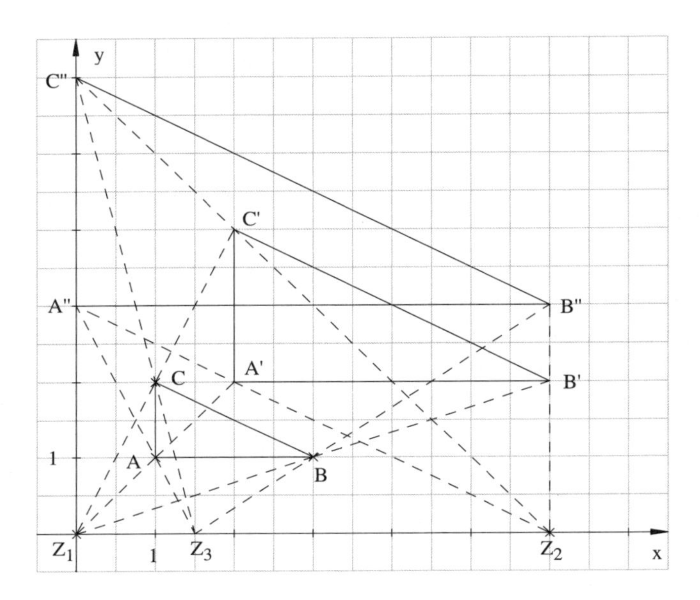

a) Konstruktion der Punkte A', B', C' mit Hilfe der 3. Grundkonstruktion.

b) Konstruktion der Punkte A''B''C'' mit Hilfe der 3. Grundkonstruktion.

c) Das Zentrum Z_3 ist der Schnittpunkt der Geraden A''A, B''B und C''C. Für Z_3 gilt: Z_3 (1,5 | 0).

Für den Abbildungsfaktor m_3 gilt:

$$m_3 = \frac{\overline{Z_3A''}}{\overline{Z_3A}} = \frac{\overline{Z_3B''}}{\overline{Z_3B}} = \frac{\overline{Z_3C''}}{\overline{Z_3C}} = 3 = 2 \cdot 1{,}5 = m_1 \cdot m_2$$

35. a) Das Viereck ABCD ist ein Parallelogramm.

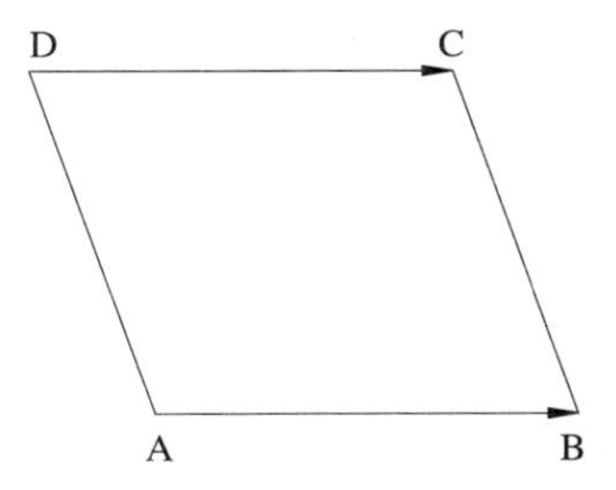

b) Das Viereck ABCD ist ein Trapez.

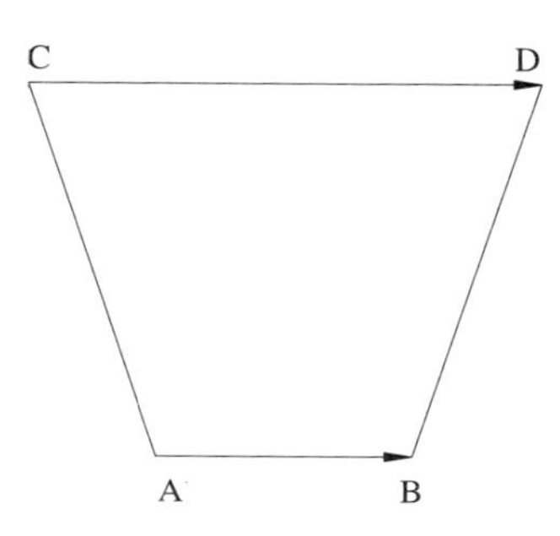

c) Das Viereck ABCD ist ein Trapez.

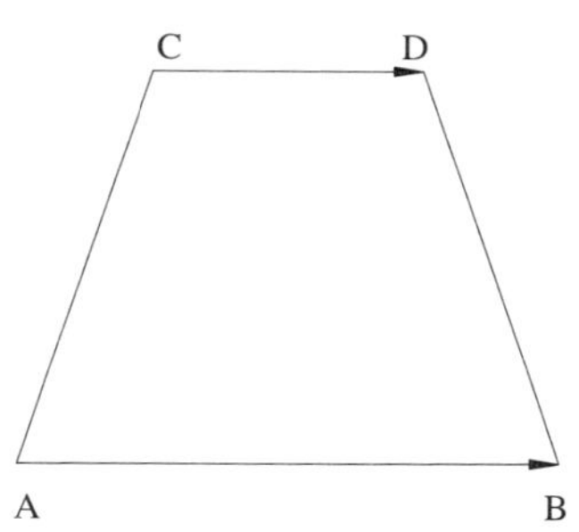

36. a) $\overrightarrow{AB} = \vec{b} - \vec{a} = \binom{-4}{-4} - \binom{8}{2} = \binom{-12}{-6}$

$\overrightarrow{AC} = \vec{c} - \vec{a} = \binom{2}{-1} - \binom{8}{2} = \binom{-6}{-3}$

$\Rightarrow$ Da $\overrightarrow{AB} = 2 \cdot \overrightarrow{AC}$ $\Rightarrow$ A, B, C liegen auf einer Geraden.

b) $\overrightarrow{AB} = \vec{b} - \vec{a} = \binom{5}{3} - \binom{1}{1} = \binom{4}{2}$

$\overrightarrow{AC} = \vec{c} - \vec{a} = \binom{2}{-1} - \binom{1}{1} = \binom{1}{-2}$

$\Rightarrow$ Da $\overrightarrow{AB} \neq k \cdot \overrightarrow{AC}$ $\Rightarrow$ A, B, C liegen nicht auf einer Geraden.

37. a) $\vec{a} = \binom{2}{-4} \Rightarrow \frac{1}{2}\vec{a} = \frac{1}{2} \cdot \binom{2}{-4} = \binom{1}{-2}$

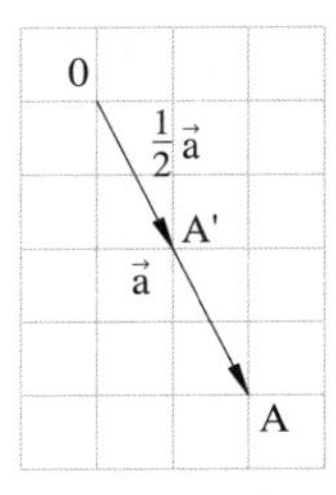

1 LE = 0,5 cm

b) $\vec{a} = \binom{2}{-4} \Rightarrow -1{,}5 \cdot \vec{a} = -1{,}5 \cdot \binom{2}{-4} = \binom{-3}{6}$

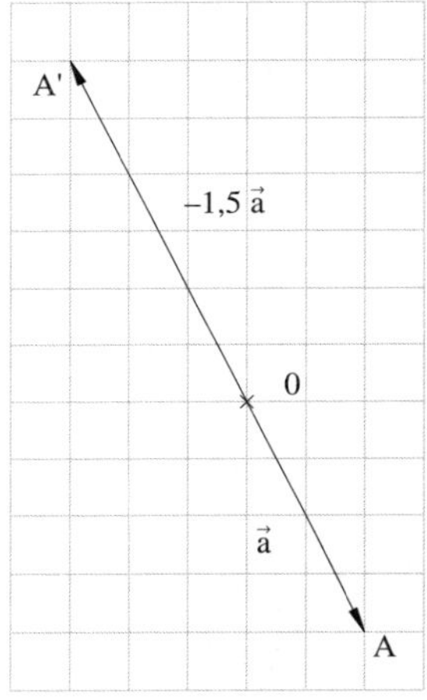

1 LE = 0,5 cm

c) $0 \cdot \vec{a} = 0 \cdot \binom{2}{-4} = \binom{0}{0} = \vec{0}$

d) $-\vec{a} = -1 \cdot \vec{a} = -1 \cdot \binom{2}{-4} = \binom{-2}{4}$

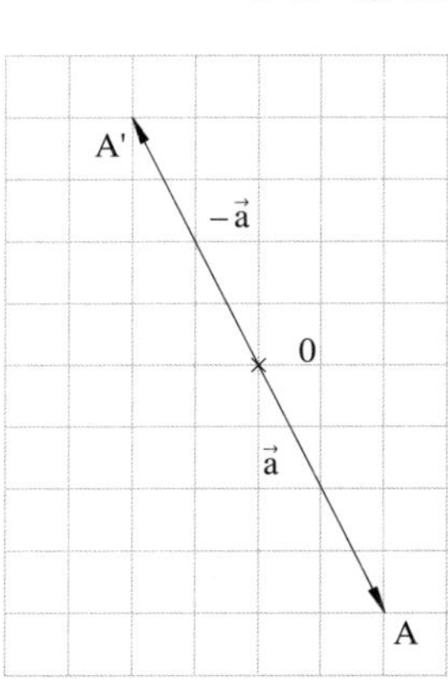

1 LE = 0,5 cm

38. a) $\frac{1}{2}\cdot(\vec{a}-\vec{b})+\frac{1}{3}\cdot(2\vec{a}-3\vec{b})+\frac{1}{4}(2\vec{a}+5\vec{b}) =$

$\frac{1}{2}\vec{a}-\frac{1}{2}\vec{b}+\frac{2}{3}\vec{a}-\vec{b}+\frac{1}{2}\vec{a}+\frac{5}{4}b =$

$\frac{1}{2}\vec{a}+\frac{2}{3}\vec{a}+\frac{1}{2}\vec{a}-\frac{1}{2}\vec{b}-\vec{b}+\frac{5}{4}\vec{b} = \frac{5}{3}\vec{a}-\frac{1}{4}\vec{b}$

b) $0{,}5\vec{a}-2\cdot\left(0{,}5\vec{b}-\frac{1}{2}\vec{a}\right)+2{,}5\vec{b} = 0{,}5\vec{a}-\vec{b}+\vec{a}+2{,}5\vec{b} = 1{,}5\vec{a}+1{,}5\vec{b}$

$= 1{,}5\,(\vec{a}+\vec{b})$

39. a) (1) $\vec{x} = \frac{1}{2}\cdot\overrightarrow{CB} = \frac{1}{2}(-\vec{a}+\vec{b})$

$= -\frac{1}{2}\vec{a}+\frac{1}{2}\vec{b}$

(2) $\vec{a}=\begin{pmatrix}-4\\0\end{pmatrix} \qquad \vec{b}=\begin{pmatrix}-2\\-3\end{pmatrix}$

$\vec{y} = -1{,}5\cdot\vec{a}+1{,}2\cdot\vec{b}$

$= -1{,}5\cdot\begin{pmatrix}-4\\0\end{pmatrix}+1{,}2\cdot\begin{pmatrix}-2\\-3\end{pmatrix}$

$= \begin{pmatrix}6\\0\end{pmatrix}+\begin{pmatrix}-2{,}4\\-3{,}6\end{pmatrix}=\begin{pmatrix}3{,}6\\-3{,}6\end{pmatrix}$

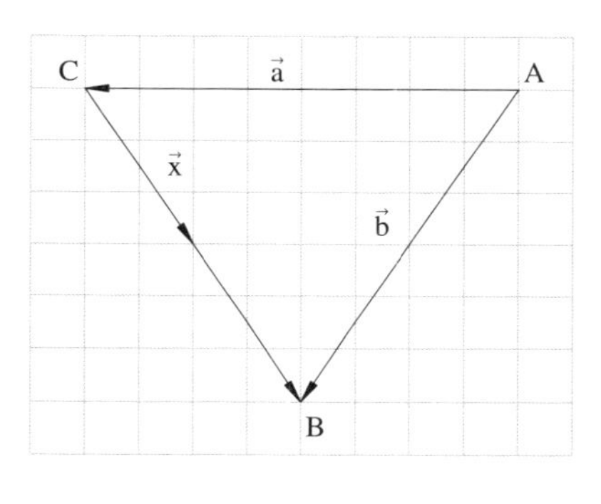

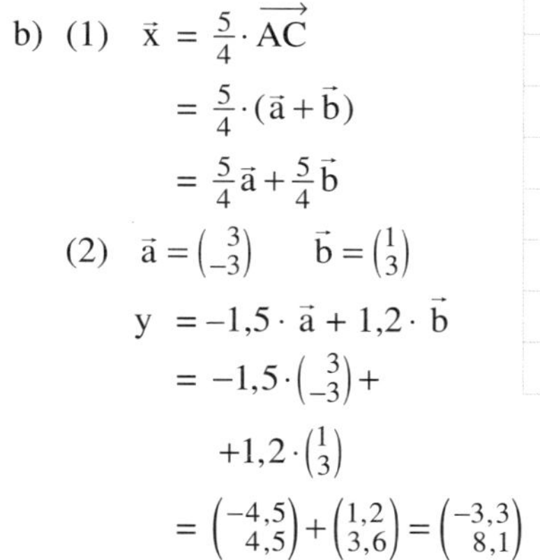

b) (1) $\vec{x} = \frac{5}{4}\cdot\overrightarrow{AC}$

$= \frac{5}{4}\cdot(\vec{a}+\vec{b})$

$= \frac{5}{4}\vec{a}+\frac{5}{4}\vec{b}$

(2) $\vec{a}=\begin{pmatrix}3\\-3\end{pmatrix} \qquad \vec{b}=\begin{pmatrix}1\\3\end{pmatrix}$

$y = -1{,}5\cdot\vec{a}+1{,}2\cdot\vec{b}$

$= -1{,}5\cdot\begin{pmatrix}3\\-3\end{pmatrix}+$

$+1{,}2\cdot\begin{pmatrix}1\\3\end{pmatrix}$

$= \begin{pmatrix}-4{,}5\\4{,}5\end{pmatrix}+\begin{pmatrix}1{,}2\\3{,}6\end{pmatrix}=\begin{pmatrix}-3{,}3\\8{,}1\end{pmatrix}$

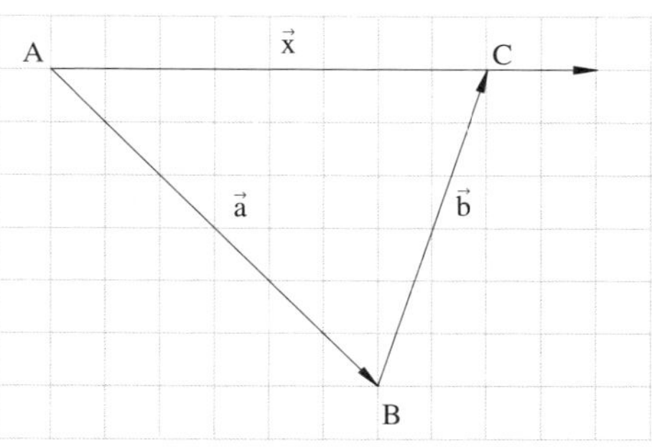

40. $\overrightarrow{SD} = \frac{3}{7} \cdot \overrightarrow{BD} \Rightarrow$

$\vec{x} = \frac{4}{7} \cdot \overrightarrow{BD} = \frac{4}{7} \cdot (-\vec{b} + \vec{a}) = \frac{4}{7}\vec{a} - \frac{4}{7}\vec{b}$

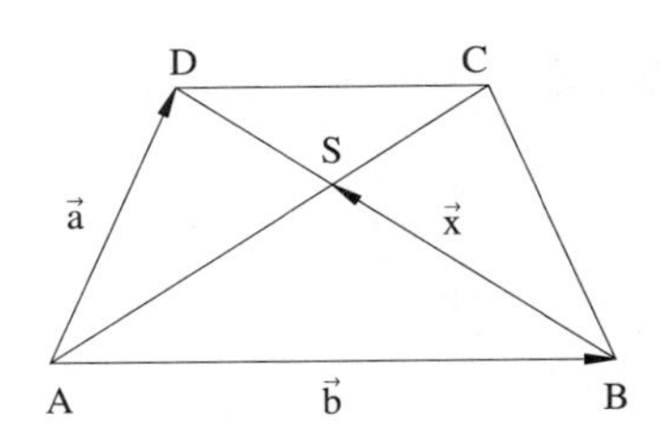

41. Für Vielecke gilt:

$\frac{A_{F_2}}{A_{F_1}} = m^2 = \frac{48{,}4}{40} = 1{,}21 \Rightarrow |m| = 1{,}1$

$\frac{U_{F_2}}{U_{F_1}} = |m| \Rightarrow u_{F_1} = \frac{U_{F_2}}{|m|} = \frac{77}{1{,}1}\text{ cm} = 70\text{ cm}$

42. $u = n \cdot a \;\wedge\; u' = n \cdot a' \Rightarrow \frac{u'}{u} = \frac{a'}{a} = m = \frac{8}{6} = \frac{4}{3}$

$\frac{A'}{A} = m^2 = \frac{16}{9}$, d. h. $u' : u = 4 : 3$ und $A' : A = 16 : 9$

43.

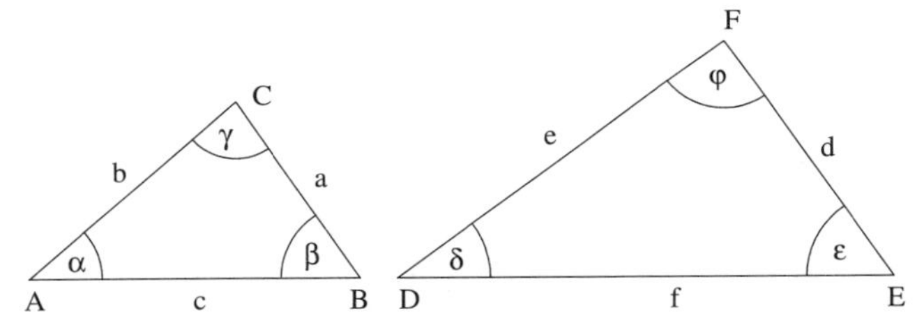

a) Die beiden Dreiecke sind nach dem 3. Ähnlichkeitsmerkmal ähnlich, da sie in zwei Winkeln übereinstimmen.

b) Die Dreiecke sind ähnlich, weil entsprechende Seiten im gleichen Verhältnis stehen. Es entsprechen einander a und e, b und f, c und d sowie γ und δ, α und ε, β und φ.

c) Die Dreiecke sind nach dem 2. Ähnlichkeitsmerkmal ähnlich, weil sie im Verhältnis zweier Seiten und dem Zwischenwinkel übereinstimmen.

d) Die Dreiecke sind nicht ähnlich, weil die Winkel nicht gleich liegen, d. h. α ist Gegenwinkel und φ ist Zwischenwinkel der jeweils gegebenen Seiten der Seitenverhältnisse.

44. Nach dem Satz vom Umfangswinkel sind die mit gleichen Buchstaben bezeichneten Winkel über den Seiten des Vierecks gleich.
Daraus folgt nach dem 2. Ähnlichkeitsmerkmal (Übereinstimmung in zwei Winkeln):
$\Delta ABS \sim \Delta CDS$
$\Delta ASD \sim \Delta BCS$

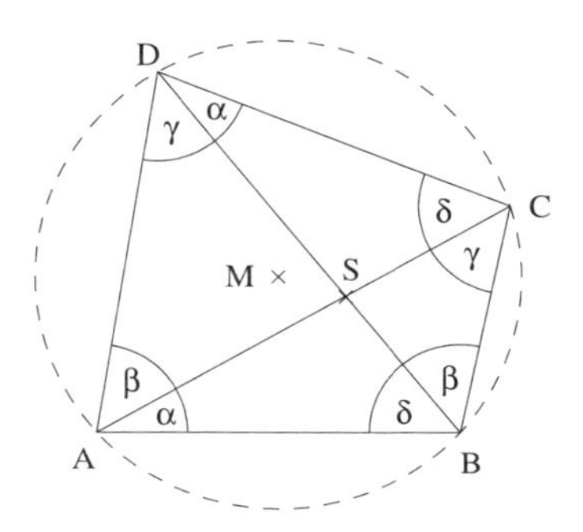

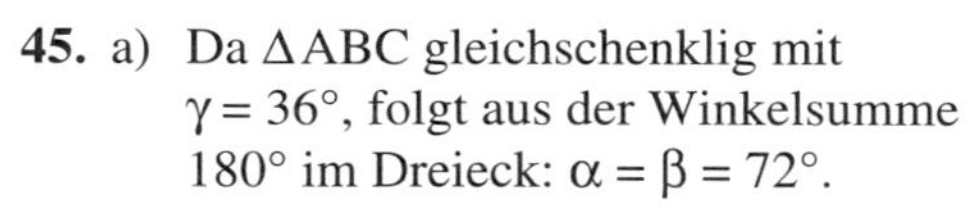

45. a) Da ΔABC gleichschenklig mit $\gamma = 36°$, folgt aus der Winkelsumme $180°$ im Dreieck: $\alpha = \beta = 72°$.

Da w_α eingezeichnet ist, gilt:

$\frac{\alpha}{2} = 36°$ und $\sphericalangle ADB = 72°$.

Wie aus der Winkelverteilung der Skizze zu erkennen ist, gilt:
$\Delta ABC \sim \Delta BDA$, weil beide Dreiecke in allen drei Winkeln übereinstimmen.

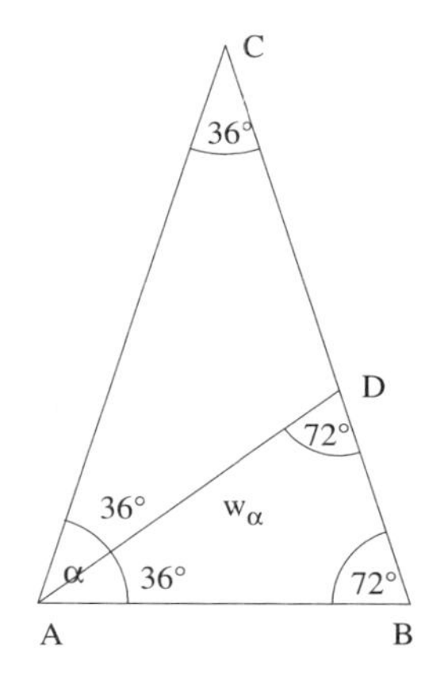

b) Gleichschenklige Dreiecke sind nur dann ähnlich, wenn sie in den Basiswinkeln und den Winkeln an der
Spitze oder im Verhältnis von Schenkel zu Basis übereinstimmen.

46. a) Man konstruiert $\Delta A'B'C'$ aus $\alpha' = 40°$ und $\beta' = 50°$.
$\Delta A'B'C'$ wird von A' aus im Verhältnis $m = \frac{w_\alpha}{w'_\alpha}$ gestreckt.

Das Ergebnis ist das gesuchte Dreieck ABC.

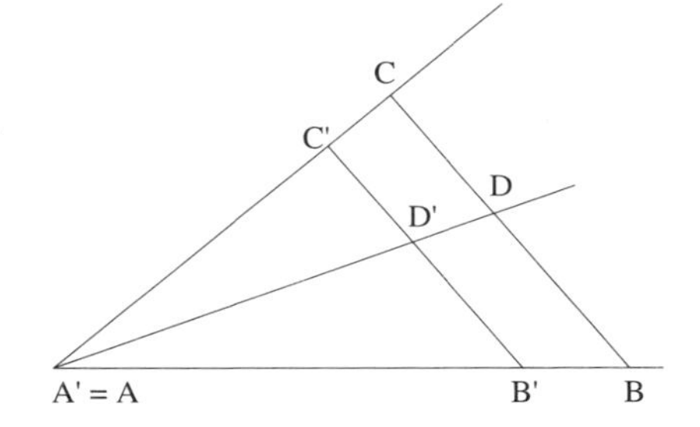

b) Man konstruiert $\Delta A'B'C'$ aus $b' = 3$ cm, $c' = 4$ cm und $\alpha' = 50°$. $\Delta A'B'C'$ wird von A aus (α fest!) im Verhältnis $m = \frac{a}{a'}$ in das gesuchte Dreieck ABC gestreckt.

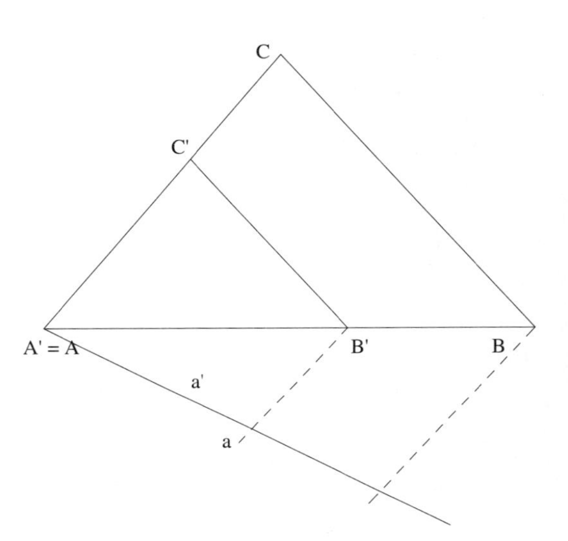

c) Man konstruiert $\Delta A'B'C'$ aus $a' = 2$ cm, $b' = 3$ cm, $c' = 4$ cm.

Das Dreieck A'B'C' wird von B' aus im Verhältnis $m = \frac{h_b}{h_b'}$ in das gesuchte Dreieck gestreckt.

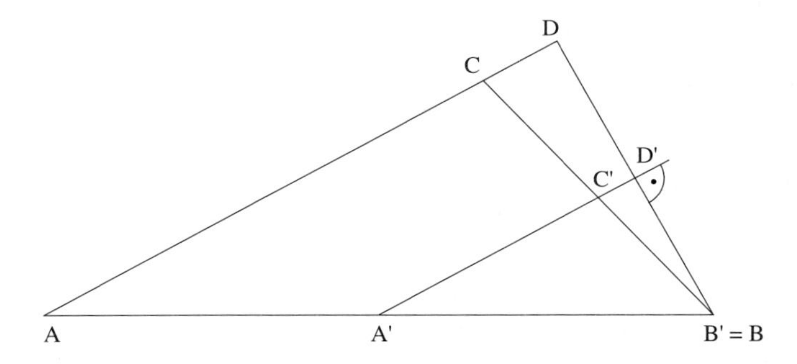

d) Man konstruiert Δ A'B'C' aus a' = 2 cm, c' = 3 cm und $\beta = \beta' = 75°$. ΔA'B'C' wird von C' aus im Verhältnis $m = \frac{h_c}{h'_c}$ in das gesuchte Dreieck ABC gestreckt.

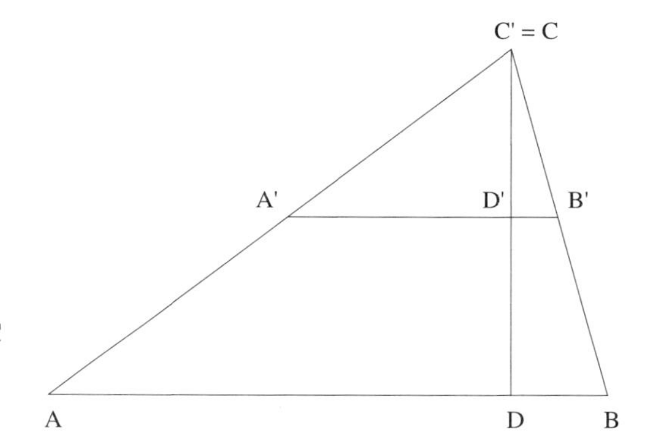

47. Man konstruiert das Rechteck A'B'C'D' aus a' = 1 cm und b' = 2 cm. Das Rechteck A'B'C'D' wird dann von A = A' aus im Verhältnis $m = \frac{e}{e'}$ gestreckt.

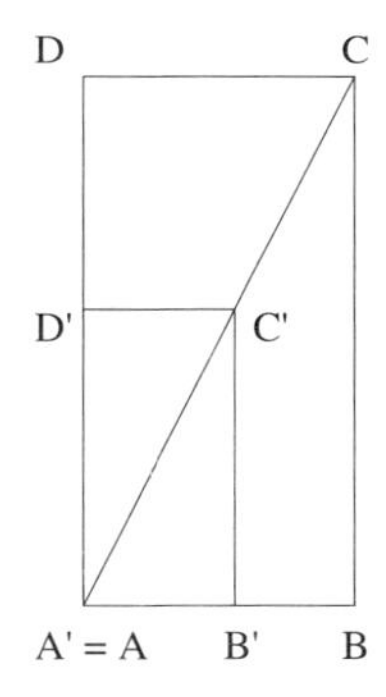

48.

D C
D' C'
A' = A B' B e' + f' e + f

Man konstruiert die Raute A'B'C'D' mit dem Winkel $\alpha' = 60°$. Diese Raute wird dann im Verhältnis $\frac{e+f}{e'+f'}$ in die gesuchte Raute ABCD von A' aus gestreckt.

49. Man zeichnet das Dreieck ABC. In dieses Dreieck beschreibt man das Rechteck D'E'F'G' mit den Seiten 1 cm und 2 cm so ein, dass bereits drei Punkte auf Dreiecksseiten liegen.
Von A aus wird das Rechteck mit einem Faktor m so gestreckt, dass die vierte Rechteckseite auf der dritten Dreiecksseite liegt.
DEFG ist das gesuchte Rechteck.

50. Man zeichnet ein beliebiges Quadrat ($a < \frac{r}{2}$) A'B'C'D' so ein, dass zwei Punkte (z. B. A' und B') symmetrisch zum Mittelpunkt des Halbkreises auf dem Durchmesser liegen.
Das Quadrat A'B'C'D' wird von M aus mit einem Faktor m so gestreckt, dass die Punkte D
und C auf dem Halbkreis liegen. Es entsteht das gesuchte Quadrat ABCD.

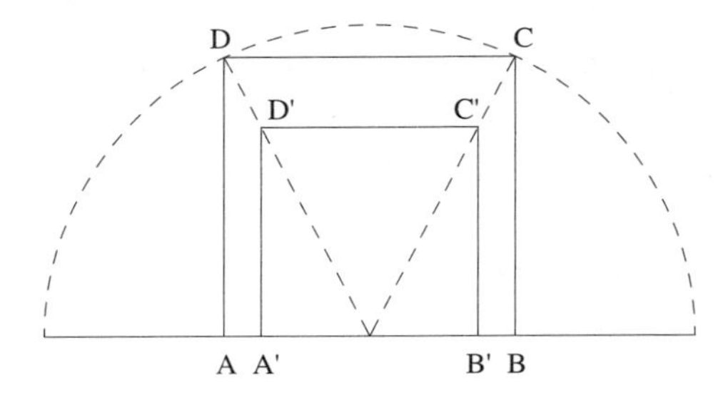

51. g und g' seien die zur gleichen Höhe gehörenden Grundlinien der Dreiecke. Dann gilt:

$$A = \frac{1}{2} g \cdot h \wedge A' = \frac{1}{2} g' \cdot h \Rightarrow \frac{A}{A'} = \frac{\frac{1}{2} g \cdot h}{\frac{1}{2} g' \cdot h} = \frac{g}{g'}$$

Die Flächen der Dreiecke verhalten sich so wie die zugehörigen Grundlinien.

52. Man verwendet die Konstruktionen wie bei der zentrischen Streckung:

$3 : 5 = 2 : x$

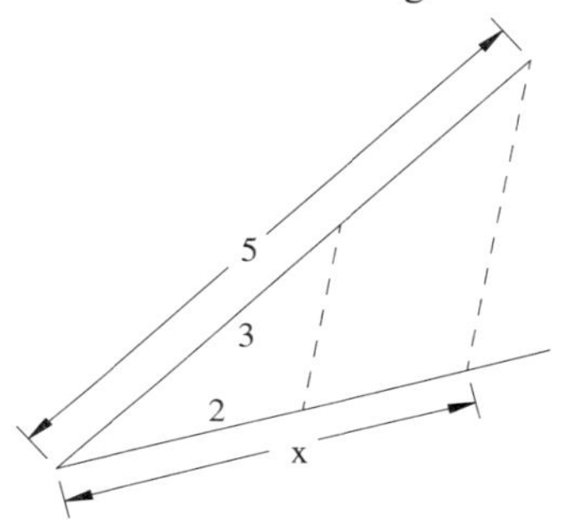

oder

$3 : 5 = 2 : x$

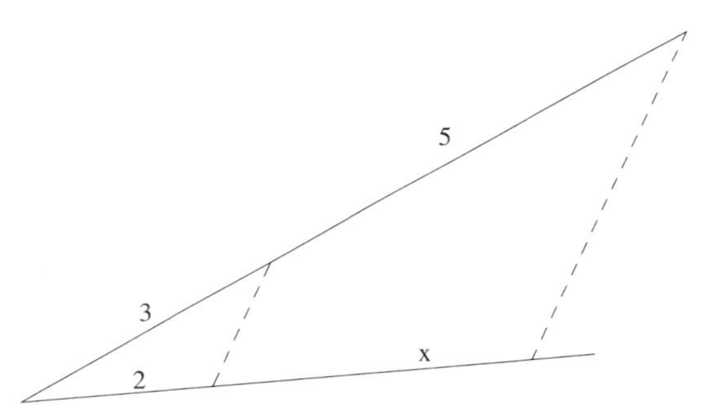

53. Es gilt stets: $\overrightarrow{AT} = \tau \cdot \overrightarrow{TB}$ bzw. $\overline{AT} = \tau \cdot \overline{TB} \Rightarrow \tau = \frac{\overline{AT}}{\overline{TB}}$

a) $\tau = \frac{2}{5}$

2 T 5
A B

b) $t = \frac{4}{3}$

4 T 3
A B

c) $\tau = \frac{1{,}5}{5{,}5} = \frac{3}{11}$

1,5 T 5,5
A B

d) $\tau = \frac{5}{2} = 2{,}5$

5 T 2
A B

e) $\tau = \frac{1}{6}$

1 T 6

A B

f) $\tau = 1$

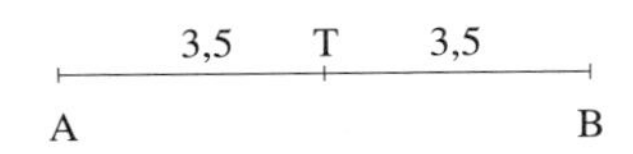

54.

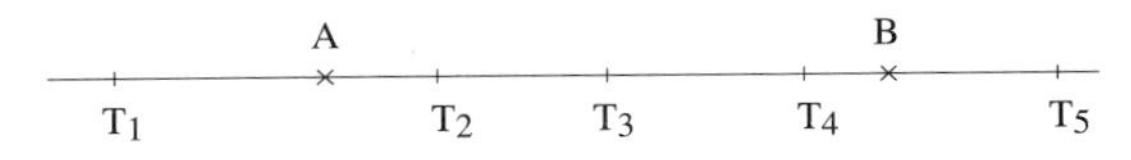

T_1 liegt links von A; Teilverhältnis negativ; $\overline{AT_1} < \overline{T_1B} \Rightarrow -1 < \tau < 0$

T_2 liegt zwischen A und der Mitte der Strecke [AB]; Teilverhältnis positiv, $\overline{AT_2} < \overline{T_2B} \Rightarrow 0 < \tau < 1$

T_3 ist der Mittelpunkt der Strecke [AB] $\Rightarrow \tau = 1$

T_4 liegt zwischen der Mitte der Strecke [AB] und B; Teilverhältnis positiv, $\overline{AT_4} > \overline{T_4B} \Rightarrow \tau > 1$

T_5 liegt rechts von B; Teilverhältnis negativ, $\overline{AT_5} > \overline{T_5B} \Rightarrow \tau < -1$

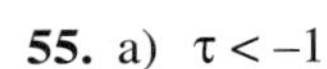

55. a) $\tau < -1$

b) $-1 < \tau < 0$

c) $\tau > 0$

56. a) $\tau = \frac{2}{3}$

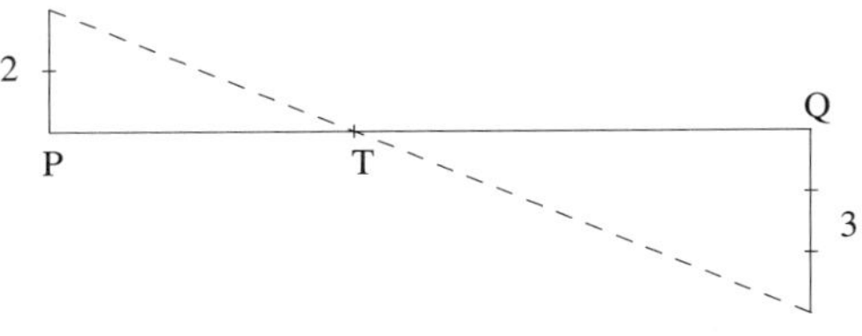

b) $\tau = -\frac{3}{7}$

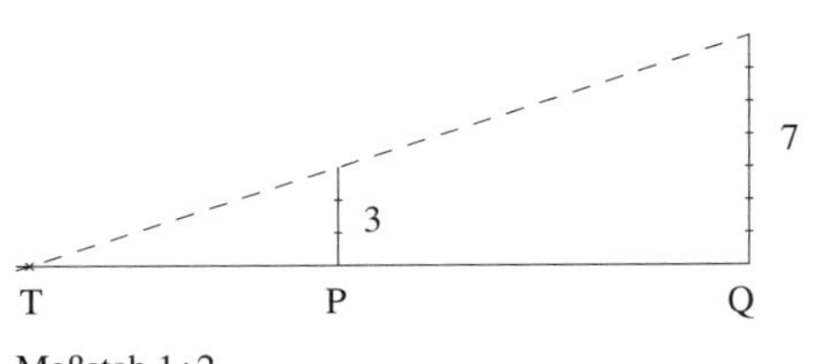

Maßstab 1 : 2

c) $\tau = 1 \Rightarrow T = M$ (Mittelpunkt der Strecke [PQ])

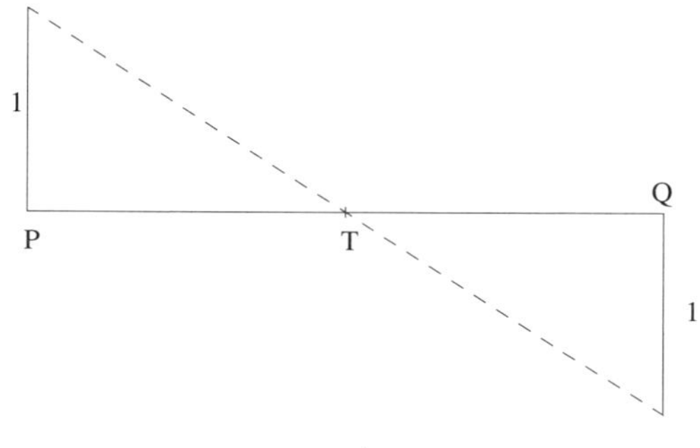

d) Für $\tau = -1$ gibt es keinen Teilpunkt, weil die Gerade durch die Endpunkte mit den Strecken 1 parallel zur Geraden PQ ist.

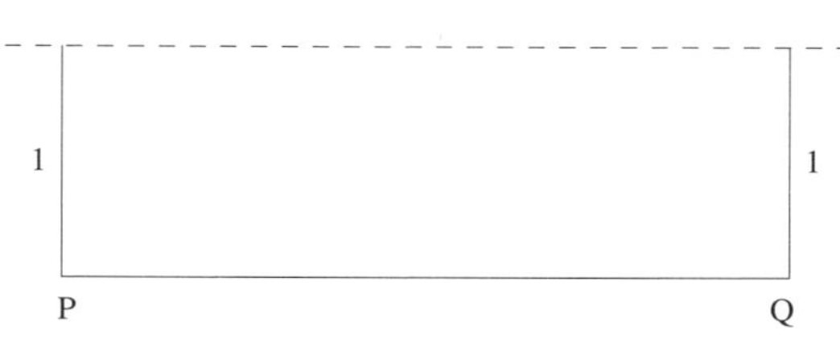

57. Man konstruiert den inneren Teilpunkt T_i für $\tau = 3$ und den äußeren Teilpunkt T_a für $\tau = -3$, d. h. man errichtet in A und B Parallelen, trägt drei Einheiten als [AP] und eine Einheit als [BQ] bzw. [B'Q'] ab und verbindet P mit Q bzw. Q'.

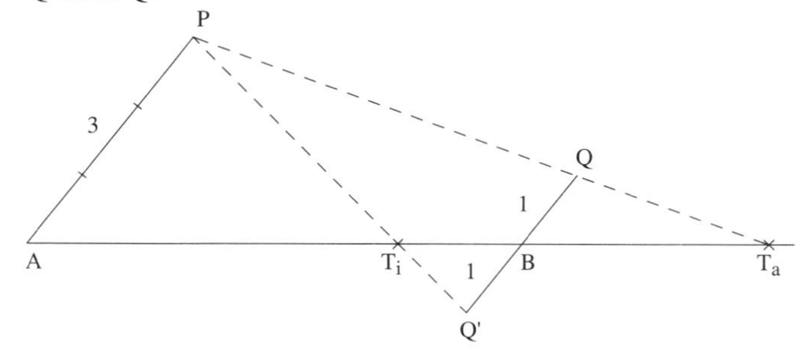

58. In A und B zeichnet man Parallelen und durch T_a eine beliebige Gerade, die die Parallelen in den Punkten P und Q schneidet. Trägt man den Abstand $\overline{BQ}$ nach der anderen Seite ab und verbindet P und Q', so ergibt sich der 4. harmonische Teilpunkt.

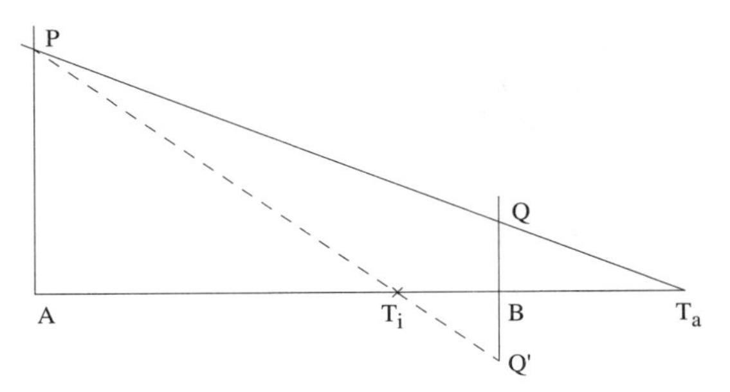

59.

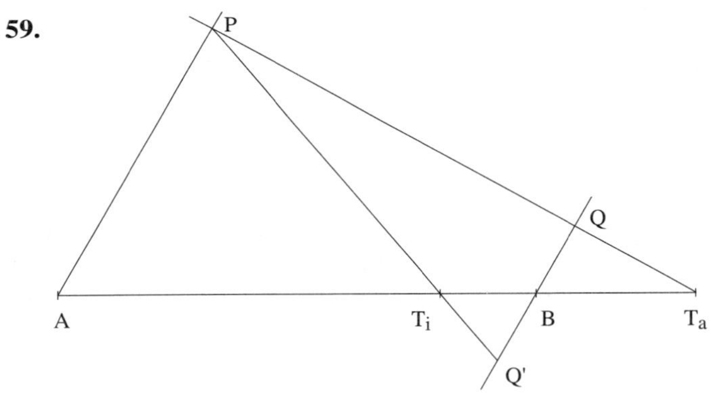

a) $\overline{AT_a} = |\tau| \cdot \overline{T_a B} \Rightarrow |\tau| = \frac{\overline{AT_a}}{\overline{T_a B}} = \frac{8}{2} = 4$

$\Rightarrow$ innere Teilung $\tau = 4$; äußere Teilung $\tau = -4$

b) Konstruktion wie in Aufgabe 58.

c) (1) Die Teilpunkte mit $-1 < \tau < 0$ liegen auf der Geraden AB links von A.

(2) Die Teilpunkte mit $\tau \geq 1$ liegen zwischen dem Mittelpunkt M der Strecke [AB] und dem Punkt B. Für $\tau = 1$ gehört M dazu.

60. Nur Überlegungsfigur!

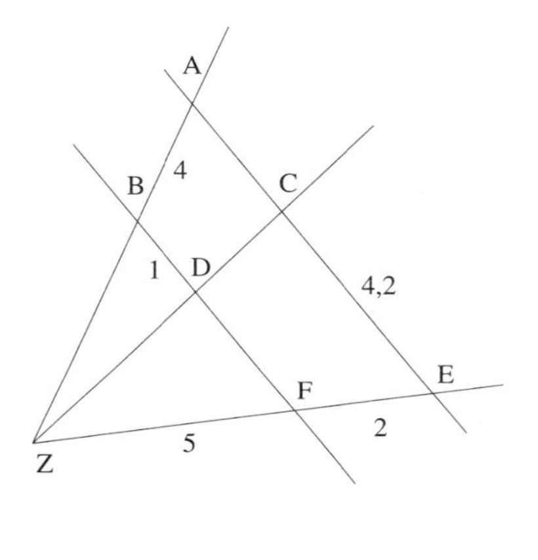

Nach dem Strahlensatz gilt:

$\frac{\overline{ZA}}{\overline{BA}} = \frac{\overline{ZE}}{\overline{FE}} \Rightarrow$

$\overline{ZA} = \frac{\overline{ZE}}{\overline{FE}} \cdot \overline{BA} = \frac{7}{2} \cdot 4 \text{ cm} = 14 \text{ cm}$

Zur Berechnung von $\overline{FB}$ muss erst $\overline{DF}$ berechnet werden.

$\frac{\overline{FD}}{\overline{EC}} = \frac{\overline{ZF}}{\overline{ZE}} \Rightarrow$

$\overline{FD} = \frac{\overline{ZF}}{\overline{ZE}} \cdot \overline{EC} = \frac{5}{7} \cdot 4{,}2 \text{ cm} = 3 \text{ cm} \Rightarrow$

$\overline{FB} = \overline{FD} + \overline{DB} = 3 \text{ cm} + 1 \text{ cm} = 4 \text{ cm}$

$\frac{\overline{AE}}{\overline{FB}} = \frac{\overline{ZE}}{\overline{ZF}} \Rightarrow \overline{AE} = \frac{\overline{ZE}}{\overline{ZF}} \cdot \overline{FB} = \frac{7}{5} \cdot 4 \text{ cm} = 5{,}6 \text{ cm}$

oder:

Berechnung von $\overline{AC}$:

$\frac{\overline{AC}}{\overline{BD}} = \frac{\overline{ZE}}{\overline{ZF}} \Rightarrow \overline{AC} = \frac{\overline{ZE}}{\overline{ZF}} \cdot \overline{BD} = \frac{7}{5} \cdot 1 = 1{,}4 \text{ cm}$

$\Rightarrow \overline{AE} = \overline{AC} + \overline{CE} = 5{,}6 \text{ cm}$ oder

$\frac{\overline{AC}}{\overline{CE}} = \frac{\overline{BD}}{\overline{DF}} \Rightarrow \overline{AC} = \frac{\overline{BD}}{\overline{DF}} \cdot \overline{CE} = \frac{1}{3} \cdot 4{,}2 \text{ cm} = 1{,}4 \text{ cm}$

$\Rightarrow \overline{AE} = \overline{AC} + \overline{CE} = 5{,}6 \text{ cm}$

61. Nur Überlegungsfigur!

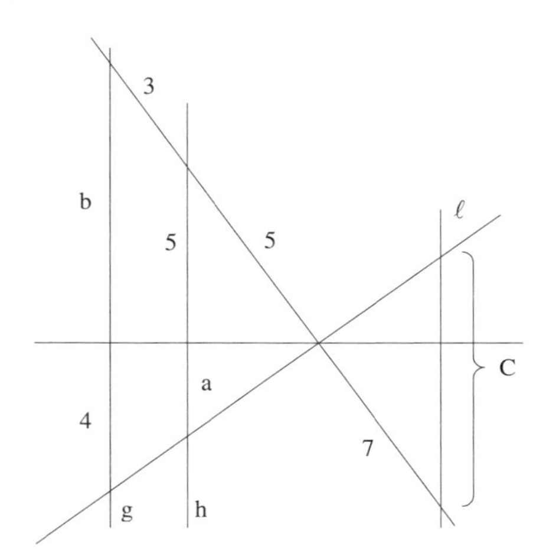

Nach dem Strahlensatz gilt:

$\frac{a}{4} = \frac{5}{8} \Rightarrow a = 2{,}5 \text{ cm}$

$\frac{b}{5} = \frac{8}{5} \Rightarrow b = 8 \text{ cm}$

$\frac{c}{b+4} = \frac{7}{8} \Rightarrow c = \frac{7}{8} \cdot 12 = 10{,}5 \text{ cm}$

62. Nur Überlegungsfigur!

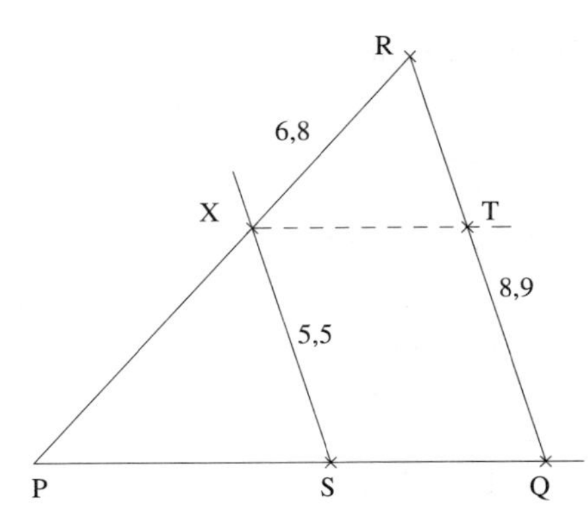

a) Nach dem Strahlensatz gilt:

$$\frac{\overline{PX}+6{,}8}{\overline{PX}}=\frac{8{,}9}{5{,}5}$$

$$5{,}5\cdot(\overline{PX}+6{,}8)=8{,}9\cdot\overline{PX}$$

$$5{,}5\,\overline{PX}+37{,}4=8{,}9\,\overline{PX}$$

$$37{,}4=3{,}4\,\overline{PX}\quad |:3{,}4$$

$$\overline{PX}=11\text{ cm}$$

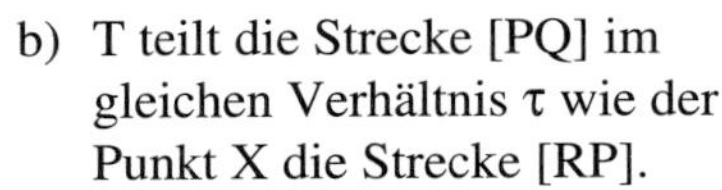

b) T teilt die Strecke [PQ] im gleichen Verhältnis τ wie der Punkt X die Strecke [RP].

Dort gilt:

$$\overline{RX}=\tau\cdot\overline{XP}\ \Rightarrow\ 6{,}8=11\tau\ \Rightarrow\ \tau=\frac{6{,}8}{11}=\frac{\frac{34}{5}}{11}=\frac{34}{55}$$

63. Nur Überlegungsfigur!

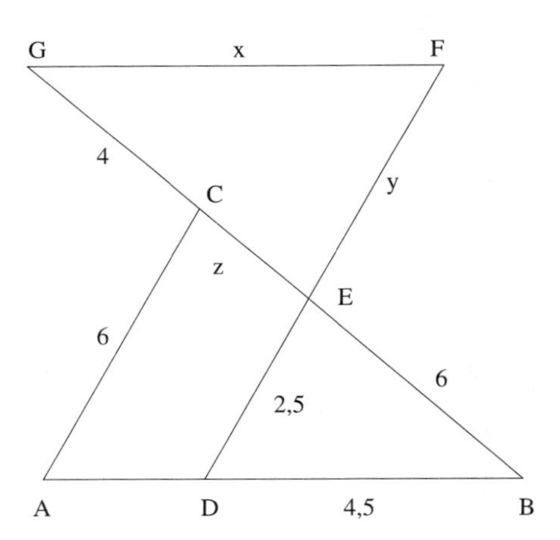

Nach dem Strahlensatz gilt für $\overline{EC}=z$:

$$\frac{6+z}{6}=\frac{6}{2{,}5}$$

$$6+z=\frac{36}{2{,}5}=14{,}4\ \Rightarrow$$

$$z=8{,}4\text{ cm}\ \Rightarrow$$

$$\overline{GE}=8{,}4\text{ cm}+4\text{ cm}=12{,}4\text{ cm}$$

Jetzt gilt:

$$\frac{x}{\overline{DB}}=\frac{\overline{GE}}{\overline{EB}}\ \Rightarrow$$

$$x=\frac{\overline{GE}}{\overline{EB}}\cdot\overline{DB}=\frac{12{,}4}{6}\cdot4{,}5\text{ cm}$$

$$=9{,}3\text{ cm}$$

$$\frac{y}{\overline{DE}}=\frac{\overline{GE}}{\overline{EB}}\ \Rightarrow\ y=\frac{\overline{GE}}{\overline{EB}}\cdot\overline{DE}=\frac{12{,}4}{6}\cdot2{,}5\text{ cm}=\frac{31}{6}\text{ cm}=5\tfrac{1}{6}\text{ cm}$$

64. Nur Überlegungsfigur!

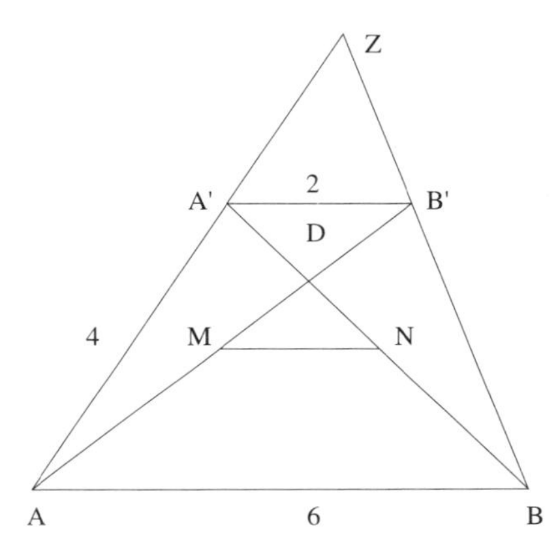

a) Aus der Definition der zentrischen Streckung folgt:

$\overline{AB} = m \cdot \overline{A'B'} \Rightarrow$

$m = \frac{\overline{AB}}{\overline{A'B'}} = \frac{6}{2} = 3$

$\frac{\overline{ZA'} + 4}{\overline{ZA'}} = 3 \Rightarrow$

$\overline{ZA'} + 4 = 3 \cdot \overline{ZA'} \Rightarrow$

$2 \cdot \overline{ZA'} = 4 \Rightarrow \overline{ZA'} = 2\text{ cm}$

b) [A'B'] wird auch am Zentrum D auf [AB] abgebildet. Dort gilt:

$$\frac{\overline{B'D}}{\overline{DA}} = \frac{\overline{A'B'}}{\overline{AB}} = \frac{2}{6} = \frac{1}{3} \Rightarrow \overline{B'D} = \frac{1}{3}\overline{DA} \Rightarrow \overline{AB'} = \overline{AD} + \overline{B'D} = \frac{4}{3}\overline{DA}$$

Da $\overline{MA} = \frac{1}{2}\overline{AB'}$ gilt, folgt für die Länge der Strecke [MD]:

$$\overline{MD} = \overline{AB'} - \frac{1}{2}\overline{AB'} - \overline{DB'} = \frac{4}{3}\overline{DA} - \frac{2}{3}\overline{DA} - \frac{1}{3}\overline{DA} = \frac{1}{3}\overline{DA}$$

Damit gilt für die Länge $\overline{MN}$ der Strecke [MN]:

$$\frac{\overline{MN}}{\overline{A'B'}} = \frac{\overline{MD}}{\overline{B'D}} \Rightarrow \overline{MN} = \frac{\overline{MD}}{\overline{B'D}} \cdot \overline{A'B'} = \frac{\frac{1}{3}\overline{DA}}{\frac{1}{3}\overline{DA}} \cdot \overline{A'B'} = 1 \cdot 2\text{ cm} = 2\text{ cm}$$

65. Nur Überlegungsfigur!

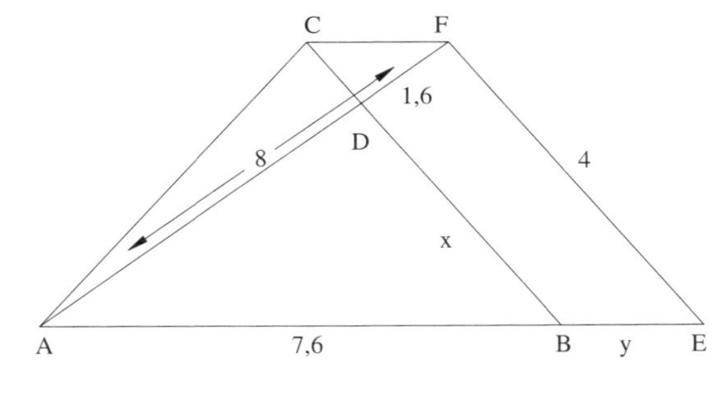

Mit Hilfe des Strahlensatzes ergibt sich:

$\frac{\overline{CF}}{\overline{AB}} = \frac{\overline{FD}}{\overline{AD}} \Rightarrow$

$\overline{CF} = \frac{\overline{FD}}{\overline{AD}} \cdot \overline{AB}$

$= \frac{1,6}{6,4} \cdot 7,6\text{ cm}$

$= 1,9\text{ cm}$

Da $\overline{BE} = \overline{CF}$ (Parallelogramm) $\Rightarrow$ y = 1,9 cm

$$\frac{x}{\overline{EF}} = \frac{\overline{AB}}{\overline{AE}} \Rightarrow x = \frac{\overline{AB}}{\overline{AE}} \cdot \overline{EF} = \frac{7,6}{9,5} \cdot 4\text{ cm} = 3,2\text{ cm}$$

66. Nur Überlegungsfigur!

Mit Hilfe des Strahlensatzes ergibt sich:

$$\frac{x}{6\text{ mm}} = \frac{383\,900\text{ km}}{66\text{ cm}}$$

$$x = \frac{383\,900\text{ km} \cdot 0{,}000006\text{ km}}{0{,}00066\text{ km}}$$

$$= 3\,490\text{ km}$$

Der Monddurchmesser beträgt 3 490 km.

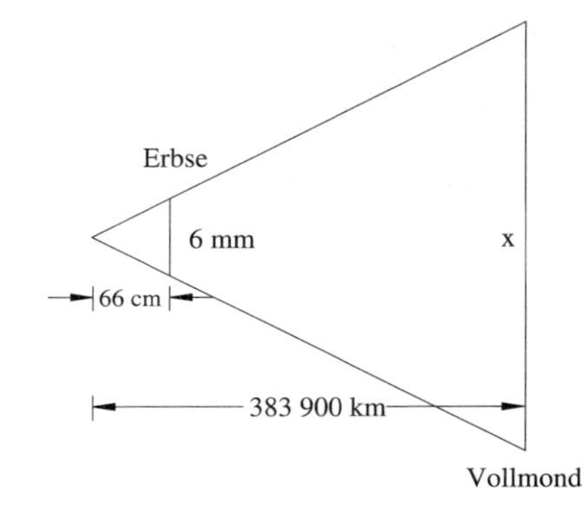

67.

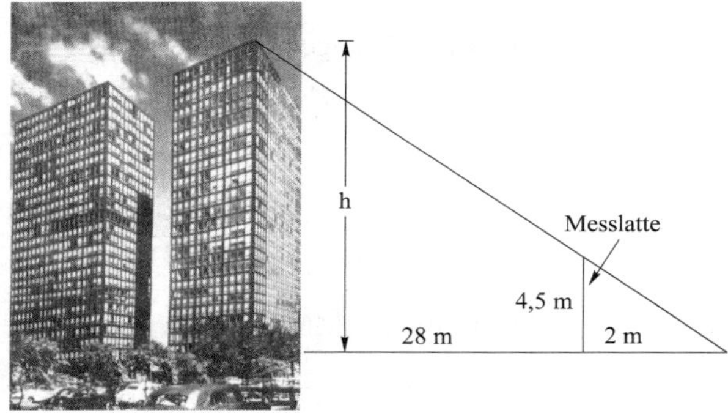

Nur Überlegungsfigur!

Aus dem Strahlensatz folgt:

$$\frac{h}{4{,}5} = \frac{30}{2} \Rightarrow h = \frac{30}{2} \cdot 4{,}5 = 67{,}5\text{ m}$$

Das Flachdachhaus ist 67,5 m hoch.

68. Nur Überlegungsfigur!

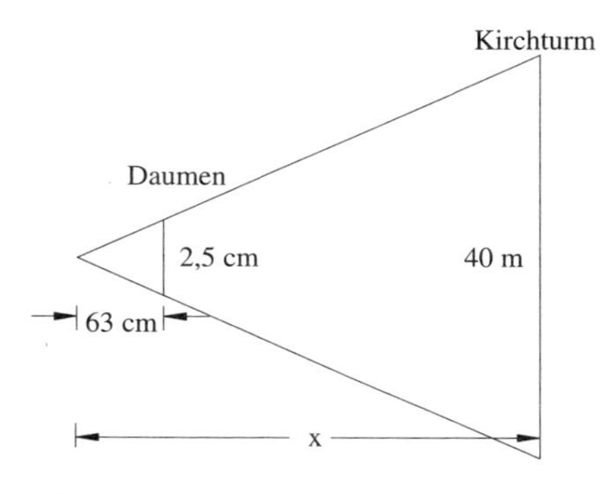

Aus dem Strahlensatz folgt:

$\frac{x}{63\text{ cm}} = \frac{40\text{ m}}{2{,}5\text{ cm}} \Rightarrow$

$x = \frac{40\text{ m}}{0{,}025\text{ m}} \cdot 0{,}63\text{ m} = 1\,008\text{ m}$

Der Kirchturm ist
1 008 m = 1 km 8 m weit entfernt.

69. Nur Überlegungsfigur!

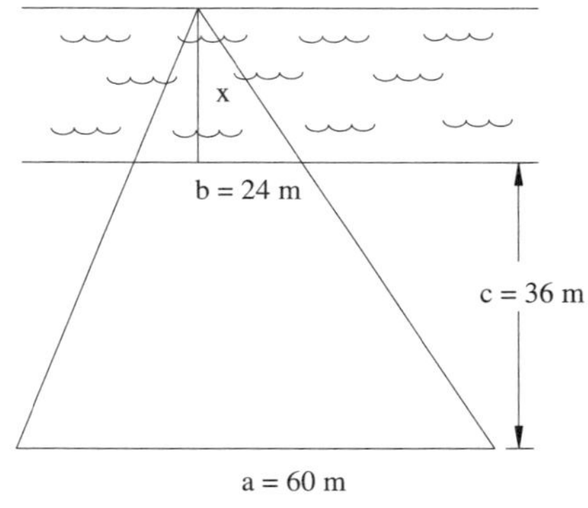

Aus dem Strahlensatz folgt:

$\frac{x}{x+c} = \frac{b}{a} = \frac{24}{60} = \frac{2}{5} \Rightarrow$

$5x = 2\,(x + c)$

$5x = 2x + 2c$

$3x = 2c = 72\text{ m}$

$x = 24\text{ m}$

Der Fluss ist 24 m breit.

70. Nur Überlegungsfigur!

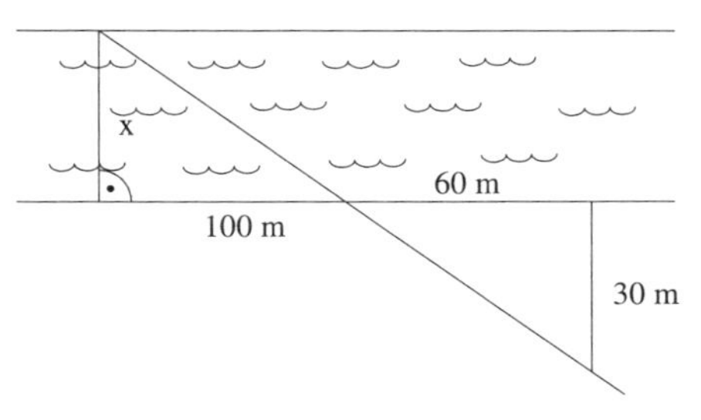

Aus dem Strahlensatz folgt:

$\frac{x}{30} = \frac{100}{60} \Rightarrow$

$x = \frac{100}{60} \cdot 30\text{ m} = 50\text{ m}$

Der Fluss ist 50 m breit.

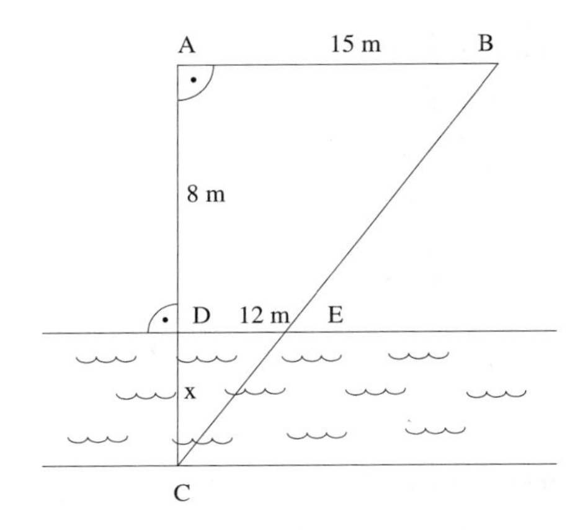

71. Nur Überlegungsfigur!

Aus dem Strahlensatz folgt:

$\frac{x}{x+8} = \frac{12}{15} = \frac{4}{5}$

$5x = 4(x+8)$

$5x = 4x + 32$

$x = 32$

Der Fluss ist 32 m breit.

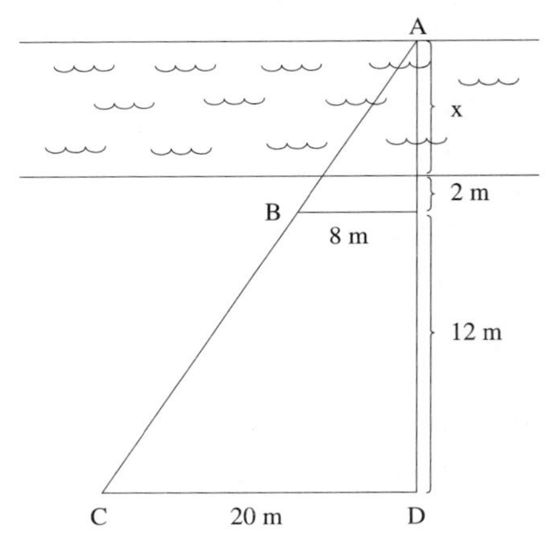

72. Nur Überlegungsfigur!

Aus dem Strahlensatz folgt:

$\frac{x+2}{x+14} = \frac{8}{20} = \frac{2}{5}$

$5(x+2) = 2(x+14)$

$5x + 10 = 2x + 28$

$3x = 18$

$x = 6$

Der Fluss ist 6 m breit.

73.

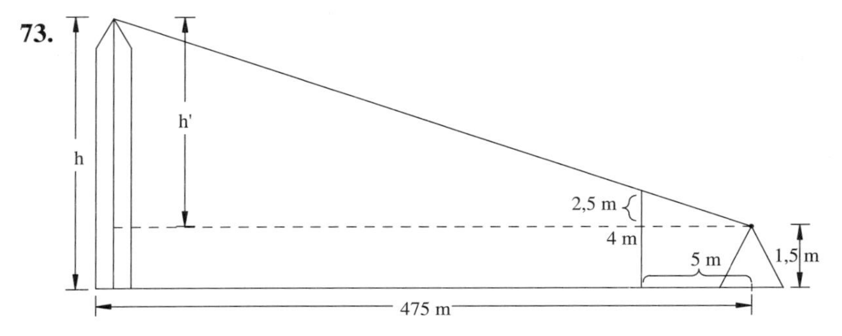

Nur Überlegungsfigur!

Man bestimmt zuerst h' und dann h = h' + 1,5 m.

Aus dem Strahlensatz folgt:

$\frac{h'}{2{,}5\ m} = \frac{475\ m}{5\ m} \Rightarrow$

$h' = \frac{475}{5} \cdot 2{,}5\ m = 237{,}5\ m \Rightarrow h = 237{,}5\ m + 1{,}5\ m = 239\ m$

74. Nur Überlegungsfigur!

Aus dem Strahlensatz folgt:

$\frac{x}{4} = \frac{0{,}2}{3{,}2} \Rightarrow$

$x = \frac{0{,}2}{3{,}2} \cdot 4\ m = 0{,}25\ m$

Der Gegenstand ist 25 cm hoch.

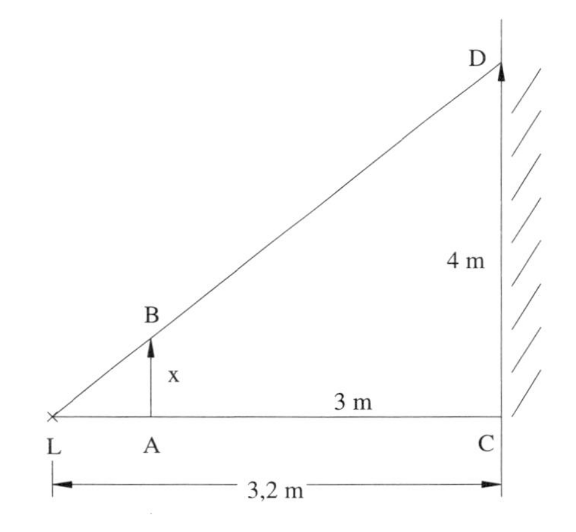

75. a) Nur Überlegungsfigur!

Aus dem Strahlensatz folgt:

$\frac{g}{b} = \frac{G}{B} \Rightarrow$

$g = \frac{G}{B} \cdot b$

$= \frac{36}{0{,}1} \cdot 0{,}2\ m = 72\ m$

Der Gegenstand ist 72 m weit entfernt.

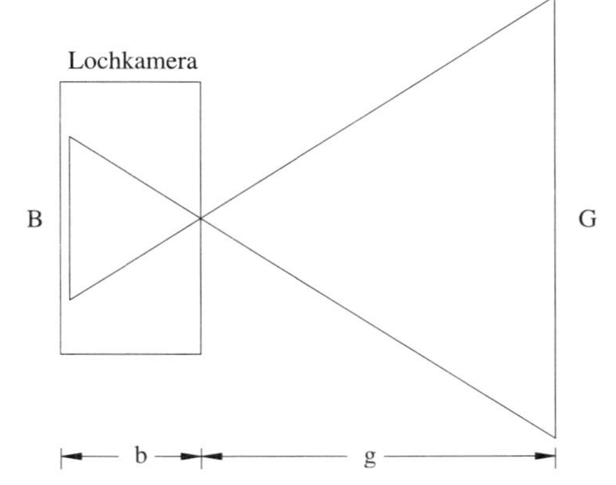

b) Nur Überlegungsfigur!

Aus dem Strahlensatz folgt:

$\frac{x}{\ell} = \frac{s}{d} \Rightarrow$

$x = \frac{s}{d} \cdot \ell = \frac{50}{0{,}08} \cdot 0{,}7 = 437{,}5 \text{ m}$

Die Bäume sind 437,5 m + 0,7 m = 438,2 m ≈ 438 m von Franziska entfernt.

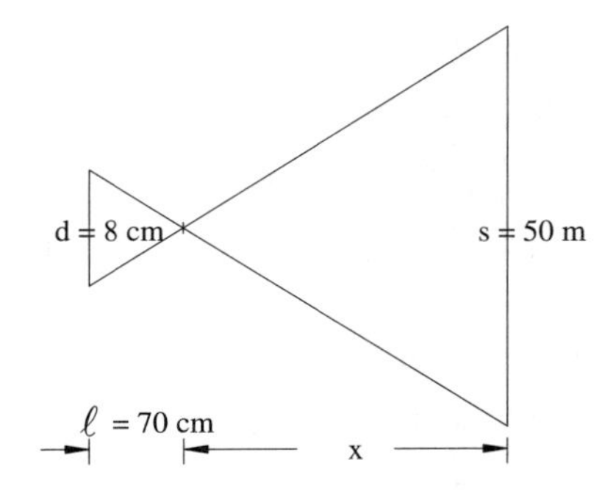

76.

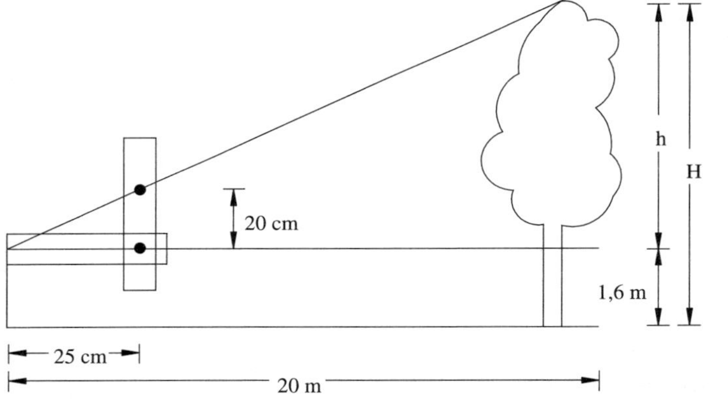

Nur Überlegungsfigur!

Aus dem Strahlensatz folgt:

$$\frac{h}{20 \text{ cm}} = \frac{20 \text{ m}}{25 \text{ cm}}$$

$$\Rightarrow \quad h = \frac{20 \text{ m}}{0{,}25 \text{ m}} \cdot 0{,}20 \text{ m} = 16 \text{ m}$$

$$\Rightarrow \quad H = h + 1{,}6 \text{ m} = 16 \text{ m} + 1{,}6 \text{ m} = 17{,}6 \text{ m}$$

Der Baum ist 17,6 m hoch.

77. *Vorüberlegung:*

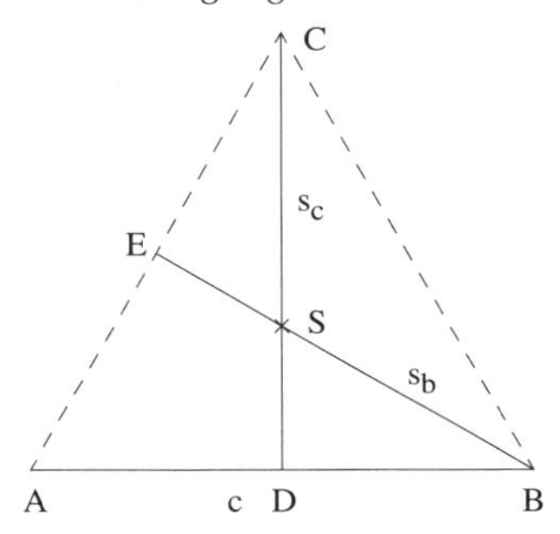

D und E sind Seitenmittelpunkte.
Durch c sind A und B gegeben.

S liegt
1. auf k (B; $\frac{2}{3}$ s_b)
2. auf k (D; $\frac{1}{3}$ s_c)

C liegt
1. auf DS
2. auf k (D; s_c)

Konstruktion:

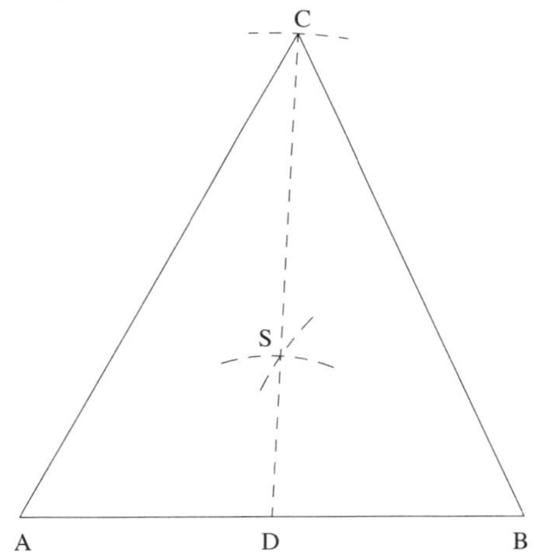

78. Mit Hilfe des Strahlensatzes erhält man:

$$\frac{\overline{ED}}{\overline{AC}} = \frac{\overline{ES}}{\overline{AS}} = \frac{1}{2}$$

(S teilt [AE] im Verhältnis 2 : 1)

$$\overline{ED} = \frac{1}{2}\,\overline{AC} = \frac{1}{2} \cdot 4 \text{ cm} = 2 \text{ cm}$$

Ferner gilt:

$$\frac{\overline{FS}}{\overline{ED}} = \frac{\frac{2}{3}\,\overline{AE}}{1 \cdot \overline{AE}} = \frac{2}{3} \Rightarrow$$

$$\overline{FS} : \overline{DE} = 2 : 3 \Rightarrow$$

$$\overline{FS} = \frac{2}{3} \cdot \overline{DE} = \frac{4}{3} \text{ cm}$$

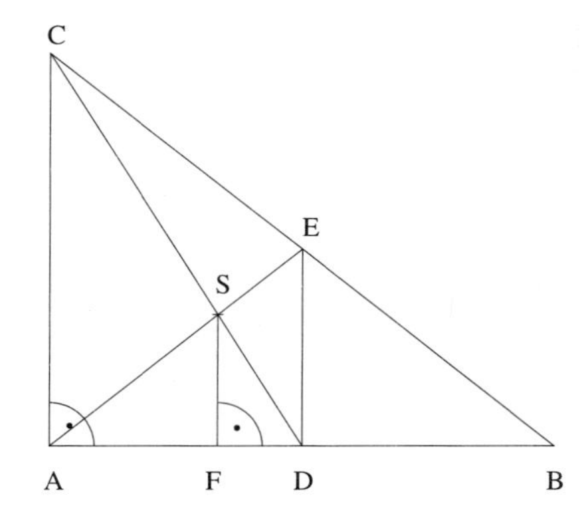

79. Aus dem Strahlensatz folgt:

$$\frac{d}{h_c} = \frac{\frac{1}{3} s_c}{\frac{3}{3} s_c} = \frac{1}{3} \Rightarrow d : h_c = 1 : 3$$

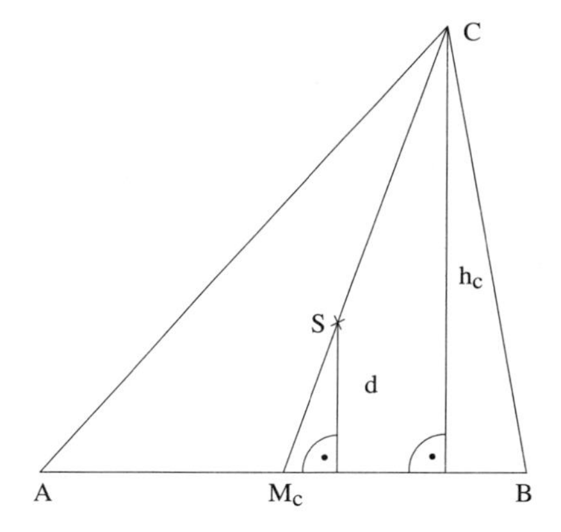

80. Der Schwerpunkt S liegt auf der **Euler'schen Gerade** HU.

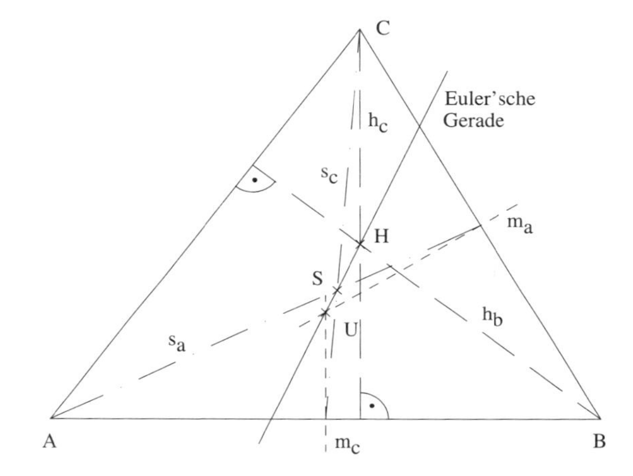

81. Der **Feuerbach'sche Neunpunktekreis** enthält die Punkte M_a, M_b, M_c, H_a, H_b, H_c, A', B', C'.

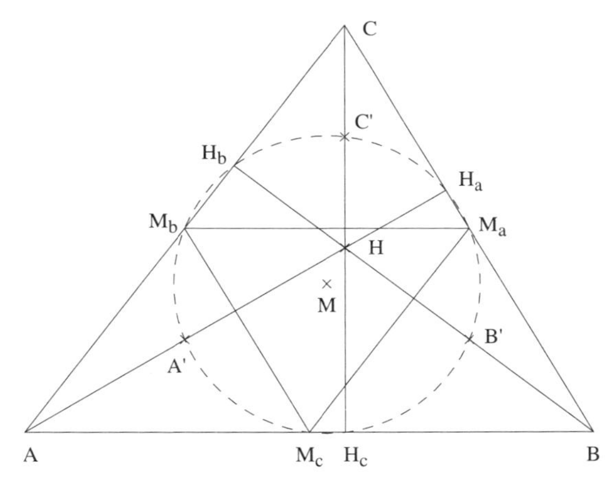

82. a) (1) $m_a = \frac{a+b}{2}$

$= \frac{4+2}{2}$ cm

$= 3$ cm

$m_g = \sqrt{2 \cdot 4}$

$= \sqrt{8} \approx 2{,}83$ cm

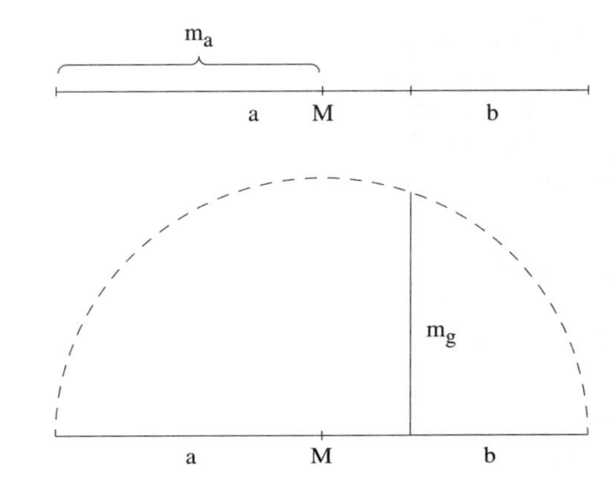

(2) $m_a = \frac{a+b}{2}$

$= \frac{2{,}5+3{,}1}{2}$ cm

$= 2{,}8$ cm

$m_g = \sqrt{2{,}5 \cdot 3{,}1}$

$= \sqrt{7{,}75}$

$\approx 2{,}78$ cm

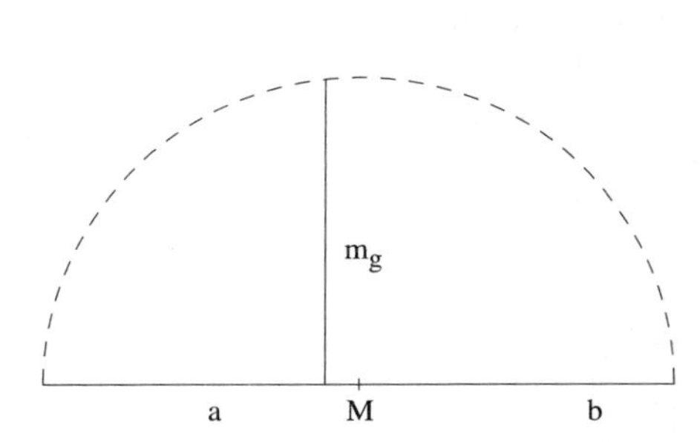

b)

$$\begin{aligned} m_g &\le m_a \\ \sqrt{a \cdot b} &\le \frac{a+b}{2} && | \cdot 2 \\ 2\sqrt{a \cdot b} &\le a + b && |^2 \\ 4ab &\le (a+b)^2 \\ 4ab &\le a^2 + 2ab + b^2 && | -4ab \\ 0 &\le a^2 - 2ab + b^2 \\ 0 &\le (a-b)^2 \quad \text{w.} \end{aligned}$$

Ein Quadrat ist stets nicht negativ. Das Gleichheitszeichen gilt für $a = b$, d. h. für $a = b$ gilt $m_g = m_a$, sonst immer $m_g < m_a$,

83. a) $\overline{PQ} = \sqrt{6} = \sqrt{3 \cdot 2}$

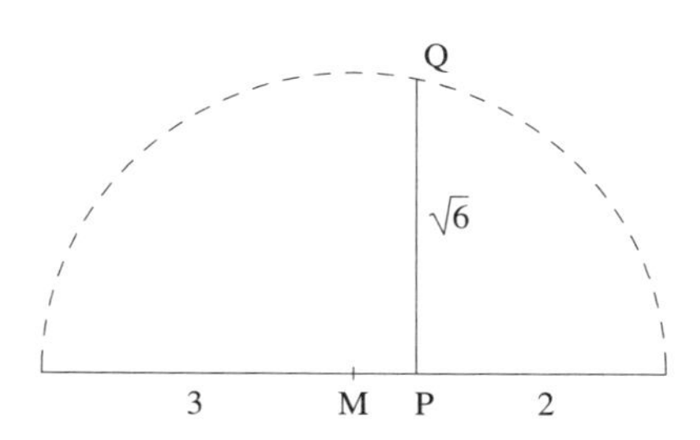

b) $\overline{PQ} = 2 + \sqrt{5} = 2 + \sqrt{2{,}5 \cdot 2}$

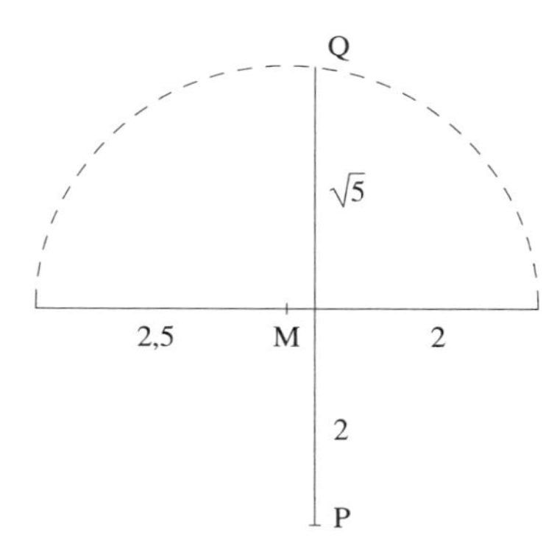

84. Man zeichnet an die Quadratseite $\overline{DC}$ = 3 cm unter einem rechten Winkel $\overline{AD}$ = 4 cm. Man verbindet A und C und errichtet in C einen rechten Winkel. Der Schenkel schneidet AD in B. $\overline{DB}$ ist die zweite Rechteckseite.

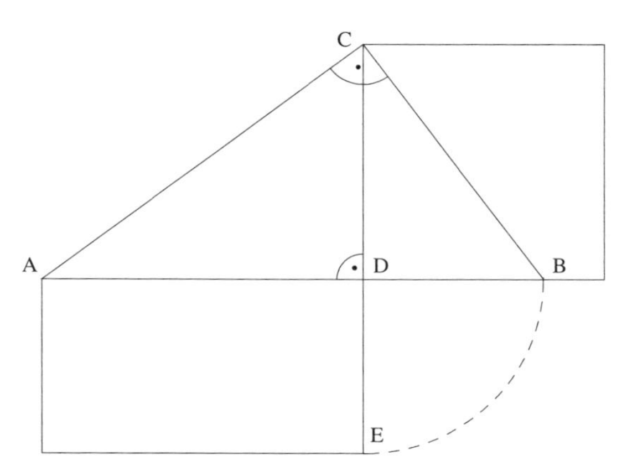

85. a) *Vorüberlegung:*

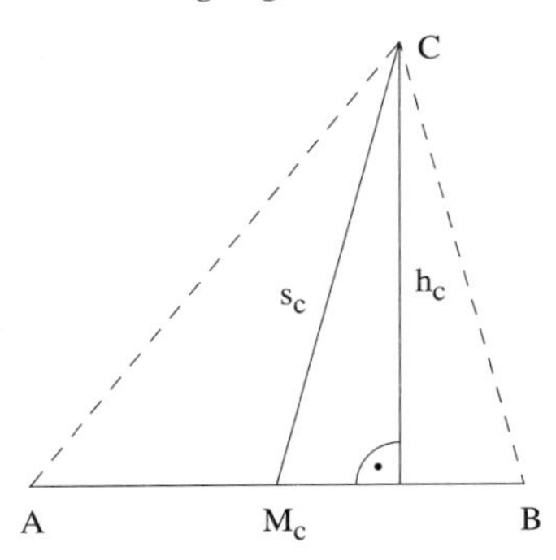

Durch c sind A und B gegeben.

C liegt

1. auf k (M_c; s_c)
2. auf der Parallelen zu AB im Abstand h_c

Konstruktion:

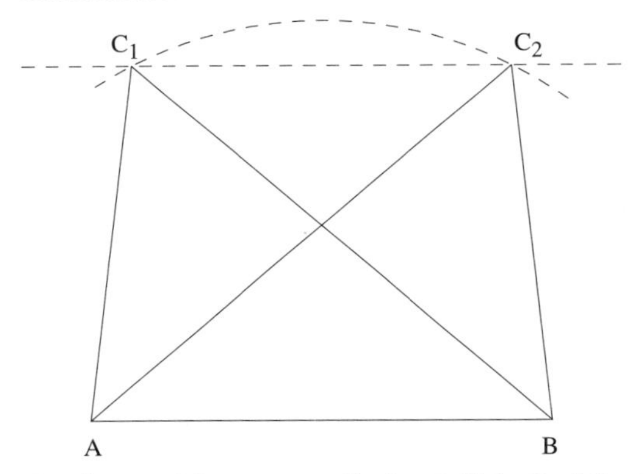

Es gibt zwei Lösungen, die bezüglich der Mittelsenkrechten zu [AB] zueinander symmetrisch sind.

b) Zur Verwandlung wird ΔABC_1 gewählt. Das Rechteck ABDE hat die gleiche Grundlinie [AB], aber nur die halbe Höhe des Dreiecks ABC. Über [ED] wird der Thaleskreis errichtet, im Punkt F mit $\overline{DF} = \overline{DB}$ das Lot zu [EG]. Der Schnittpunkt I des Lotes mit dem Thaleskreis bestimmt über $\overline{IF}$ die Seite des Quadrats.

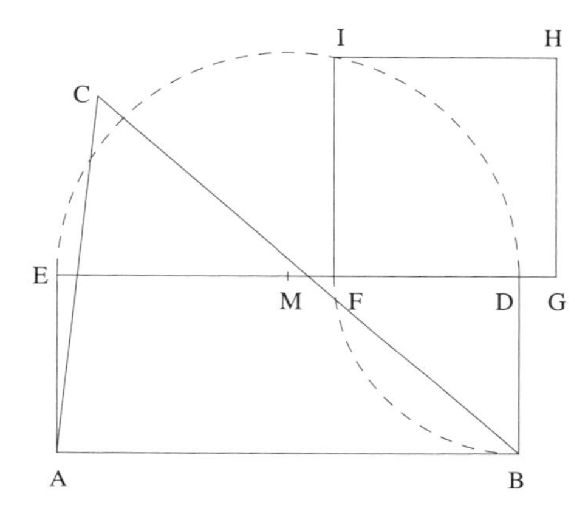

86.

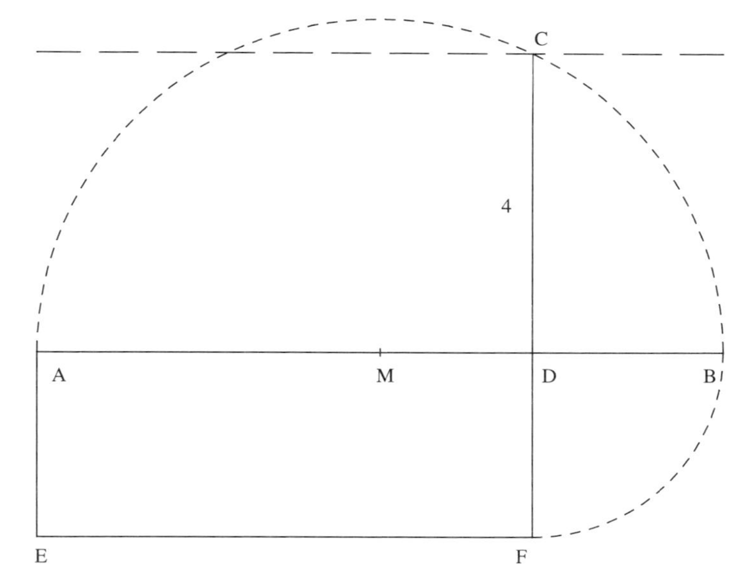

Wegen $u = 2 \cdot (a + b) = 18$ cm $\Rightarrow a + b = 9$ cm

Wegen $A = 16\ \text{cm}^2 = a \cdot b$ gilt, dass das Rechteck mit den Seiten a und b flächengleich einem Quadrat mit der Seitenlänge 4 cm ist.
Über $\overline{AB} = a + b$ wird der Thaleskreis gezeichnet und mit einer Parallelen im Abstand 4 cm zu [AB] geschnitten. Das Lot von C auf die Strecke [AB] teilt diese in die Rechteckseiten $a = \overline{AD}$ und $b = \overline{DB}$.

87.

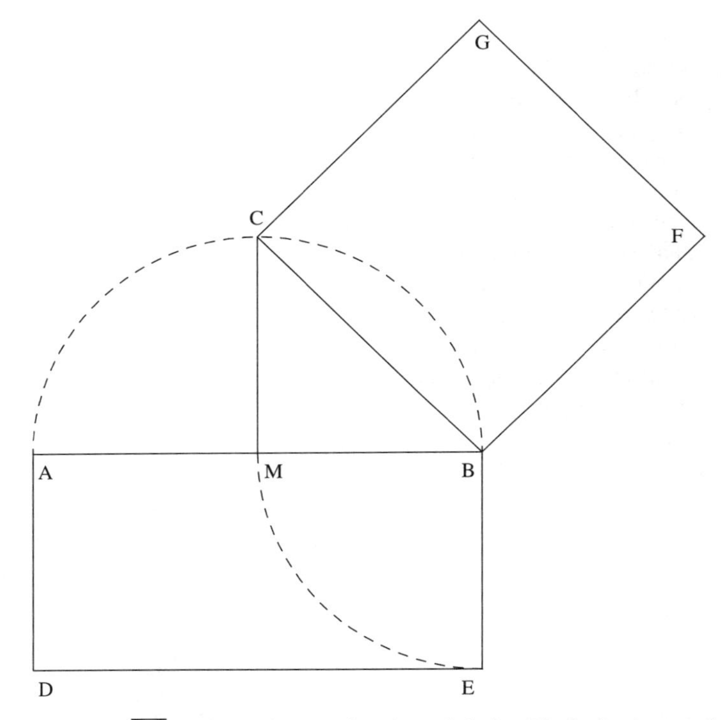

Über der Seite $\overline{AB} = 6$ cm des Rechtecks wird der Thaleskreis gezeichnet. In M mit $\overline{MB} = \overline{BE}$ (M ist hier der Mittelpunkt des Thaleskreises) wird das Lot auf [AB] errichtet. $\overline{BC}$ ist die Länge der Seite des gesuchten Quadrats.

88. Über der Hypotenuse [AB] mit $\overline{AB} = 7$ cm wird der Thaleskreis gezeichnet und eine Kathete der Länge 4 cm abgetragen. Vom Punkt C wird das Lot auf [AB] gefällt. $\overline{BD}$ ist die 2. Rechteckseite.

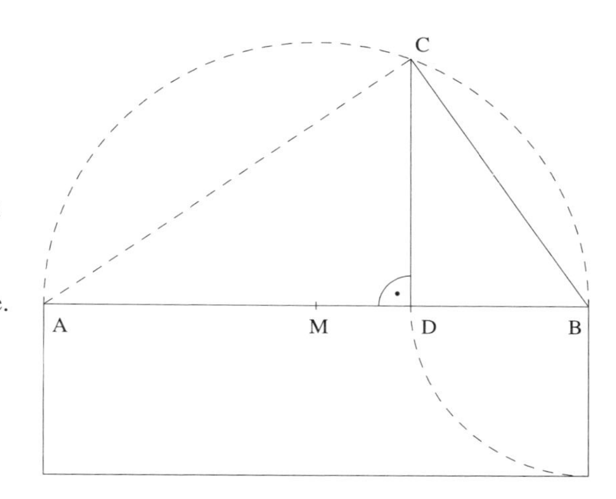

89. Nur Überlegungsfigur!

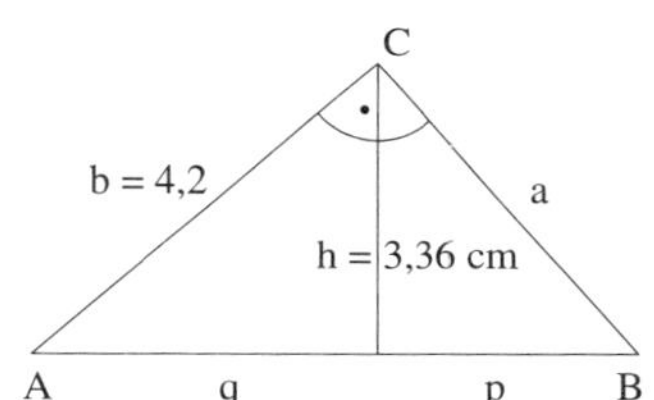

Höhensatz:

$h^2 = p \cdot q$

Kathetensatz:

$b^2 = c \cdot q \ \wedge\ c = p + q$

$b^2 = (p + q)\, q$

$b^2 = q^2 + p \cdot q$

$b^2 = q^2 + h^2 \quad \Rightarrow \quad q^2 = b^2 - h^2$

$\Rightarrow \quad q = 2{,}52$ cm

$b^2 = c \cdot q \quad \Rightarrow \quad c = \frac{b^2}{q} = 7$ cm

$p + q = c \quad \Rightarrow \quad p = c - q = 4{,}48$ cm

$a^2 = c \cdot p \quad \Rightarrow \quad a = 5{,}6$ cm

90. Nur Überlegungsfigur!
Mit $\overline{DB} = c$ und dem Kathetensatz gilt:
$\overline{DC}^2 = c \cdot \overline{DA} \Rightarrow$
$c = \frac{\overline{DC}^2}{\overline{DA}} \approx 177{,}03 \text{ m} \Rightarrow$
$\overline{AB} = 177{,}03 \text{ m} - 32{,}20 \text{ m}$
$= 144{,}83 \text{ m}$
Die Punkte A und B haben eine Entfernung von 144,83 m.

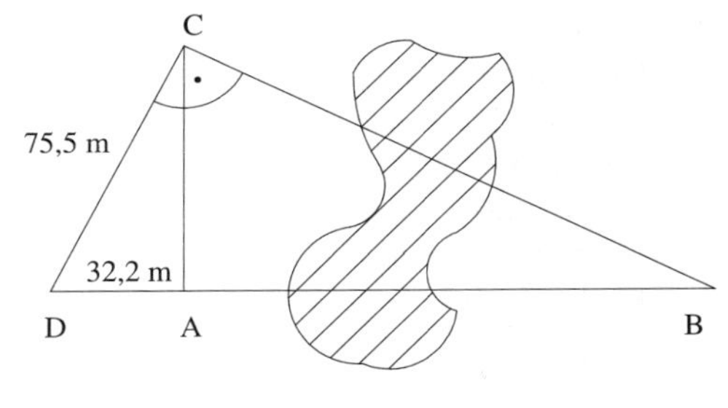

91. Wegen $a^2 + b^2 = c^2 \Rightarrow$
$a^2 = c^2 - b^2$ ergibt sich die Seite a als Kathete in einem rechtwinkligen Dreieck mit der Hypotenuse $c = 4{,}5$ cm und der Kathete $b = 3$ cm.

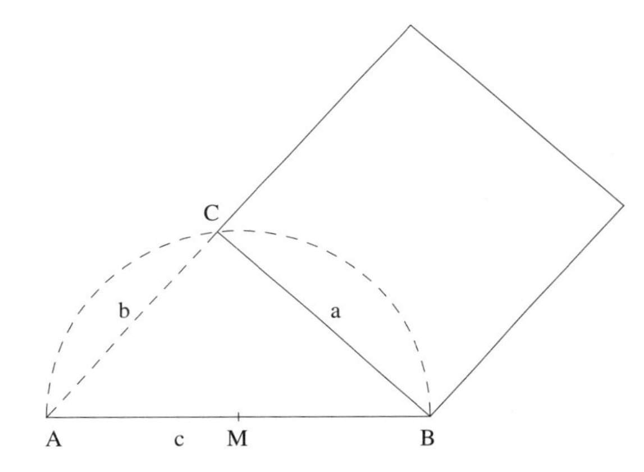

92. $A = c^2 = 30{,}25$
$\Rightarrow s = 5{,}5$ cm
Wegen $a^2 + b^2 = c^2$ und
$a^2 = \frac{1}{2} c^2 \wedge$
$b^2 = \frac{1}{2} c^2 \Rightarrow$
Das rechtwinklige Dreieck ABC über $\overline{AB} = c =$ 5,5 cm muss gleichschenklig sein.

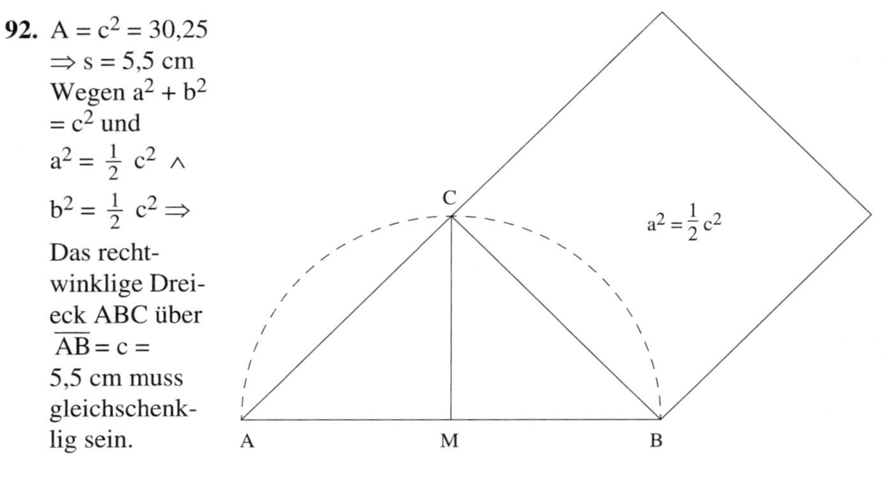

93. 1. Kathete: x 2. Kathete: x + 6

Satz des Pythagoras:

$$x^2 + (x+6)^2 = 30^2$$
$$x^2 + x^2 + 12x + 36 = 900$$
$$2x^2 + 12x - 864 = 0 \quad |:2$$
$$x^2 + 6x - 432 = 0$$

Lösungsformel für die quadratische Gleichung:

$$x_{1/2} = \frac{1}{2}(-6 \pm \sqrt{36 + 1\,728})$$
$$x_{1/2} = \frac{1}{2}(-6 \underset{(-)}{+} 42)$$
$$x = 18$$

Die 1. Kathete ist 18 cm, die 2. Kathete 18 cm + 6 cm = 24 cm lang.

94. Nur Überlegungsfigur:

Im rechtwinkligen Dreieck gilt:

$A = \frac{1}{2} a \cdot b \;\Rightarrow\; a = \frac{2A}{b} = 10$ cm

Satz des Pythagoras:

$c^2 = a^2 + b^2 = 10^2 + 20^2 = 500 \;\Rightarrow$

$c = \sqrt{500}$ cm $= 10\sqrt{5}$ cm

$\approx 22{,}36$ cm

Kathetensatz:

$a^2 = c \cdot p \;\Rightarrow\; p = \frac{a^2}{c} = \frac{100}{10\sqrt{5}}$ cm $= \frac{10}{\sqrt{5}}$ cm $= 2\sqrt{5}$ cm $\approx 4{,}47$ cm

$q = c - p = 10\sqrt{5} - 2\sqrt{5} = 8\sqrt{5}$ cm $\approx 17{,}89$ cm

Höhensatz:

$h^2 = p \cdot q = 2\sqrt{5} \cdot 8\sqrt{5} = 80 \;\Rightarrow\; h = \sqrt{80}$ cm $= 4\sqrt{5}$ cm $\approx 8{,}94$ cm

95. Nur Überlegungsfigur!

Satz des Pythagoras in ΔADC:

$b^2 = q^2 + h^2 \;\Rightarrow$

$q^2 = b^2 - h^2 = 16 \Rightarrow\; q = 4$ cm

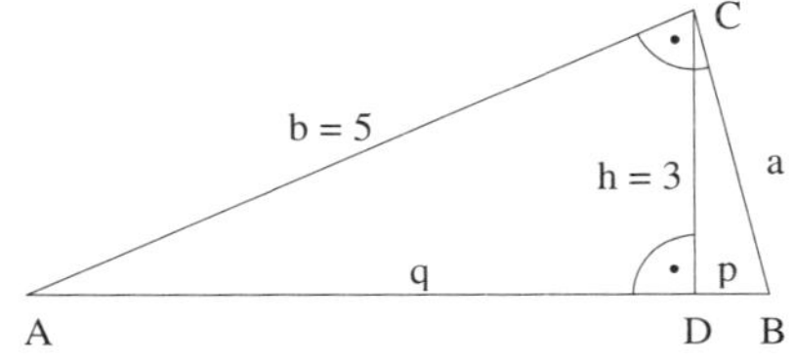

Höhensatz:

$h^2 = p \cdot q \;\Rightarrow\; p = \frac{h^2}{q} = \frac{9}{4}\,\text{cm} = 2{,}25\,\text{cm} \;\Rightarrow$

$c = p + q = 2{,}25\,\text{cm} + 4\,\text{cm} = 6{,}25\,\text{cm}$

96. Nur Überlegungsfigur!

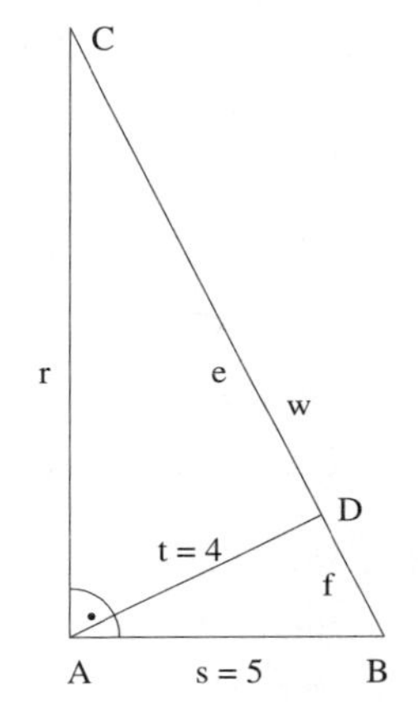

a) Satz des Pythagoras:
$w^2 = r^2 + s^2$

Höhensatz:
$t^2 = e \cdot f$

Kathetensatz:
$s^2 = w \cdot f$
$r^2 = w \cdot e$

b) Satz des Pythagoras im ΔABD:
$f^2 + t^2 = s^2 \;\Rightarrow$
$f^2 = s^2 - t^2 = q \;\Rightarrow\; f = 3\,\text{cm}$

Höhensatz:

$t^2 = e \cdot f \;\Rightarrow\; e = \frac{t^2}{f} = \frac{16}{3}\,\text{cm} = 5\frac{1}{3}\,\text{cm}$

$w = e + f = 3\,\text{cm} + 5\frac{1}{3}\,\text{cm} = 8\frac{1}{3}\,\text{cm} = \frac{25}{3}\,\text{cm}$

Kathetensatz:

$r^2 = w \cdot e = \frac{25}{3} \cdot \frac{16}{3} \;\Rightarrow\; r = \frac{20}{3}\,\text{cm} = 6\frac{2}{3}\,\text{cm}$

97. Nur Überlegungsfigur!

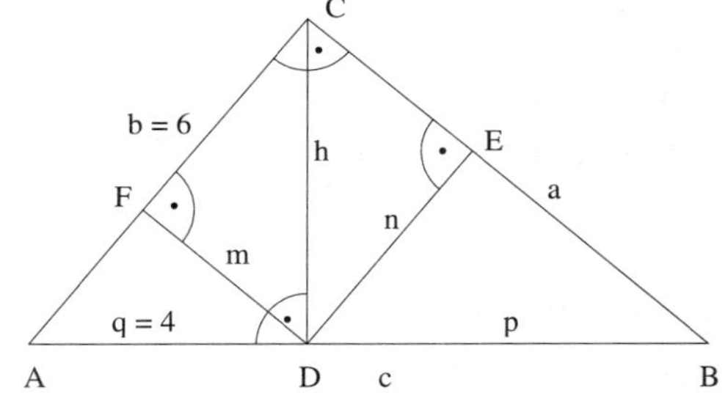

Kathetensatz:

$b^2 = c \cdot q \;\Rightarrow\; c = \frac{b^2}{q} = \frac{36}{4}$

$= 9\,\text{cm}$

$p + q = c \;\Rightarrow$

$p = c - q = 5\,\text{cm}$

Höhensatz:

$h^2 = p \cdot q = 20 \;\Rightarrow$

$h = \sqrt{20}\,\text{cm} = 2\sqrt{5}\,\text{cm} \approx 4{,}47\,\text{cm}$

Satz des Pythagoras:

$a^2 + b^2 = c^2 \Rightarrow a^2 = c^2 - b^2 = 45 \Rightarrow a = \sqrt{45}\ \text{cm} = 3\sqrt{5}\ \text{cm} \approx 6{,}71\ \text{cm}$

Im ΔADC:

Kathetensatz:

$q^2 = b \cdot \overline{AF} \Rightarrow \overline{AF} = \frac{q^2}{b} = \frac{16}{6}\ \text{cm} = \frac{8}{3}\ \text{cm} = 2\frac{2}{3}\ \text{cm} \Rightarrow$

$\overline{FC} = c - \overline{AF} = 6\ \text{cm} - 2\frac{2}{3}\ \text{cm} = 3\frac{1}{3}\ \text{cm}$

Höhensatz:

$m^2 = \overline{AF} \cdot \overline{FC} = \frac{8}{3} \cdot \frac{10}{3} = \frac{80}{9} \Rightarrow m = \sqrt{\frac{80}{9}}\ \text{cm} = \frac{4}{3}\sqrt{5}\ \text{cm} \approx 2{,}98\ \text{cm}$

Im ΔDBC:

Kathetensatz:

$p^2 = a \cdot \overline{BE} \Rightarrow \overline{BE} = \frac{p^2}{a} = \frac{25}{3\sqrt{5}}\ \text{cm} = \frac{5}{3}\sqrt{5}\ \text{cm} \approx 3{,}73\ \text{cm} \Rightarrow$

$\overline{CE} = a - \overline{BE} = 3\sqrt{5}\ \text{cm} - \frac{5}{3}\sqrt{5}\ \text{cm} = \frac{4}{3}\sqrt{5}\ \text{cm} \approx 2{,}98\ \text{cm}$

Höhensatz:

$n^2 = \overline{BE} \cdot \overline{CE} = \frac{5}{3}\sqrt{5} \cdot \frac{4}{3}\sqrt{5} = \frac{100}{9} \Rightarrow n = \frac{10}{3}\ \text{cm}$

98. a) Im gleichseitigen Dreieck gilt:

$u = 3a \Rightarrow a = \frac{5}{3}\ \text{cm}$

$A = \frac{a^2}{4}\sqrt{3} = \frac{25}{9 \cdot 4}\sqrt{3}\ \text{cm}^2 = \frac{25}{36}\sqrt{3}\ \text{cm}^2 \approx 1{,}20\ \text{cm}^2$

b) $A = \frac{a^2}{4}\sqrt{3} = 6 \Rightarrow a^2 = \frac{24}{\sqrt{3}} = 8\sqrt{3} \Rightarrow a \approx 3{,}72\ \text{cm}$

$u = 3 \cdot a = 11{,}16\ \text{cm}$

c) Nur Überlegungsfigur!

$u = a + b + c \Rightarrow c = u - a - b = 6$ cm

Satz des Pythagoras:

$\left(\frac{c}{2}\right)^2 + h^2 = b^2 \Rightarrow$

$h^2 = b^2 - \left(\frac{c}{2}\right)^2 = 81 - 9 = 72 \Rightarrow$

$h = \sqrt{72}$ cm $= 6\sqrt{2}$ cm $\approx 8{,}49$ cm

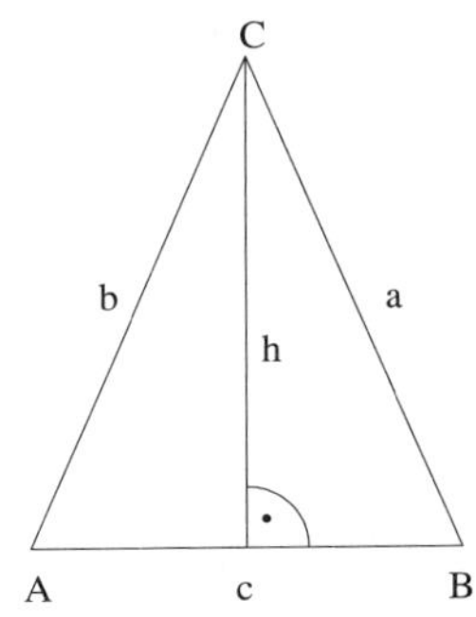

$A = \frac{1}{2} c \cdot h = \frac{1}{2} \cdot 6 \cdot 6\sqrt{2}$ cm$^2 = 18\sqrt{2}$ cm$^2 \approx 25{,}46$ cm^2

d) $d^2 = a^2 + b^2 = 81 + 6{,}25 = 87{,}25 \Rightarrow d \approx 9{,}34$ cm

e) Im Quadrat mit der Seite a gilt für die Länge der Diagonalen $d = a\sqrt{2}$ und für die Fläche $A_Q = a^2$.

$A_1 = \left(\frac{1}{2}d\right)^2 = \frac{1}{4}d^2 = \frac{1}{4} \cdot 2a^2 = \frac{1}{2}a^2 = \frac{1}{2}A_Q$

99. a) Im Würfel gilt für die Diagonale der Grundfläche:

$d_1^2 = a^2 + a^2 = 2a^2$

Für die Raumdiagonale d gilt dann:

$d^2 = d_1^2 + a^2 = 2a^2 + a^2 = 3a^2 \Rightarrow d = a\sqrt{3}$

Für a = 5 erhält man: $d = 5\sqrt{3}$ cm $\approx 8{,}66$ cm

b) Für die Raumdiagonale des Quaders gilt:

$d^2 = \ell^2 + b^2 + h^2 \Rightarrow$

$\ell^2 = d^2 - b^2 - h^2 = 169 - 25 - 49 = 95 \Rightarrow \ell = \sqrt{95}$ cm $\approx 9{,}75$ cm $\Rightarrow$

$V_Q = \ell \cdot b \cdot h = \sqrt{95} \cdot 5 \cdot 7 = 35\sqrt{95}$ cm$^3 \approx 341{,}14$ cm^3

100. $\overline{AB} = \sqrt{(-1-5{,}5)^2 + (1-7{,}5)^2}$

$= \sqrt{(-6{,}5)^2 + (-6{,}5)^2}$

$= \sqrt{84{,}5}$

$\overline{AC} = \sqrt{(2-5{,}5)^2 + (-1-7{,}5)^2}$

$= \sqrt{(-3{,}5)^2 + (-8{,}5)^2}$

$= \sqrt{84{,}5}$

$\overline{BC} = \sqrt{(2+1)^2 + (-1-1)^2}$

$= \sqrt{3^2 + (-2)^2} = \sqrt{13}$

Wegen $\overline{AB} = \overline{AC} \Rightarrow \Delta ABC$ gleichschenklig.

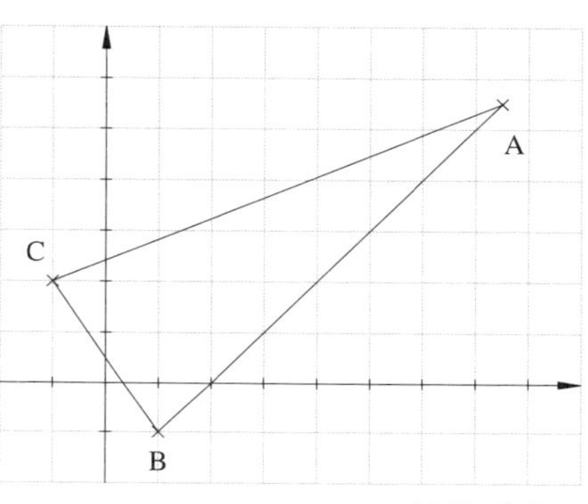

1 LE = 0,5 cm

101. $\overline{AB} = \sqrt{(1+1)^2 + (-1+2)^2}$

$= \sqrt{5}$

$\overline{AC} = \sqrt{(-3+1)^2 + (2+2)^2}$

$= \sqrt{20}$

$\overline{BC} = \sqrt{(-3-1)^2 + (2+1)}$

$= \sqrt{25} = 5$

Wegen

$\overline{AB}^2 + \overline{AC}^2 = 5 + 20 = 25 = \overline{BC}^2$

$\Rightarrow \Delta ABC$ ist bei A rechtwinklig.

102. $\overline{PQ} = \sqrt{(3-9)^2 + (y-6)^2} = 10$

$\sqrt{36 + (y-6)^2} = 10 \quad |\,^2$

$36 + (y-6)^2 = 100$

$(y-6)^2 = 64 \quad |\,\sqrt{\ }$

$(y-6)^2 = \pm 8$

$y_1 = 6 + 8 = 14$

$y_2 = 6 - 8 = -2$

Die beiden Punkte $Q_1\,(3\,|\,14)$ und $Q_2\,(3\,|\,-2)$ erfüllen die Bedingung.

103. $\overline{AB} = \sqrt{(2-10)^2+(-3-1)^2}$

$= \sqrt{64+16} = \sqrt{80}$

$\overline{AC} = \sqrt{(8-10)^2+(-5-1)^2}$

$= \sqrt{4+36} = \sqrt{40}$

$\overline{BC} = \sqrt{(8-2)^2+(-5+3)^2}$

$= \sqrt{36+4} = \sqrt{40}$

Da $\overline{AC} = \overline{BC} \Rightarrow \Delta ABC$ ist gleichschenklig.

Da $\overline{AC}^2 + \overline{BC}^2 = 40 + 40$

$= 80 = \overline{AB}^2 \Rightarrow \Delta ABC$ ist bei C rechtwinklig.

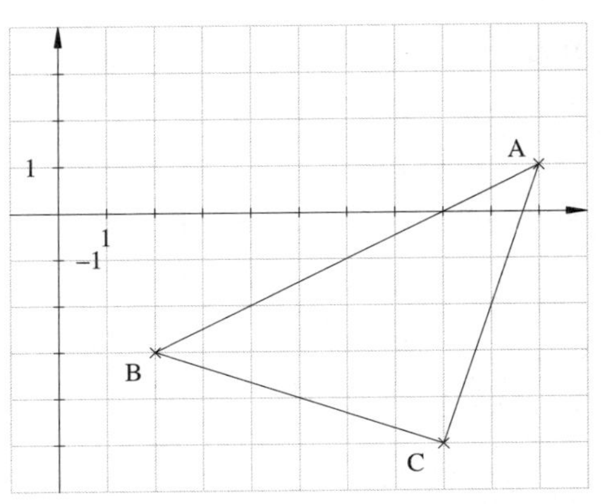

104. a) Im gleichschenkligen Dreieck gilt für die Höhe h in Abhängigkeit von der Seite a:

$h = \frac{a}{2}\sqrt{3}$

Herleitung:

$h^2 + \left(\frac{a}{2}\right)^2 = a^2 \Rightarrow$

$h^2 = a^2 - \frac{a^2}{4} = \frac{3}{4}a^2 \Rightarrow$

$h = \frac{a}{2}\sqrt{3}$

$r = \frac{2}{3}h = \frac{2}{3}\cdot\frac{a}{2}\sqrt{3} = \frac{a}{3}\sqrt{3}$

$\rho = \frac{1}{3}h = \frac{1}{3}\cdot\frac{a}{2}\sqrt{3} = \frac{a}{6}\sqrt{3}$

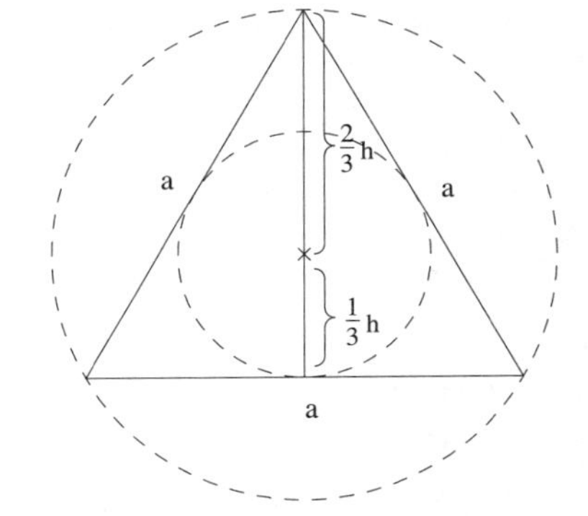

b) Aus a folgt:

$r = \frac{a}{3}\sqrt{3} \Rightarrow a = \frac{3r}{\sqrt{3}} = \frac{3r\cdot\sqrt{3}}{\sqrt{3}\cdot\sqrt{3}} = \frac{3\sqrt{3}r}{3} = r\cdot\sqrt{3}$

$A = \frac{1}{2}a\cdot\frac{a}{2}\sqrt{3} = \frac{a^2}{4}\sqrt{3} = \frac{(r\sqrt{3})^2}{4}\sqrt{3} = \frac{3r^2}{4}\sqrt{3}$

105. Nur Überlegungsfigur!

Das Dreieck ABC ist gleichseitig

$\Rightarrow \; h = \frac{a}{2}\sqrt{3} = \frac{5}{2}\sqrt{3}\text{ m} \approx 4{,}33\text{ m}.$

Verlängert man die Höhe h bis zum Schnittpunkt F' mit [DE], so entsteht das rechtwinklige Dreieck DF'C, auf das der Satz des Pythagoras angewendet wird:

$$d^2 = \left(\frac{a}{2}\right)^2 + (h+b)^2$$

$$= 2{,}5^2 + \left(\frac{5}{2}\sqrt{3} + 3\right)^2 \approx 59{,}98$$

$\Rightarrow \; d \approx 7{,}74\text{ m}$

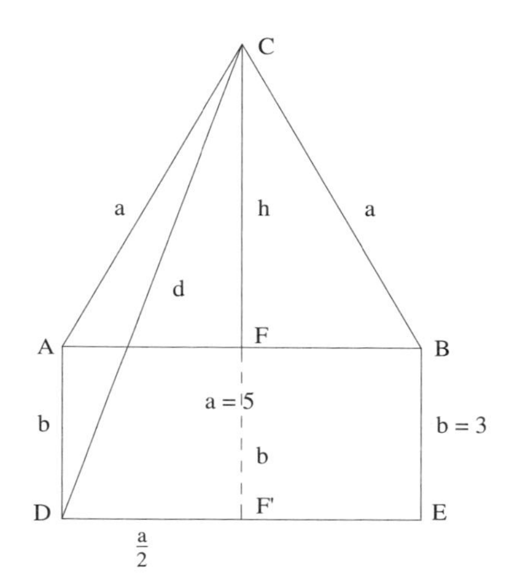

106. Nur Überlegungsfigur!

Im Dreieck ABC gilt der Satz des Pythagoras:

$b^2 + a^2 = e^2 \;\Rightarrow\; b^2 = e^2 - a^2 = 18 \;\Rightarrow$

$b = \sqrt{18}\text{ m} = 3\sqrt{2}\text{ m} \approx 4{,}24\text{ m}$

Im rechtwinkligen Dreieck ACD kann der Höhensatz angewendet werden, da $\overline{EC} = a$ und $\overline{AE} = y = b$ bekannt sind:

$a^2 = x \cdot y \;\Rightarrow\; x = \frac{a^2}{y} = \frac{3{,}5^2}{3\sqrt{2}}\text{ m} \approx 2{,}89\text{ m} \;\Rightarrow$

$d = x + y = 2{,}89\text{ m} + 4{,}24\text{ m} = 7{,}13\text{ m}$

oder mit dem Kathetensatz:

$e^2 = b \cdot d \;\Rightarrow\; d = \frac{e^2}{b} = \frac{5{,}5^2}{3\sqrt{2}}\text{ m} \approx 7{,}13\text{ m}$

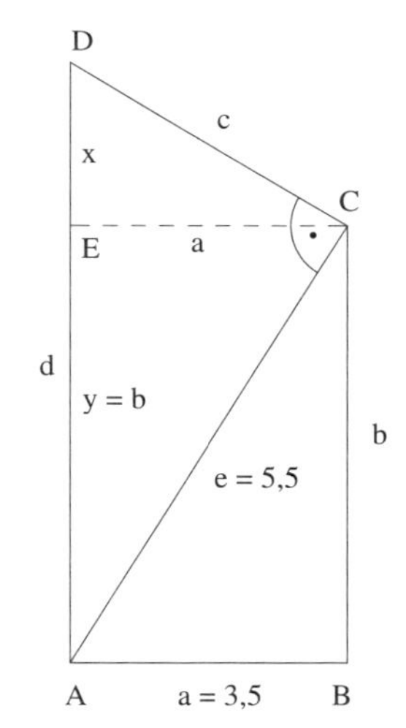

107. Nur Überlegungsfigur!

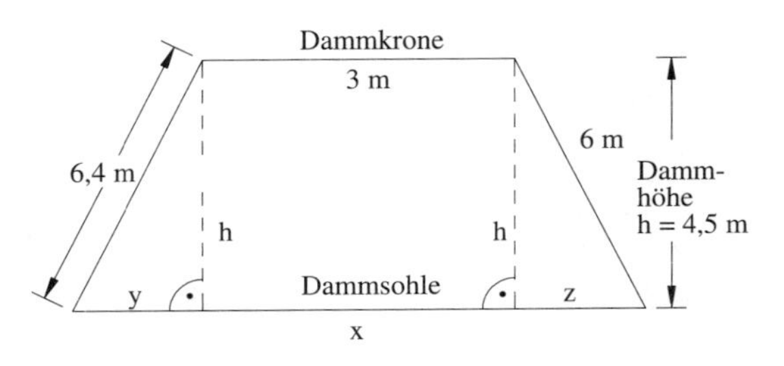

Von den Endpunkten der Dammkrone wird jeweils das Lot auf die Dammsohle gefällt. Auf die entstehenden rechtwinkligen Dreiecke kann jeweils der Satz des Pythagoras angewendet werden. Es gilt dann für die Breite x der Dammsohle: $x = y + 3\text{ m} + z$.

1. Dreieck: $y^2 = 6{,}4^2 - 4{,}5^2 = 20{,}71 \quad \Rightarrow \; y \approx 4{,}55\text{ m}$
2. Dreieck: $z^2 = 6^2 - 4{,}5^2 = 15{,}75 \quad \Rightarrow \; z \approx 3{,}97\text{ m}$

$\Rightarrow \; x = 4{,}55\text{ m} + 3\text{ m} + 3{,}97\text{ m} = 11{,}52\text{ m}$

Die Dammsohle ist 11,52 m breit.

108. Nur Überlegungsfigur!

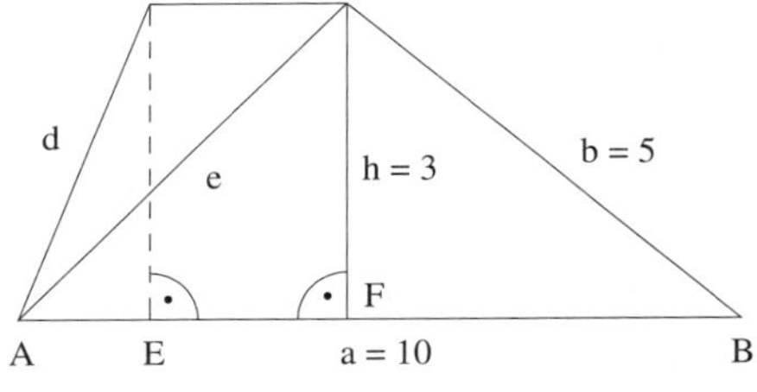

Im rechtwinkligen Dreieck CFB gilt der Satz des Pythagoras:

$\overline{BF}^2 + h^2 = b^2 \Rightarrow$

$\overline{BF}^2 = b^2 - h^2 = 16 \Rightarrow$

$\overline{BF} = 4\text{ cm} \Rightarrow$

$\overline{AF} = a - \overline{BF} = 10\text{ cm} - 4\text{ cm} = 6\text{ cm}$

Im rechtwinkligen Dreieck AFC gilt der Satz des Pythagoras:

$e^2 = \overline{AF}^2 + h^2 = 36 + 9 = 45 \;\Rightarrow\; e = \sqrt{45}\text{ m} = 3\sqrt{5}\text{m} \approx 6{,}71\text{ m}$

Fällt man das Lot von D auf [AB], so erhält man den Punkt E. Es gilt:

$\overline{AE} = a - \overline{BF} - \overline{EF} = 10\text{ cm} - 6\text{ cm} - 2\text{ cm} = 2\text{ cm}.$

Im rechtwinkligen Dreieck AED wird der Satz des Pythagoras angewandt:

$d^2 = \overline{AE}^2 + h^2 = 4 + 9 = 13 \;\Rightarrow\; d = \sqrt{13}\text{ m} \approx 3{,}61\text{ m}$

109. Nur Überlegungsfigur!

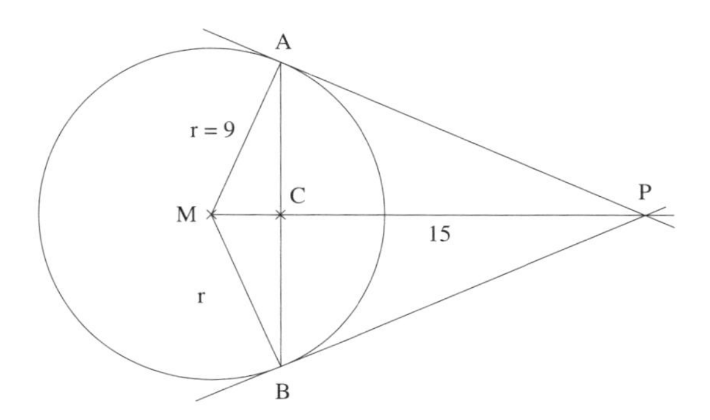

Im rechtwinkligen Dreieck PBM gilt der Satz des Pythagoras:

$\overline{BP}^2 + r^2 = \overline{MP}^2 \Rightarrow$

$\overline{BP}^2 = \overline{MP}^2 - r^2$

$= 225 - 81 = 144$

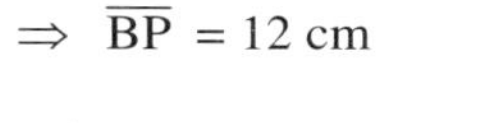

$\Rightarrow \overline{BP} = 12 \text{ cm}$

Mit dem Kathetensatz:

$r^2 = \overline{MP} \cdot \overline{MC} \Rightarrow \overline{MC} = \frac{r^2}{\overline{MP}} = \frac{81}{15} \text{ cm} = \frac{27}{5} \text{ cm} = 5{,}40 \text{ cm}$

Mit dem Höhensatz:

$\overline{BC}^2 = \overline{MC} \cdot \overline{PC} = 5{,}4 \cdot 9{,}6 = 51{,}84 \Rightarrow \overline{BC} = 7{,}2 \text{ cm} \Rightarrow \overline{AB} = 14{,}4 \text{ cm}$

110. Nur Überlegungsfigur!

$\overline{MS} = \overline{MO} + \overline{OS}$

$= r + \overline{OS}$

$= 6\,370 \text{ km} + 800 \text{ km}$

$= 7\,170 \text{ km}$

Im rechtwinkligen Dreieck MSB_1 gilt der Kathetensatz:

$r^2 = \overline{MS} \cdot \overline{MC} \Rightarrow$

$\overline{MC} = \frac{r^2}{\overline{MS}} = \frac{6\,370^2}{7\,170}$

$\approx 5\,659 \text{ km} \Rightarrow$

$\overline{SC} = \overline{MS} - \overline{MC} = 7\,170 \text{ km} - 5\,659 \text{ km} = 1\,511 \text{ km}$

Höhensatz:

$\overline{B_1C}^2 = \overline{MC} \cdot \overline{SC} = 5\,659 \cdot 1\,511 \Rightarrow \overline{B_1C} \approx 2\,924 \text{ km} \Rightarrow$

$\overline{B_1B_2} = 5\,848 \text{ km}$

Der Durchmesser des sichtbaren Kreises auf der Erdoberfläche beträgt 5 848 km.

111.

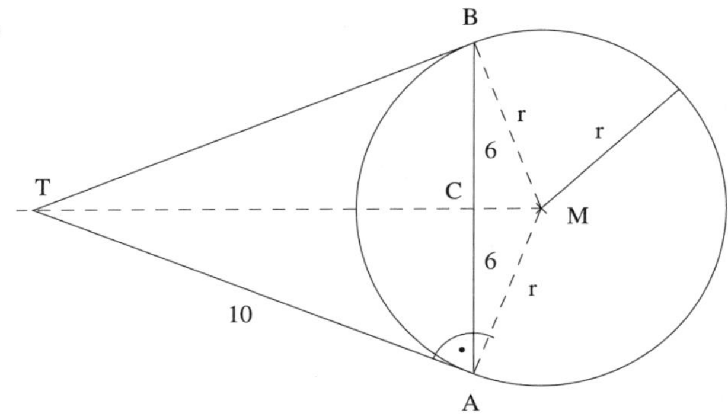

Nur Überlegungsfigur!

Im rechtwinkligen Dreieck ACT gilt der Satz des Pythagoras:

$\overline{AT}^2 = \overline{TC}^2 + \overline{AC}^2 \Rightarrow \overline{TC}^2 = \overline{AT}^2 - \overline{AC}^2 = 100 - 36 = 64 \Rightarrow$

$\overline{TC} = 8$ cm

Kathetensatz:

$\overline{AT}^2 = \overline{TM} \cdot \overline{TC} \Rightarrow \overline{TM} = \frac{\overline{AT}^2}{\overline{TC}} = \frac{100}{8} = 12{,}5$ cm

Satz des Pythagoras im rechtwinkligen Dreieck AMT:

$r^2 + \overline{AT}^2 = \overline{TM}^2 \Rightarrow r^2 = \overline{TM}^2 - \overline{AT}^2 = 56{,}25 \Rightarrow r = 7{,}5$ cm

112. Nur Überlegungsfigur!

Im rechtwinkligen Dreieck ABC gilt der Satz des Pythagoras:

$\overline{AB}^2 + \overline{BC}^2 = \overline{AC}^2$

$x^2 + 1{,}6^2 = (x + 0{,}8)^2$

$x^2 + 2{,}56 = x^2 + 1{,}6x + 0{,}64$

$1{,}92 = 1{,}6x$

$x = 1{,}2$ m

Das Wasser ist 1,2 m tief.

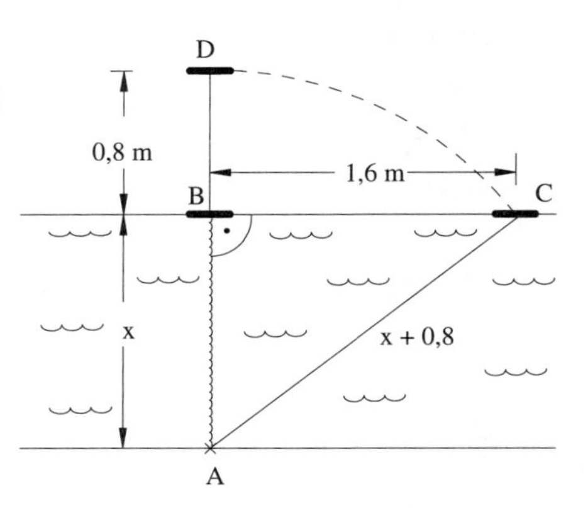

113. Nur Überlegungsfigur!

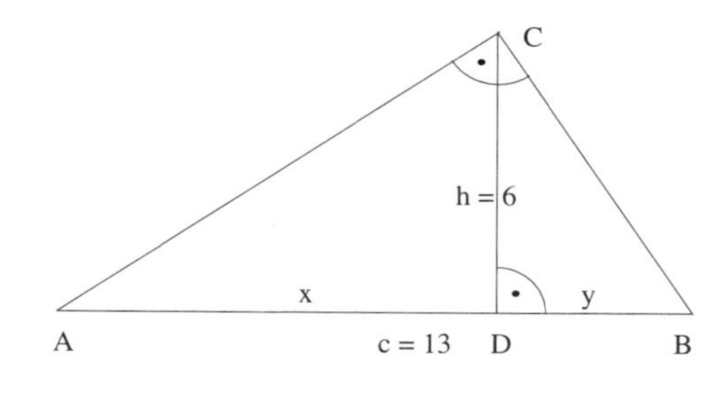

Im rechtwinkligen Dreieck ABC gilt der Höhensatz:

$h^2 = x \cdot y \ \wedge \ x + y = c$

$x + y = c \ \Rightarrow \ y = c - x$

$$x \cdot (c - x) = h^2$$
$$x \cdot (13 - x) = 36$$
$$13x - x^2 = 36$$
$$x^2 - 13x + 36 = 0$$

Mit der Lösungsformel für die quadratische Gleichung ergibt sich:

$$x_{1/2} = \frac{1}{2}(13 \pm \sqrt{169 - 144}) = \frac{1}{2}(13 \pm 5)$$

$$x_1 = 9 \text{ cm} \ \Rightarrow \ y_1 = 4 \text{ cm}$$
$$x_2 = 4 \text{ cm} \ \Rightarrow \ y_2 = 9 \text{ cm}$$

114. Nur Überlegungsfigur!

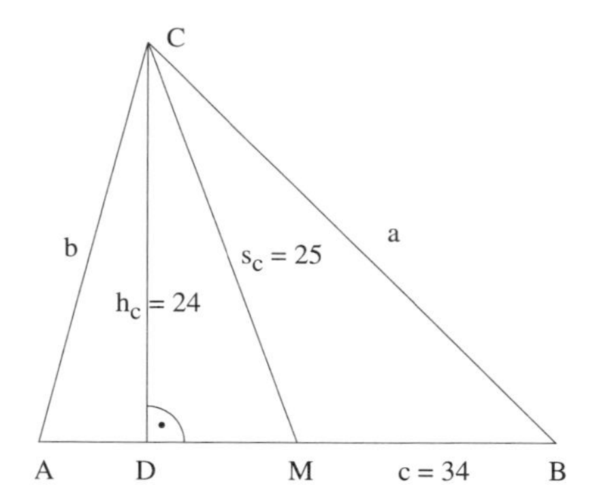

Im rechtwinkligen Dreieck DMC gilt der Satz des Pythagoras:

$$\overline{DM}^2 + h_c^2 = s_c^2 \ \Rightarrow$$
$$\overline{DM}^2 = s_c^2 - h_c^2 = 49 \ \Rightarrow$$
$$\overline{DM} = 7 \text{ cm} \ \Rightarrow$$
$$\overline{AD} = \overline{AM} - \overline{DM} = \frac{c}{2} - \overline{DM}$$
$$= 17 \text{ cm} - 7 \text{ cm} = 10 \text{ cm}$$

Satz des Pythagoras im rechtwinkligen Dreieck ADC:

$$b^2 = \overline{AD}^2 + h_c^2 = 676 \ \Rightarrow \ b = 26 \text{ cm}$$

Satz des Pythagoras im rechtwinkligen Dreieck DBC mit

$$a^2 = h_c^2 + \overline{DB}^2 = 576 + 576 = 2 \cdot 576 \ \Rightarrow \ a = 24\sqrt{2} \text{ cm} \approx 33{,}94 \text{ cm}$$

115. Im rechtwinkligen Dreieck ABC gilt der Kathetensatz:

$b^2 = e \cdot c \;\Rightarrow\; c = \frac{b^2}{e}$

Im rechtwinkligen Dreieck ABC gilt der Kathetensatz:

$a^2 = e \cdot d \;\Rightarrow\; d = \frac{a^2}{e}$

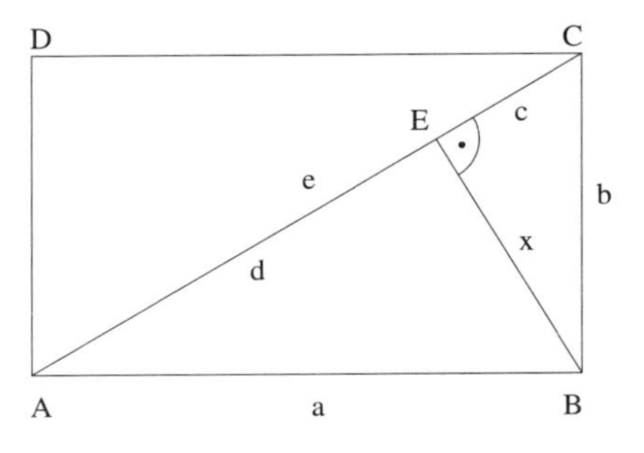

Im rechtwinkligen Dreieck ABC gilt

– der Satz des Pythagoras:

$a^2 + b^2 = e^2 \;\Rightarrow\; e = \sqrt{a^2 + b^2}$

– der Höhensatz:

$$x^2 = c \cdot d = \frac{b^2}{e} \cdot \frac{a^2}{e} = \frac{a^2 b^2}{e^2} \;\Rightarrow\; x = \frac{a \cdot b}{e} = \frac{a \cdot b}{\sqrt{a^2 + b^2}}$$

116. Das Dreieck $M_1M_2M_3$ ist gleichseitig mit der Seitenlänge a = 2r. Die Höhe im gleichseitigen Dreieck ist

$h = \frac{a}{2}\sqrt{3} = \frac{2r}{2}\sqrt{3} = r\sqrt{3}$

Damit ergibt sich für die Gesamthöhe H:

$H = r + h + r = 2r + h =$

$= 2r + r\sqrt{3} = r \cdot (2 + \sqrt{3})$

$\approx 3{,}73 \cdot r$

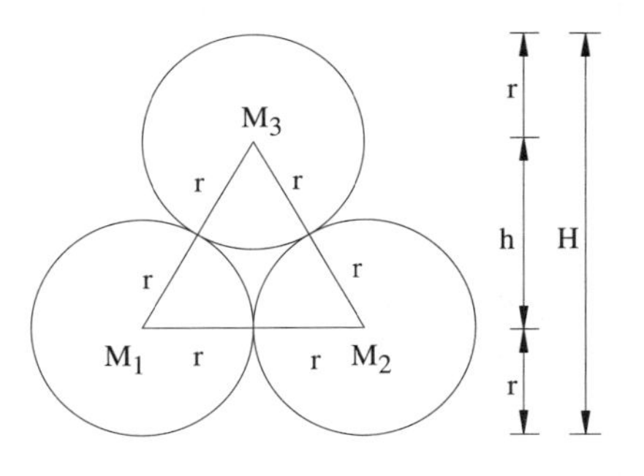

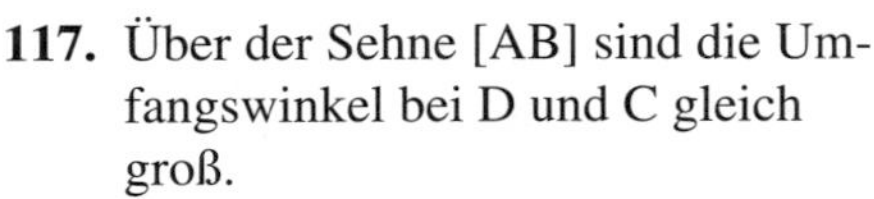

117. Über der Sehne [AB] sind die Umfangswinkel bei D und C gleich groß.

Ferner sind die Scheitelwinkel ε bei P gleich groß. Daraus folgt, dass die beiden Dreiecke APD und BPC in zwei Winkeln übereinstimmen und damit zueinander ähnlich sind, d. h. $\Delta APD \sim \Delta BPC$.

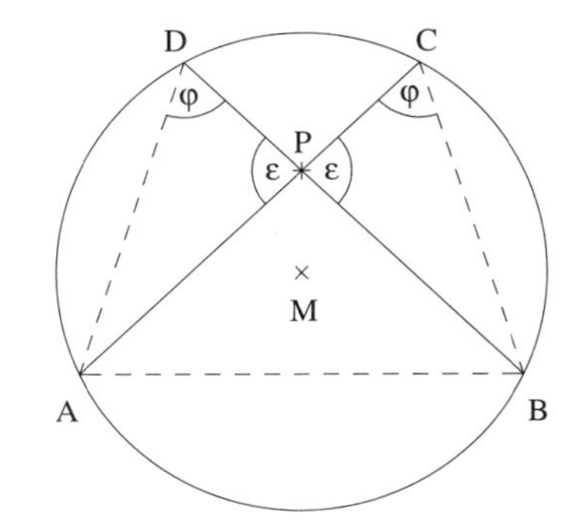

Damit gelten folgende Streckenverhältnisse:
$\overline{AP} : \overline{BP} = \overline{PD} : \overline{PC} \;\Rightarrow\; \overline{AP} \cdot \overline{PC} = \overline{BP} \cdot \overline{PD}$

Das ist aber die Behauptung des Sehnensatzes.

118.

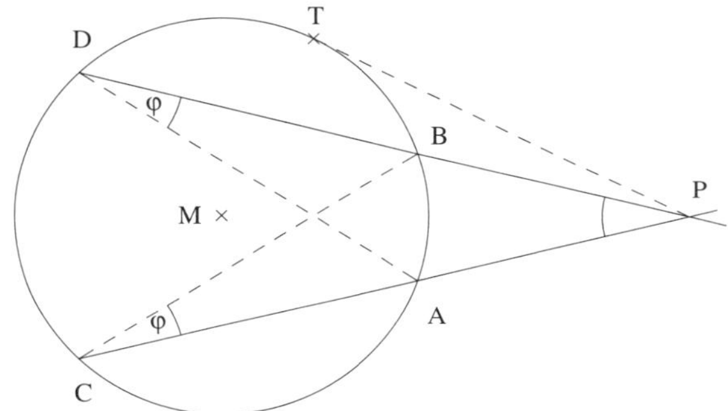

a) Die Umfangswinkel bei C und D über der Sehne [AB] sind gleich. Die Dreiecke PAD und PBC haben beide den gleichen Winkel bei P. Damit stimmen die beiden Dreiecke in zwei Winkeln überein und sind damit ähnlich, d. h. $\Delta PAD \sim \Delta PBC$.

Daraus folgen die Streckenverhältnisse
$\overline{PC} : \overline{PD} = \overline{PB} : \overline{PA} \;\Rightarrow\; \overline{PA} \cdot \overline{PC} = \overline{PB} \cdot \overline{PD}$

Das ist aber die Behauptung des Sehnensatzes.

b) Im Falle der Berührung liegen die beiden Sekantenschnittpunkte in T, d. h. B = D = T oder A = C = T $\Rightarrow$

$\overline{PT}^2 = \overline{PA} \cdot \overline{PC}$ oder $\overline{PT}^2 = \overline{PB} \cdot \overline{PD}$

Das ist aber die Behauptung des Tangentensatzes.

119. Im rechtwinkligen Dreieck ADC gilt der Satz des Pythagoras:
$x^2 + h^2 = b^2 \;\Rightarrow\; x^2 = b^2 - h^2 \;\Rightarrow$
$x = \sqrt{b^2 - h^2}$

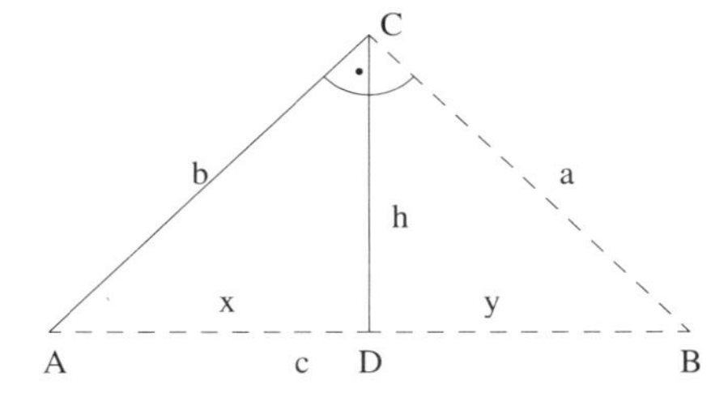

Kathetensatz:

$b^2 = c \cdot x \;\Rightarrow\; c = \frac{b^2}{x} = \frac{b^2}{\sqrt{b^2 - h^2}}$

Satz des Pythagoras im rechtwinkligen Dreieck ABC:

$a^2 + b^2 = c^2 \Rightarrow$

$$a^2 = c^2 - b^2 = \frac{b^4}{b^2 - h^2} - b^2 = \frac{b^4 - b^2(b^2 - h^2)}{b^2 - h^2}$$

$$= \frac{b^4 - b^4 + b^2h^2}{b^2 - h^2} = \frac{b^2h^2}{b^2 - h^2} \Rightarrow$$

$$a = \sqrt{\frac{b^2h^2}{b^2 - h^2}} = \frac{b \cdot h}{\sqrt{b^2 - h^2}}$$

120. a) Im rechtwinkligen Dreieck ADC gilt der Satz des Pythagoras:

$h^2 + q^2 = b^2 \Rightarrow h^2 = b^2 - q^2$

Im rechtwinkligen Dreieck DBC gilt der Satz des Pythagoras:

$a^2 = h^2 + (c - q)^2$

$= h^2 + c^2 - 2cq + q^2$

$= b^2 - q^2 + c^2 - 2 \cdot c \cdot q + q^2$

$= b^2 + c^2 - 2 \cdot c \cdot q \Rightarrow$

$a^2 = b^2 + c^2 - 2 \cdot c \cdot q$

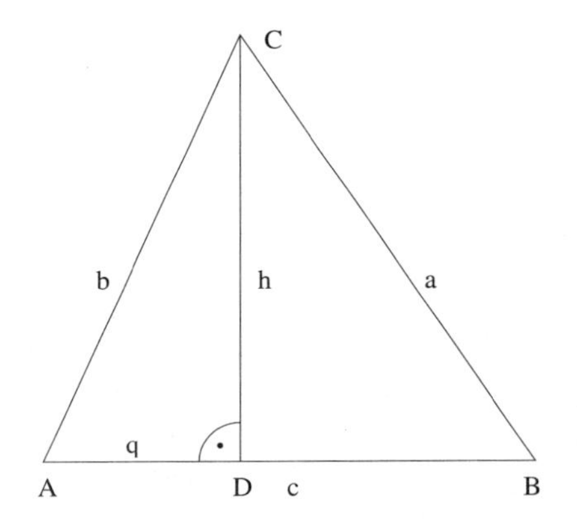

b) Nur Überlegungsfigur!

Im rechtwinkligen Dreieck ADC gilt der Satz des Pythagoras:

$q^2 = b^2 - h^2 = 169 - 144$

$= 25 \Rightarrow$

$q = 5$ cm

Anwendung der Formel aus a:

$a^2 = b^2 + c^2 - 2cq$

$= 169 + 400 - 2 \cdot 20 \cdot 5$

$= 369 \Rightarrow$

$a = \sqrt{369}$ cm $\approx 19{,}21$ cm

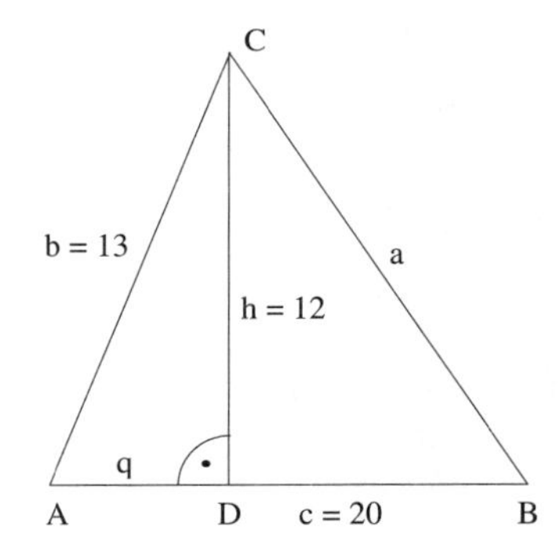

121. a) Für die Seite a des einbeschriebenen Quadrats gilt:

$a^2 = r^2 + r^2 = 2r^2 \Rightarrow$

$a = r\sqrt{2}$

Für die Seite a' des umbeschriebenen Quadrats gilt:

$a' = 2r \Rightarrow$

$u = 4 \cdot a = 4r\sqrt{2}$

$u' = 4 \cdot a' = 8r$

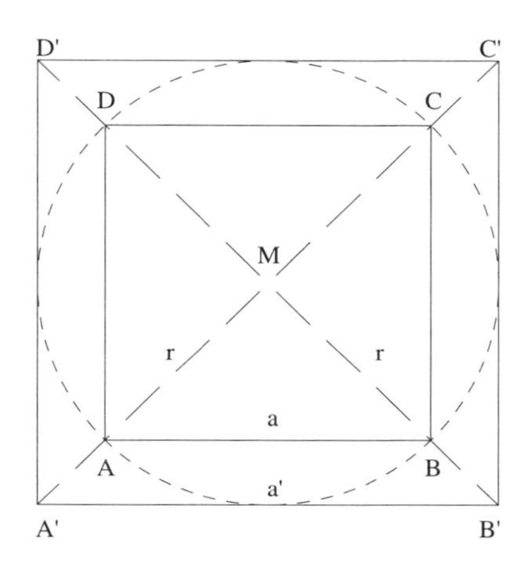

b) Für den Prozentsatz p gilt:

$$p = \frac{u' - u}{u} \cdot 100\,\%$$

$$= \frac{8r - 4r\sqrt{2}}{4r\sqrt{2}} \cdot 100\,\%$$

$$= \frac{4(2-\sqrt{2})}{4\sqrt{2}} \cdot 100\,\% \approx 41{,}42\,\%$$

122. Für den Radius $r = \overline{AB}$ gilt:
$r = a\sqrt{2}$, d. h. $\overline{AD} = a\sqrt{2}$

Da A von B und D gleich weit entfernt ist und ΔABC gleichschenklig rechtwinklig $\Rightarrow \Delta ABD$ ist bei A rechtwinklig.

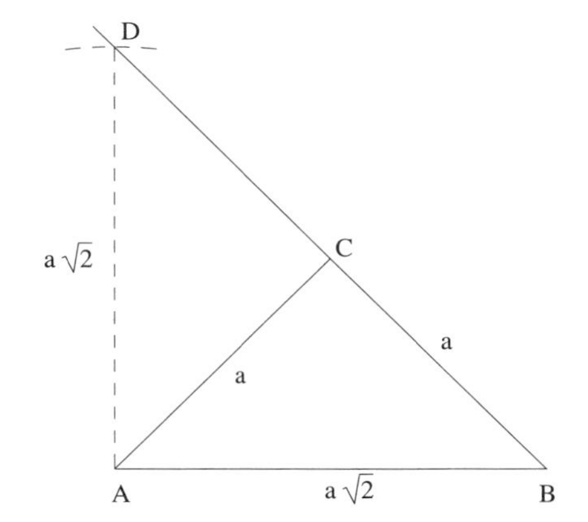

Mit dem Satz des Pythagoras gilt für $\overline{BD}$:

$\overline{BD}^2 = \overline{AB}^2 + \overline{AD}^2$

$= 2a^2 + 2a^2 = 4a^2 \Rightarrow$

$\overline{BD} = 2a \Rightarrow$

$\overline{BD} \cdot \overline{BC} = 2a \cdot a = 2a^2$

$\overline{AB} = a\sqrt{2} = \sqrt{2a^2} = \sqrt{\overline{BD} \cdot \overline{BC}}$

Damit ist die Behauptung bewiesen.

123. Nur Überlegungsfigur!

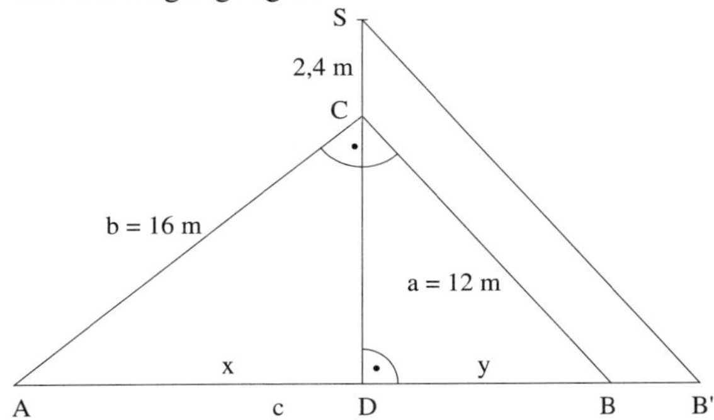

a) Satz des Pythagoras:
$c^2 = a^2 + b^2 = 256 + 144 = 400 \Rightarrow c = 20$ m

Kathetensatz:

$b^2 = c \cdot x \Rightarrow x = \frac{b^2}{c} = \frac{256}{20}$ m $= 12{,}8$ m

$y \;= c - x = 7{,}2$ m

Höhensatz:

$\overline{DC}^2 = x \cdot y = 12{,}8 \cdot 7{,}2 \Rightarrow \overline{DC} = 9{,}6$ m $\Rightarrow$
$h = 9{,}6$ m $+ 2{,}4$ m $= 12$ m

Die Höhe der Antenne beträgt 12 m.

b) $\Delta DB'S$ geht aus ΔDBC durch eine zentrische Streckung mit dem Zentrum D und dem Abbildungsfaktor $m = \frac{\overline{DS}}{\overline{DC}} = \frac{12}{9{,}6} = \frac{5}{4}$ hervor.

$\Rightarrow \overline{DB'} = \frac{5}{4} \cdot \overline{DB} = \frac{5}{4} \cdot 7{,}2$ m $= 9$ m

Satz des Pythagoras im $\Delta DB'S$:
$\overline{B'S}^2 = \overline{DB'}^2 + h^2 = 81 + 144 = 225 \Rightarrow \overline{B'S} = 15$ m
oder:
$\overline{B'S} = m \cdot \overline{BC} = m \cdot a = \frac{5}{4} \cdot 12$ m $= 15$ m

Das Spannseil wäre jetzt 15 m lang.

124. a) Mit Hilfe der Grundkonstruktion zum goldenen Schnitt erhält man den Teilpunkt T aus dem rechtwinkligen Dreieck mit den Katheten $\overline{AB} = a = 6$ cm und $\overline{BC} = \frac{a}{2} = 3$ cm.

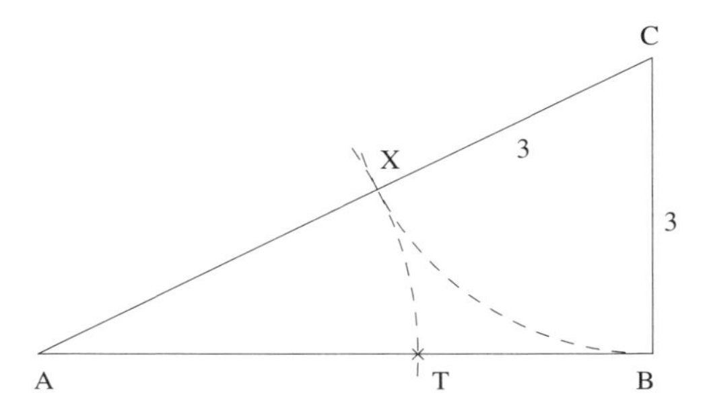

b)

Aus $u = 2 \cdot (a + b) \Rightarrow a + b = \frac{u}{2} = 8$ cm

Die Strecke $\overline{AB} = \frac{u}{2} = 8$ cm wird im goldenen Schnitt mit Hilfe der Grundkonstruktion geteilt. Man erhält so die beiden Rechteckseiten a und b.

c) In einem goldenen Dreieck sind die Basiswinkel $\alpha = \beta = 72°$.

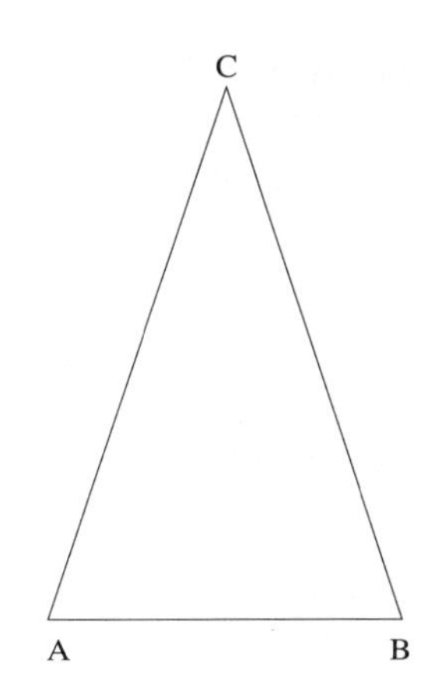

125. Gewählter Maßstab: 1 : 2 000, d. h. a = 160 m $\hat{=}$ 8 cm.

Konstruktion mit Hilfe der Grundkonstruktion zum goldenen Schnitt mit $\overline{AB} = a$ und $\overline{BC} = \frac{a}{2}$.

Zur Berechnung wird für τ der rationale Näherungswert $\tau = 1{,}618$ verwendet. Es gilt dann:

$$x : (a - x) = \tau$$

$$\frac{x}{160 - x} = 1{,}618$$

$$x = 1{,}618 \cdot (160 - x)$$

$$x = 1{,}618 \cdot 160 - 1{,}618 \cdot x$$

$$2{,}618 \cdot x = 1{,}618 \cdot 160 \quad | : 2{,}618$$

$$x \approx 98{,}88 \text{ m}$$

Die Länge der Strecke x beträgt ungefähr 98,88 m.

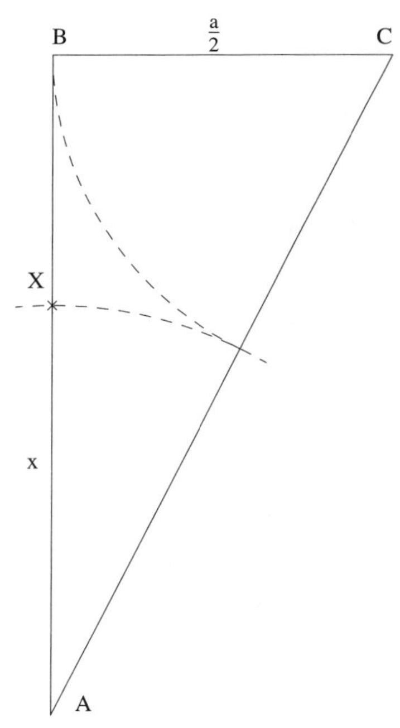

126. Nur Überlegungsfigur!

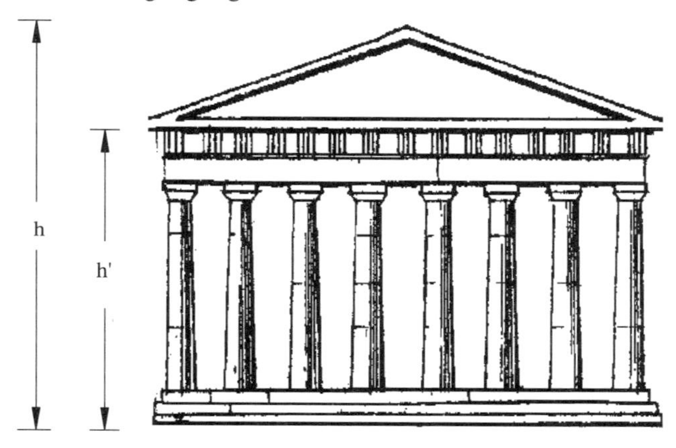

a) Maßstab 1 : 200

$h = 12{,}80\ \text{m} \mathrel{\hat{=}} 6{,}4\ \text{cm}$

h' wird mit Hilfe der Grundkonstruktion zum goldenen Schnitt gewonnen.

b)

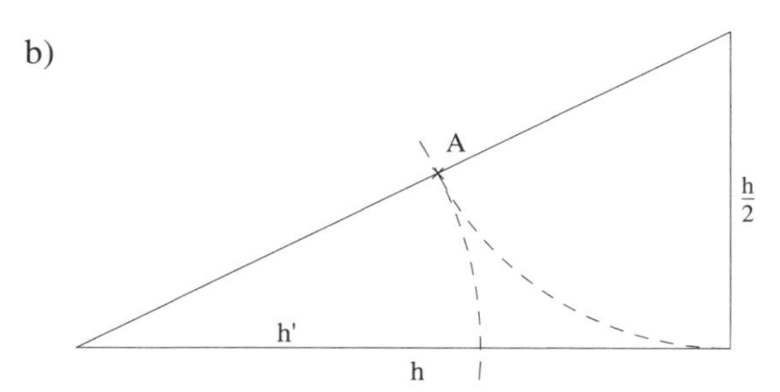

Berechnung:

$$h' : (h - h') = 1{,}618$$

$$\frac{h'}{12{,}8 - h'} = 1{,}618$$

$$h' = 1{,}618 \cdot (12{,}8 - h')$$

$$h' = 1{,}618 \cdot 12{,}8 - 1{,}618 \cdot h'$$

$$2{,}618\, h' = 1{,}618 \cdot 12{,}8 \qquad | : 2{,}618$$

$$h' \approx 7{,}91\ \text{m}$$

Die Höhe der Säulen beträgt 7,91 m.

127. Nur Überlegungsfigur!

Im goldenen Dreieck gilt: $s = \tau \cdot c$

Satz des Pythagoras im rechtwinkligen Dreieck ADC:

$$s^2 = \left(\frac{c}{2}\right)^2 + h^2 \Rightarrow$$

$$h^2 = s^2 - \left(\frac{c}{2}\right)^2 = \tau^2 c^2 - \frac{c^2}{4}$$

$$= 74{,}26 \Rightarrow$$

$$h \approx 8{,}62 \text{ cm}$$

$$A = \frac{1}{2} c \cdot h = \frac{1}{2} \cdot 5{,}6 \cdot 8{,}62$$

$$= 24{,}14 \text{ cm}^2$$

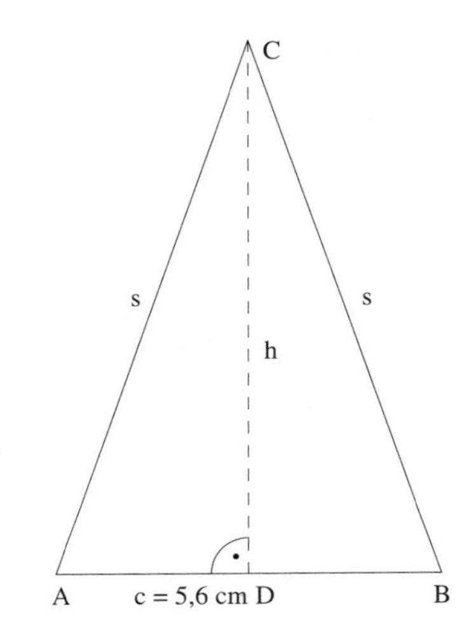

128. Wird die Strecke [AB] durch T stetig geteilt, so gilt aufgrund der Definition $\tau = \frac{M+m}{M} = \frac{M}{m}$:

$c : q = q : p \Rightarrow q^2 = c \cdot p$

Aus dem Kathetensatz im rechtwinkligen Dreieck TBC folgt:

$a^2 = c \cdot p$

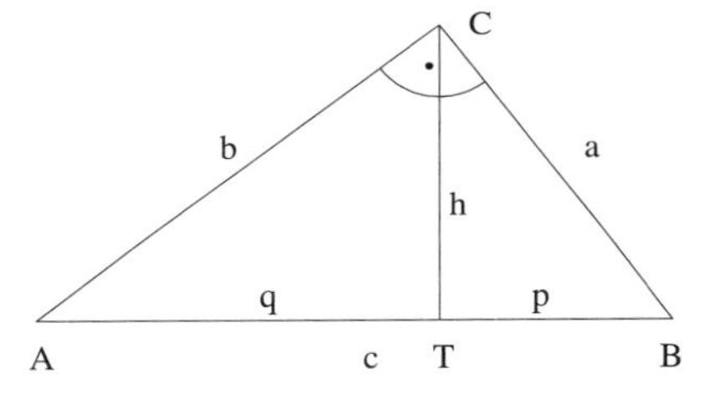

Der Vergleich der beiden Ausdrücke zeigt, dass $q^2 = a^2$ gilt und damit $q = a$, da q und a positiv sind.

129. Es gilt nach Definition des DIN-Formates:

$$\overline{AB} : \overline{BC} = \sqrt{2} : 1 \Rightarrow$$

$$\overline{AB} = \sqrt{2} \cdot \overline{BC} \Rightarrow$$

$$\overline{BC} = \frac{1}{\sqrt{2}} \overline{AB} \Rightarrow$$

$$\overline{BC} = \frac{1}{\sqrt{2}} \cdot \frac{\sqrt{2}}{\sqrt{2}} \overline{AB} = \frac{1}{2}\sqrt{2}\, \overline{AB} \Rightarrow$$

$$\frac{\overline{BC}}{\frac{1}{2}\overline{AB}} = \sqrt{2} = \frac{\sqrt{2}}{1}$$

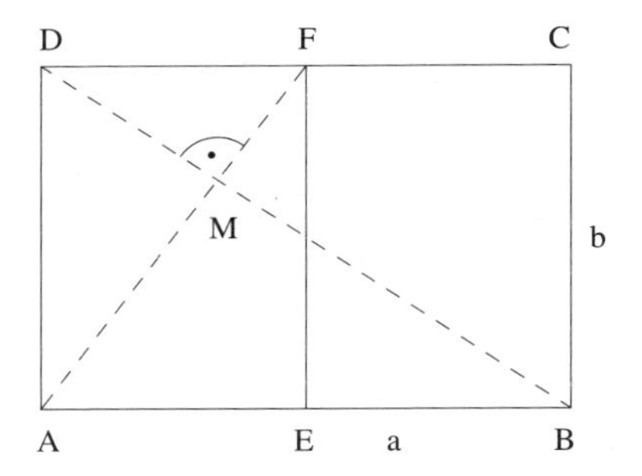

Das aber ist die Behauptung, dass sich die neue längere Seite zur neuen kürzeren Seite auch wieder wie $\sqrt{2} : 1$ verhält.

Für die Diagonale gilt:

$\overline{DB}^2 = a^2 + b^2 = (\sqrt{2}\,b)^2 + b^2 = 2b^2 + b^2 = 3b^2$

$\overline{AF}^2 = \left(\frac{1}{2}a\right)^2 + b^2 = \frac{a^2}{4} + b^2 = \frac{2b^2}{4} + b^2 = \frac{1}{2}b^2 + b^2 = \frac{3}{2}b^2 \Rightarrow$

$\frac{\overline{DB}^2}{\overline{AF}^2} = 2:1 \Rightarrow \frac{\overline{DB}}{\overline{AF}} = \sqrt{2} : 1$

130. Im goldenen Viereck gilt:

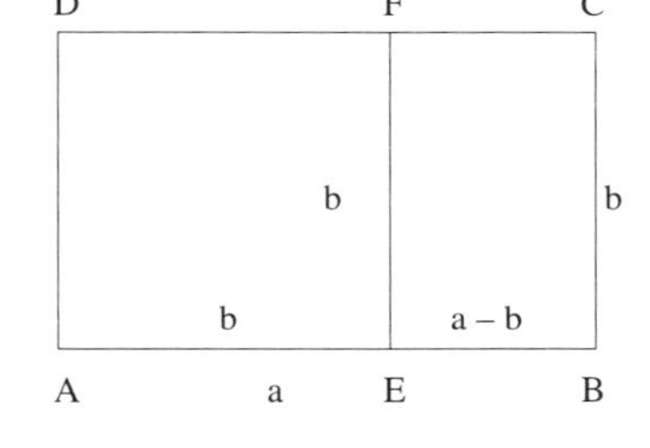

$\frac{a}{b} = \tau$

Soll das kleine Viereck wieder ein goldenes Viereck sein, dann muss auch $\frac{b}{a-b} = \tau$ gelten $\Rightarrow$

$\frac{a}{b} = \frac{b}{a-b} \Rightarrow a(a-b) = b^2 \Rightarrow$

$a^2 - ab = b^2$

$a = \tau \cdot b \Rightarrow \tau^2 b^2 - \tau \cdot b^2 = b^2 \Rightarrow$

$b^2(\tau^2 - \tau) = b^2 \;|:b^2 \Rightarrow$

$\tau^2 - \tau = 1 \Rightarrow \tau^2 - \tau - 1 = 0$

Das ist aber gerade die Bestimmungsgleichung für das Teilverhältnis des goldenen Schnitts, d. h. für $\tau = \frac{1}{2}(1 + \sqrt{5})$.

131. *Überlegungsfigur:*

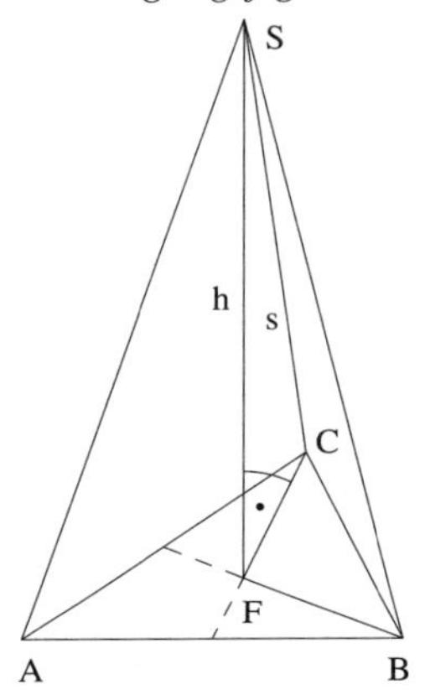

Das Dreieck FCS wird in wahrer Größe eingezeichnet. s = $\overline{CS}$ ist die eine Seitenkante. Die anderen ergeben sich aus der Tatsache, dass die von einem Punkt ausgehenden Seiten gleich lang sind und die Seitenflächenhöhen durch den Fußpunkt F gehen.

Konstruktion:

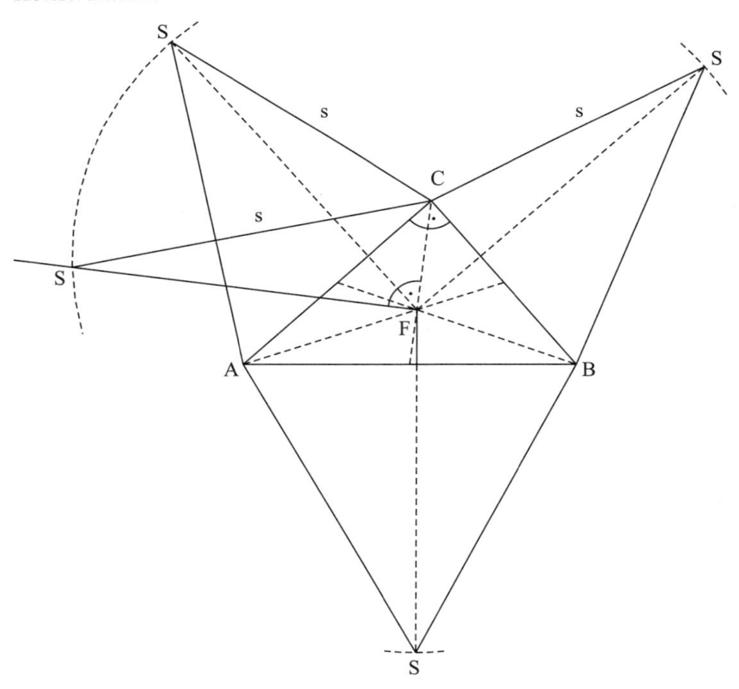

132. *Überlegungsfigur:*

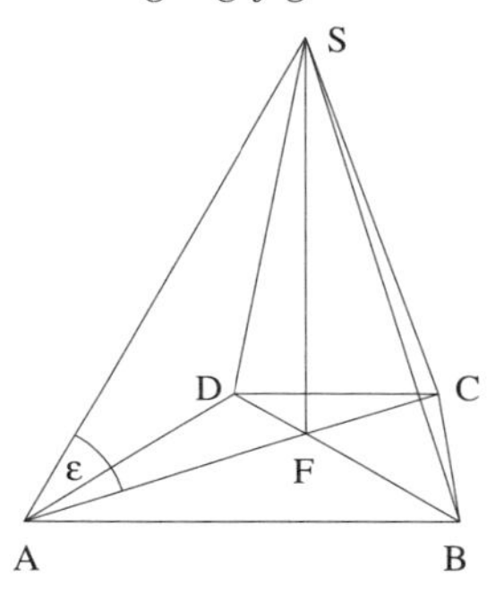

Das Dreieck FCS wird in wahrer Größe eingezeichnet. Man erhält die Seitenkante

$s = h^2 + \overline{AF}^2 = \overline{AS}^2$.

Die anderen ergeben sich daraus, dass die von einem Punkt ausgehenden Seiten gleich lang sind und die Seitenflächenhöhen durch den Fußpunkt F gehen.
ε erhält man aus dem Dreieck AFS.

Konstruktion:

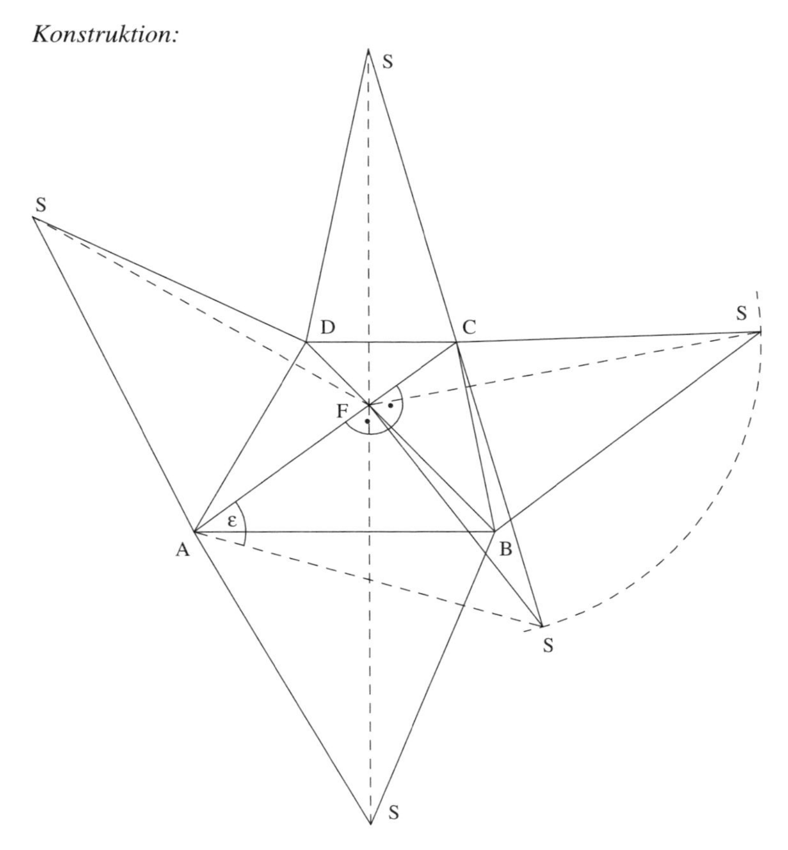

133. Wegen der auftretenden 60°-Winkel ist das Netz des regulären Tetraeders ein gleichseitiges Dreieck mit der Kantenlänge s = 2a = 5 cm.

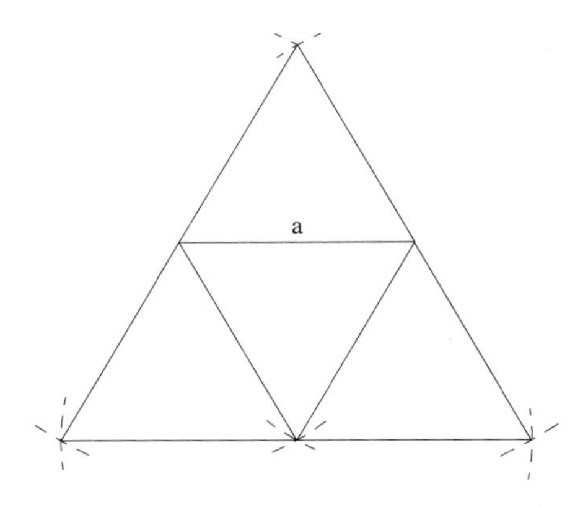

134. Nur Überlegungsfigur!

Im Dreieck FES gilt der Satz des Pythagoras:

$$h'^2 = \left(\frac{a}{2}\right)^2 + h^2 = 9 + 64 = 73 \Rightarrow$$

$$h' = \sqrt{73}\ \text{m} \approx 8{,}54\ \text{m}$$

$$M = 4 \cdot \frac{1}{2} \cdot a \cdot h' = 2 \cdot 6 \cdot 8{,}54\ \text{m}^2 = 102{,}48\ \text{m}^2$$

Die zu überdeckende Fläche ist die Mantelfläche. Sie hat einen Inhalt von 102,48 m^2.

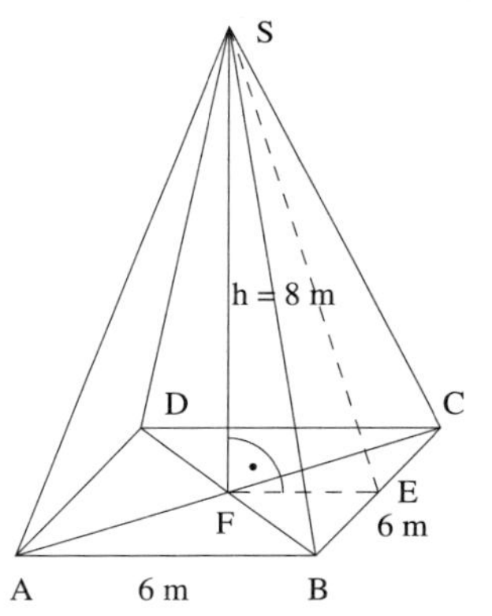

135. Nur Überlegungsfigur!

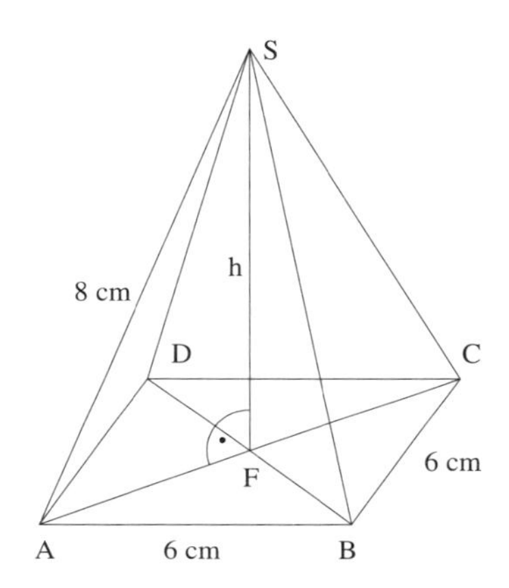

Im Dreieck AFS gilt der Satz des Pythagoras:

$h^2 + \overline{AF}^2 = \overline{AS}^2$;

$\overline{AF} = \frac{a}{2}\sqrt{2}$ (halbe Diagonale im Quadrat)

$h^2 = \overline{AS}^2 - \overline{AF}^2 = 64 - \left(\frac{6}{2}\sqrt{2}\right)^2$

$= 64 - 18 = 46 \Rightarrow$

$h = \sqrt{46}\ \text{cm} \approx 6{,}78\ \text{cm}$

$V = \frac{1}{3}G \cdot h = \frac{1}{3}a^2 \cdot h$

$= \frac{1}{3} \cdot 36 \cdot 6{,}78\ \text{cm}^3 = 81{,}36\ \text{cm}^3$

136. Nur Überlegungsfigur!

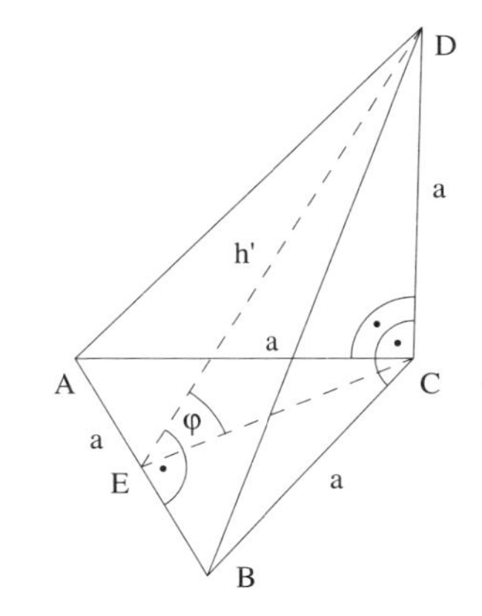

a) Die Fläche des gleichseitigen Dreiecks beträgt $G = \frac{a^2}{4}\sqrt{3}$, die Höhe der Pyramide ist a.

$V = \frac{1}{3} \cdot G \cdot h = \frac{1}{3} \cdot \frac{a^2}{4}\sqrt{3} \cdot a$

$= \frac{a^3}{12}\sqrt{3}$

Die Oberfläche setzt sich aus vier Dreiecksflächen zusammen:

ΔABC:

$A_1 = \frac{a^2}{4}\sqrt{3}$

ΔBCD:

$A_2 = \frac{1}{2} \cdot a \cdot a = \frac{a^2}{2}$

ΔACD:

$A_3 = \frac{1}{2} \cdot a \cdot a = \frac{a^2}{2}$

ΔABD:

Für die Seitenkante $\overline{BD}$ gilt:

$\overline{BD}^2 = a^2 + a^2 = 2a^2 \Rightarrow \overline{BD} = a\sqrt{2}$

Für die Seitenflächenhöhe h' gilt:

$h'^2 + \overline{BE}^2 = \overline{BD}^2$

$h'^2 = \overline{BD}^2 - \overline{BE}^2 = 2a^2 - \left(\frac{a}{2}\right)^2 = 2a^2 - \frac{a^2}{4} = \frac{7}{4}a^2 \Rightarrow$

$h' = \frac{a}{2}\sqrt{7}$

$A_4 = \frac{1}{2} \cdot a \cdot h' = \frac{1}{2} \cdot a \cdot \frac{a}{2}\sqrt{7} = \frac{a^2}{4}\sqrt{7} \Rightarrow$

$O = A_1 + A_2 + A_3 + A_4 = \frac{a^2}{4}\sqrt{3} + \frac{1}{2}a^2 + \frac{1}{2}a^2 + \frac{a^2}{4}\sqrt{7}$

$= a^2\left(\frac{\sqrt{3}}{4} + 1 + \frac{\sqrt{7}}{4}\right) \approx 2{,}09 \cdot a^2$

b) Zeichnung für a = 3 cm.

Der Winkel ist unabhängig von der Wahl von a, da alle Pyramiden mit den gleichen Längenverhältnissen ähnlich zueinander sind. Das Dreieck ECD wird in wahrer Größe konstruiert. Man erhält so den Winkel φ als Winkel zwischen [EC] und [ED].

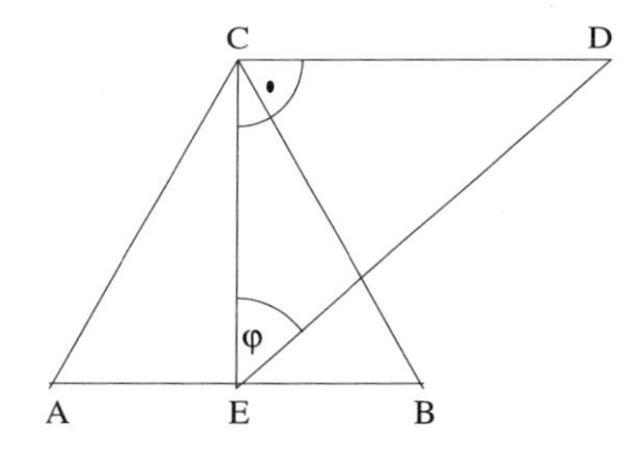

137. Nur Überlegungsfigur!

a) $V = \frac{1}{3} G \cdot h = \frac{1}{3} \cdot a^2 \cdot 2a = \frac{2}{3} a^3$

Für die Seitenflächenhöhe h' erhält man im Dreieck FES mit Hilfe des Satzes von Pythagoras:

$h'^2 = \overline{FE}^2 + h^2 = \left(\frac{a}{2}\right)^2 + (2a)^2$

$= \frac{a^2}{4} + 4a^2 = \frac{17}{4}a^2 \Rightarrow$

$h' = \frac{a}{2}\sqrt{17}$

$O = G + 4 \cdot A_\Delta$

$= a^2 + 4 \cdot \frac{1}{2} \cdot a \cdot \frac{a}{2}\sqrt{17}$

$= a^2 + a^2\sqrt{17}$

$= a^2 \cdot (1 + \sqrt{17}) \approx 5{,}12\, a^2$

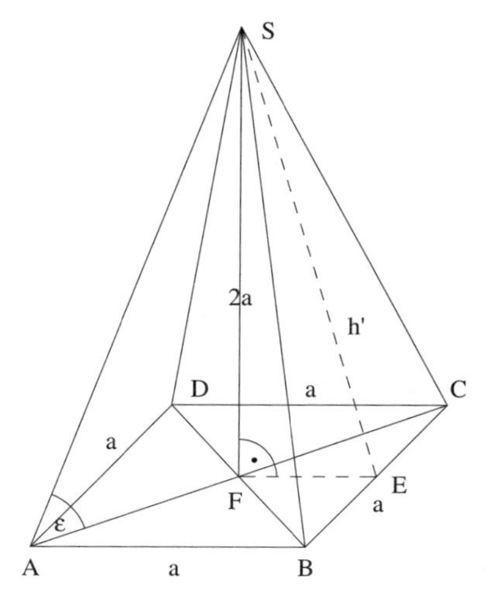

b) Konstruktion für $a = 3$ cm.

Der Winkel ist unabhängig von der Wahl von a, da alle Pyramiden mit den gleichen Längenverhältnissen ähnlich zueinander sind.

Das Dreieck AFS wird in wahrer Größe konstruiert. Man erhält so den Winkel ε als Winkel zwischen [AF] und [AS].

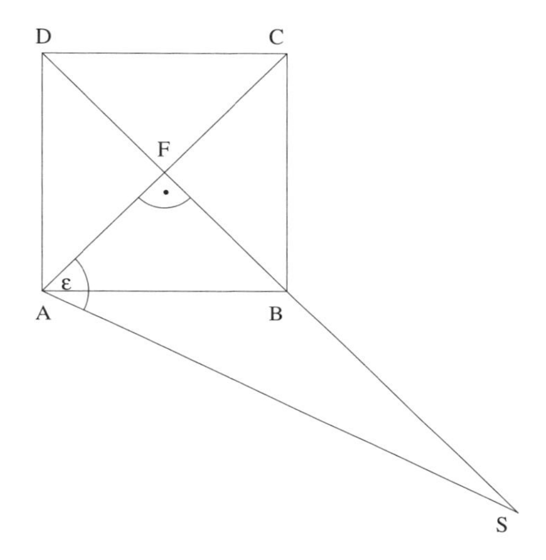

138. a) $O = G + 4 \cdot A_\Delta$

$= a^2 + 4 \cdot \frac{1}{2} \cdot a \cdot \frac{3}{2} a$

$= a^2 + 3a^2 = 4a^2$

Im Dreieck FES gilt für h mit dem Satz von Pythagoras:

$h^2 + \overline{FE}^2 = \overline{ES}^2 \Rightarrow$

$h^2 = \left(\frac{3}{2}a\right)^2 - \left(\frac{a}{2}\right)^2$

$= \frac{9}{4}a^2 - \frac{1}{4}a^2 = 2a^2 \Rightarrow$

$h = a\sqrt{2}$

$V = \frac{1}{3} G \cdot h = \frac{1}{3} \cdot a^2 \cdot a\sqrt{2}$

$= \frac{a^3}{3}\sqrt{2}$

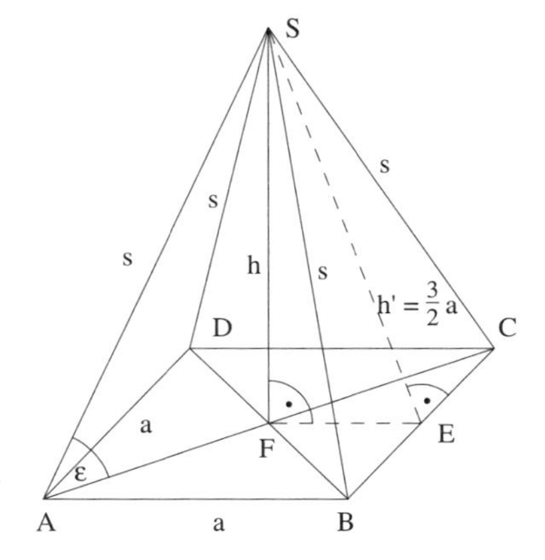

b) Zeichnung für a = 3 cm.

Der Winkel ist unabhängig von der Wahl von a, da alle Pyramiden mit den gleichen Längenverhältnissen ähnlich zueinander sind.

Zuerst wird das Dreieck FES in wahrer Größe konstruiert und dann dazu das Dreieck ECS. Man erhält damit die Seitenkante $s = \overline{CS}$.

Das Dreieck AFS wird in wahrer Größe mit der Kante $\overline{AS} = s$ konstruiert. Der Winkel ε ergibt sich als Winkel zwischen den Strecken [AS] und [AF].

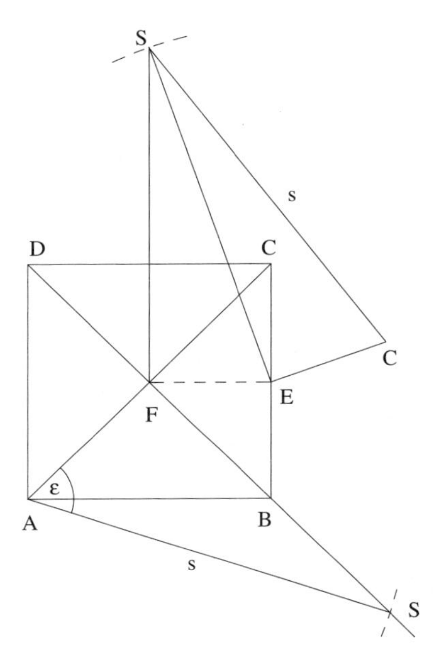

139. a) Im Schrägbild erscheinen folgende Längen:

(1) $\overline{AB} = a = 4$ cm (wahre Länge)

(2) $\overline{BC} = 0{,}5 \cdot b = 1{,}5$ cm (verkürzt)

(3) $h = \overline{FS} = 5$ cm (wahre Länge)

$\sphericalangle BAD = 45°$

b) Im rechtwinkligen Dreieck AFS gilt der Satz des Pythagoras:

$s^2 = \overline{AF}^2 + h^2$ mit $\overline{AF} = \frac{1}{2}\overline{AC}$

und $\overline{AC}^2 = a^2 + b^2 =$

$16 + 9 = 25 \Rightarrow \overline{AC} = 5$ cm

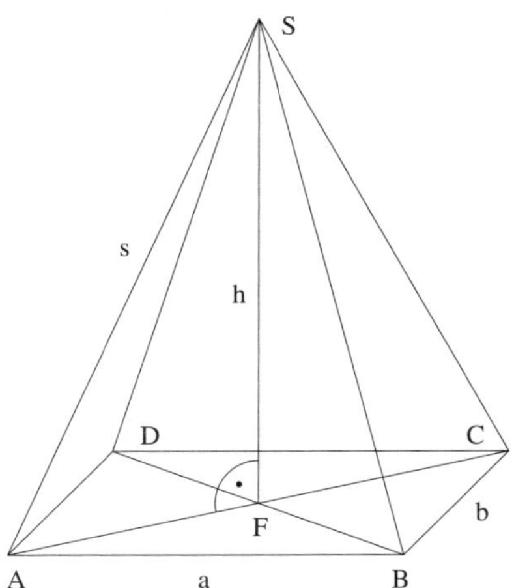

$s^2 = 2{,}5^2 + 5^2 = 31{,}25 \Rightarrow s = \sqrt{31{,}25}$ cm $\approx 5{,}59$ cm

c) Seitenflächenhöhe in ΔABS = Seitenfläche in ΔDCS:

$$h_1^2 = \left(\frac{b}{2}\right)^2 + h^2 = 1{,}5^2 + 5^2 = 27{,}25 \Rightarrow h_1 = \sqrt{27{,}25}\ \text{cm} \approx 5{,}22\ \text{cm}$$

Seitenflächenhöhe in ΔBCS = Seitenflächenhöhe in ΔADS

$$h_2^2 = \left(\frac{a}{2}\right)^2 + h^2 = 2^2 + 5^2 = 29 \Rightarrow h_2 = \sqrt{29}\ \text{cm} \approx 5{,}39\ \text{cm}$$

$$M = 2 \cdot \frac{1}{2} a \cdot h_1 + 2 \cdot \frac{1}{2} \cdot b \cdot h_2 = 4 \cdot 5{,}22 + 3 \cdot 5{,}39 = 37{,}05\ \text{cm}^2$$

d) $V_1 = \frac{1}{3} G \cdot h = \frac{1}{3} a \cdot b \cdot h = \frac{1}{3} \cdot 4 \cdot 3 \cdot 5\ \text{cm}^3$

$= 20\ \text{cm}^3$ (Volumen der Pyramide)

$m_1 = V_1 \cdot \rho_1 = 20 \cdot 0{,}9\text{g} = 18\text{g}$

$V_2 = M \cdot d = 37{,}05\ \text{cm}^2 \cdot 0{,}4\ \text{cm} = 14{,}82\ \text{cm}^3$

(Das Kupferblech kann als ein Prisma mit der Mantelfläche als Grundfläche und der Dicke als Höhe aufgefasst werden.)

$m_2 = V_2 \cdot \rho_2 = 14{,}82 \cdot 8{,}9\ \text{g} = 131{,}90\ \text{g}$

$\frac{m_1}{m_2} = \frac{18}{131{,}90} \approx 0{,}14$

140. a) Schrägbild

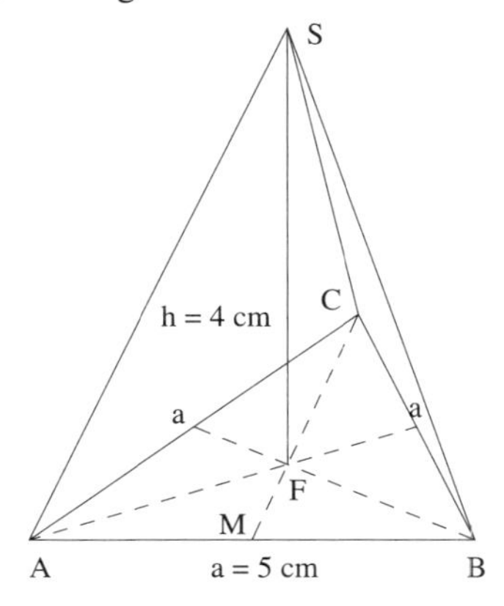

Aus dem Dreieck FBS erhält man die Seitenkante $s = \overline{BS}$ in wahrer Größe.
Da die Seitenflächenhöhe durch F verläuft, erhält man den Punkt S als Schnittpunkt des Kreises um B mit Radius s mit der Höhe h'.

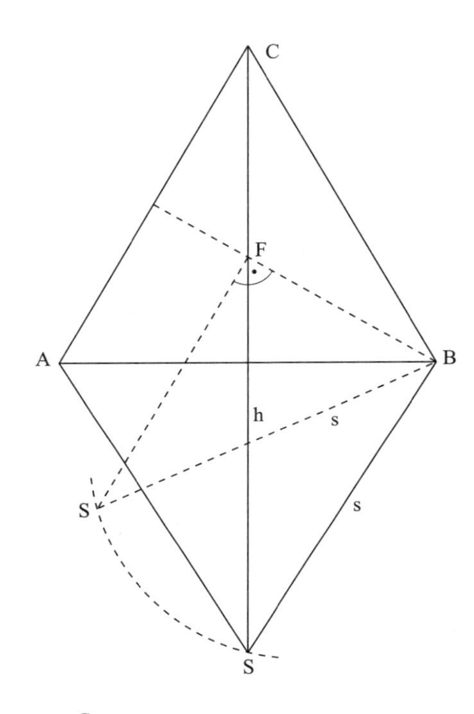

b) Das Dreieck MCS wird in wahrer Größe konstruiert. Dabei werden die Längen s und h' aus Teilaufgabe a entnommen.

Das Lot ℓ von M auf [CS] hat die gesuchte Länge.

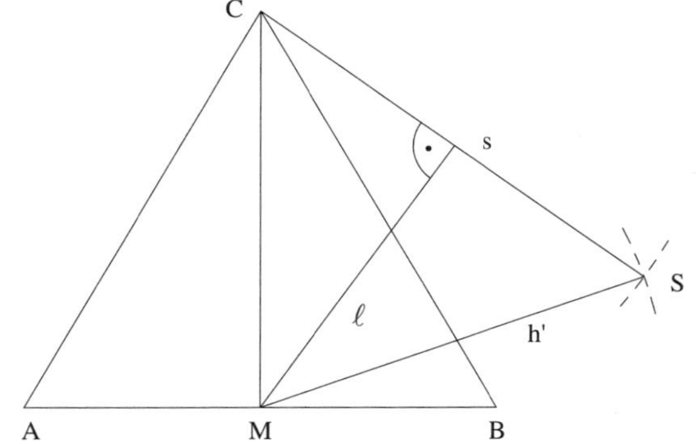

c) Für die Fläche des gleichseitigen Dreiecks mit der Kante a gilt:

$$G = \frac{a^2}{4}\sqrt{3} = \frac{25}{4}\sqrt{3}\ \text{cm}^2$$

$$V = \frac{1}{3}\,G \cdot h = \frac{1}{3} \cdot \frac{25}{4}\sqrt{3} \cdot 4\ \text{cm}^3 \approx 14{,}43\ \text{cm}^3$$

141. a) Die Seite s_6 des Bestimmungsdreiecks ABF ist gleich dem Umkreisradius R, d. h. das Bestimmungsdreieck ist wegen der drei 60°-Winkel gleichseitig.

Die Höhe der Seitenflächendreiecke ist gleich 2r, wenn r der Radius des Inkreises ist.

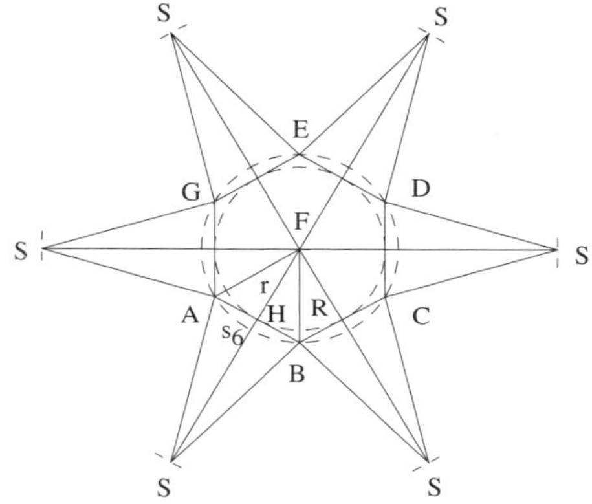

Maßstab 1 : 2

b) Nur Überlegungsfigur!

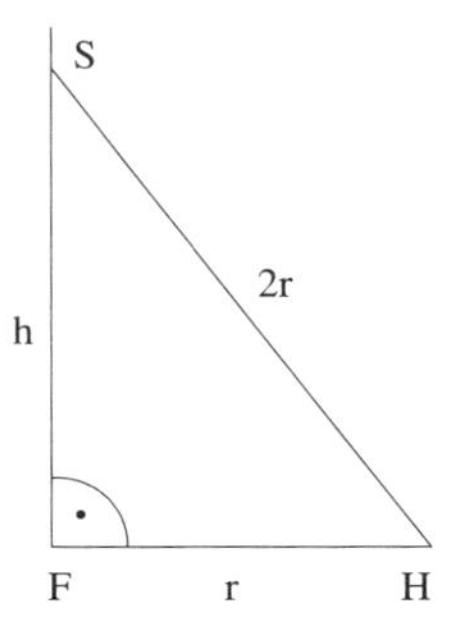

Im Dreieck FHS gilt mit dem Satz des Pythagoras:

$h^2 + r^2 = (2r)^2$

$h^2 = 4r^2 - r^2 = 3r^2 \Rightarrow h = r\sqrt{3}$

Die Grundfläche besteht aus sechs kongruenten gleichseitigen Dreiecken mit der Höhe r, d. h.

$r = \frac{s}{2}\sqrt{3} \Rightarrow s = \frac{2r}{\sqrt{3}} = \frac{2}{3} r\sqrt{3}$

Damit folgt für die Grundfläche G:

$G = 6 \cdot \frac{1}{2} \cdot \frac{2}{3} r\sqrt{3} \cdot r = 2r^2\sqrt{3}$

Das ergibt das folgende Volumen:

$V = \frac{1}{3} G \cdot h = \frac{1}{3} \cdot 2r^2\sqrt{3} \cdot r\sqrt{3} = 2r^3$

Die Oberfläche setzt sich aus der Grundfläche und den sechs Dreiecken, die die Mantelfläche bilden, zusammen:

$O = G + M = G + 6 \cdot A_\Delta = 2r^2\sqrt{3} + 6 \cdot \frac{1}{2} \cdot r \cdot 2r$

$= 2r^2\sqrt{3} + 6r^2 = r^2(2\sqrt{3} + 6) \approx 9{,}46\, r^2$

142. a) Nur Überlegungsfigur!

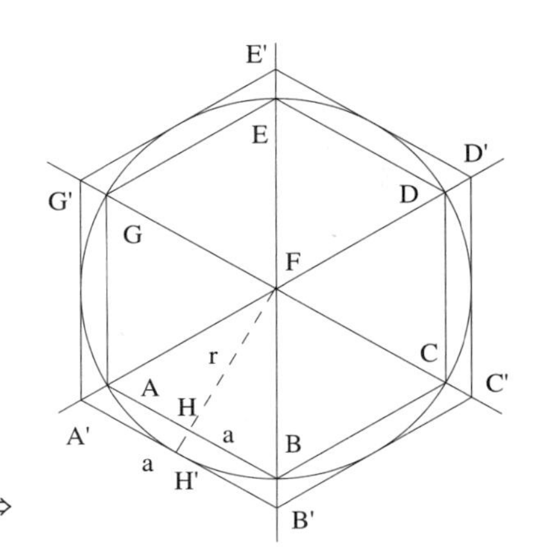

Die Bestimmungsdreiecke ABF und A'B'F' sind gleichseitige Dreiecke.

Inneres Sechseck:

$a = r, \ h = \frac{r}{2}\sqrt{3} \ \Rightarrow$

$G = 6 \cdot \frac{1}{2} a \cdot h = \frac{3}{2} r^2 \sqrt{3}$

Äußeres Sechseck:

$r \ = \ \frac{a'}{2}\sqrt{3}$ (Höhe im gleichseitigen Dreieck) $\Rightarrow$

$a' \ = \frac{2r}{\sqrt{3}} = \frac{2}{3} r\sqrt{3} \ \wedge \ h' = r \ \Rightarrow$

$G' = 6 \cdot \frac{1}{2} a' \cdot h' = 6 \cdot \frac{1}{2} \cdot \frac{2}{3} r\sqrt{3} \cdot r = 2r^2\sqrt{3}$

b) $V = \frac{1}{3} G \cdot h \ \wedge \ V' = \frac{1}{3} G' \cdot h \ \wedge \ h = r$

$$\frac{V}{V'} = \frac{\frac{1}{3} G \cdot h}{\frac{1}{3} G' \cdot h} = \frac{G}{G'} = \frac{6 \cdot \frac{r^2}{4}\sqrt{3}}{6 \cdot \frac{r^2}{3}\sqrt{3}} = 3 : 4$$

c) Nur Überlegungsfigur!

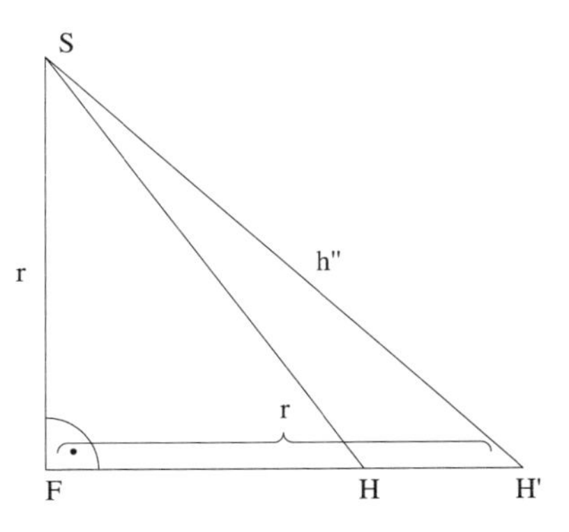

Für die Seitenflächenhöhe h'' gilt mit dem Satz von Pythagoras im Hilfsdreieck FH'S:

$h''^2 = r^2 + r^2 = 2r^2 \ \Rightarrow$

$h'' = r\sqrt{2}$

Das ergibt als Oberfläche der äußeren Pyramide:

$$\begin{aligned} O &= G' + 6 \cdot A_\Delta \\ &= 2r^2\sqrt{3} + 6 \cdot \frac{1}{2} \cdot \frac{2}{3} r\sqrt{3} \cdot r\sqrt{2} \\ &= 2r^2\sqrt{3} + 2r^2\sqrt{6} \\ &= 2r^2 \cdot (\sqrt{3} + \sqrt{6}) \approx 8{,}36 \cdot r^2 \end{aligned}$$

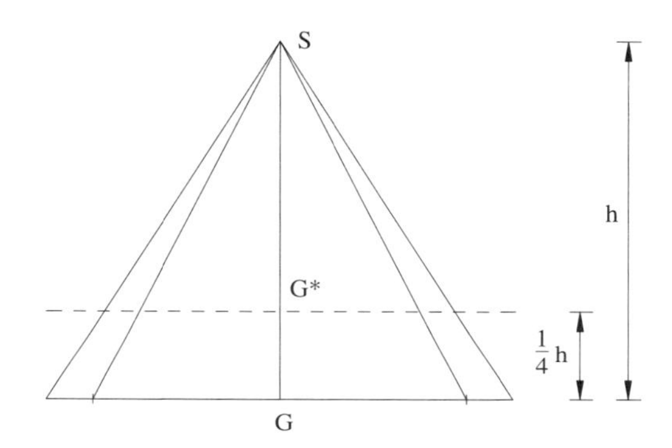

d) Nach dem Gesetz der zentrischen Streckung gilt:

$\frac{G^*}{G} = \left(\frac{3}{4}\right)^2 = \frac{9}{16} \Rightarrow$

$G^* = \frac{9}{16} \cdot G$

$= \frac{9}{16} \cdot \frac{3}{2} r^2 \sqrt{3}$

$= \frac{27}{32} r^2 \sqrt{3}$

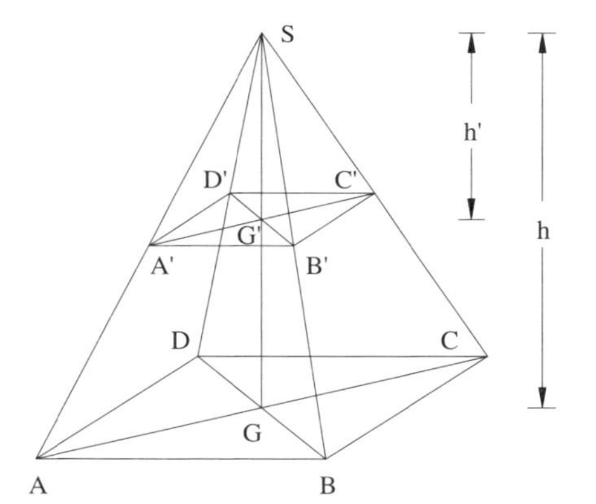

143. Fasst man S als das Zentrum einer zentrischen Streckung mit dem Faktor m auf, so gilt:
$h' = m \cdot h$ und $G' = m^2 \cdot G$

Für die Restpyramide gilt folglich:

$V' = \frac{1}{3} \cdot G' \cdot h'$

$= \frac{1}{3} m^2 \cdot G \cdot m \cdot h$

$= m^3 \cdot \frac{1}{3} G \cdot h = m^3 \cdot V$

Im Beispiel gilt für das Volumen der Restpyramide:
$V' = V - V_{St.} = 200 \text{ cm}^3 - 175 \text{ cm}^3 = 25 \text{ cm}^3 \Rightarrow$

$25 = m^3 \cdot 200 \Rightarrow m^3 = \frac{25}{200} = \frac{1}{8} \Rightarrow m = \frac{1}{2} \Rightarrow$

Die Pyramide muss in halber Höhe abgeschnitten werden.

144. a) Überlegungsfigur

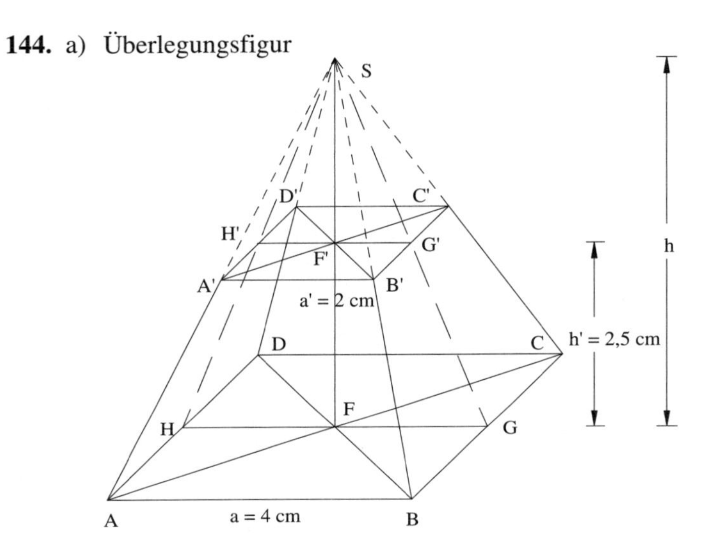

Darstellung in Grund- und Aufriss mit Schrägbild des Pyramidenstumpfes

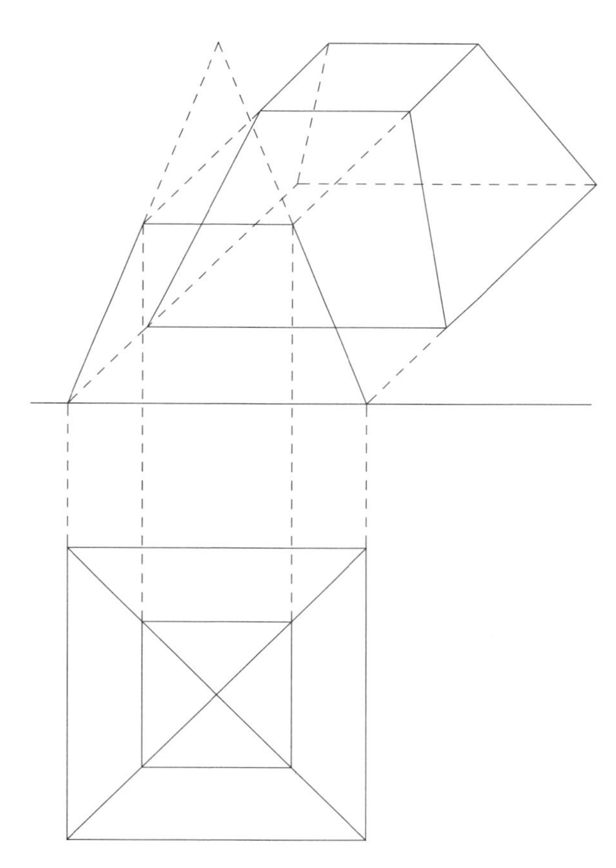

b) Aus dem Dreieck HGS der Überlegungsfigur kann man für den Abbildungsfaktor der zentrischen Streckung mit dem Zentrum S und dem Faktor m ablesen:
$h = m \cdot x \ \wedge \ G = m^2 \cdot G'$

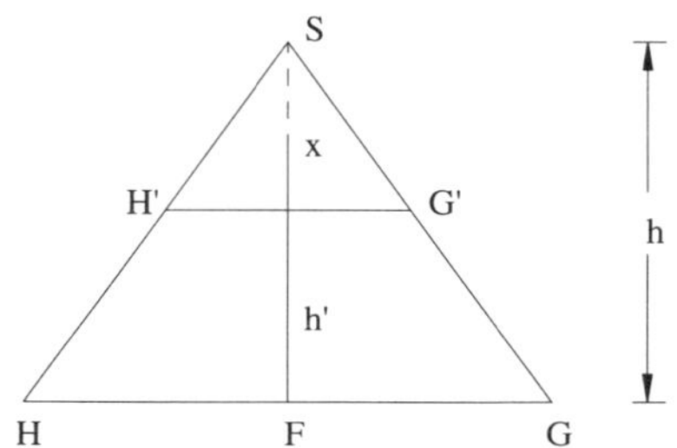

Wegen $G = a^2 = 16\ \text{cm}^2$ und $G' = a'^2 = 4\ \text{cm}^2$ folgt:

$m^2 = \frac{G}{G'} = \frac{16}{4} = 4 \Rightarrow m = m = \underset{(-)}{+}2 \Rightarrow h' = x = \frac{1}{2}h$

Die Abstände von der Spitze betragen 2,5 cm und 5 cm.

c) $V_{\text{Stumpf}} = V_{\text{ges}} - V_{\text{Spitze}} = \frac{1}{3}G \cdot h - \frac{1}{3}G' \cdot x$

$= \frac{1}{3} \cdot 16 \cdot 5 - \frac{1}{3} \cdot 4 \cdot 2{,}5 = \frac{80}{3} - \frac{10}{3} = \frac{70}{3}\ \text{cm}^3$

d) Die Länge der Seitenkante des Stumpfes ist die Hälfte der Länge der Seitenkante der Gesamtpyramide. Aus dem rechtwinkligen Dreieck FAS folgt mit dem Satz des Pythagoras:

$\overline{AS}^2 = \overline{AF}^2 + \overline{FS}^2 = \left(\frac{a}{2}\sqrt{2}\right)^2 + h^2 = 8 + 25 = 33 \Rightarrow$

$\overline{AS} = \sqrt{33}\ \text{cm} \Rightarrow \overline{AA'} = \frac{1}{2}\sqrt{33}\ \text{cm} \approx 2{,}87\ \text{cm}$

145. Überlegungsfigur!

Für das Volumen des Pyramidenstumpfes erhält man:

$V = \frac{1}{3}G \cdot (h + x) - \frac{1}{3}G' \cdot x$

$= \frac{1}{3}G \cdot h + \frac{1}{3}G \cdot x - \frac{1}{3}G' \cdot x$

$= \frac{1}{3}G \cdot h + \frac{1}{3} \cdot (G - G') \cdot x$

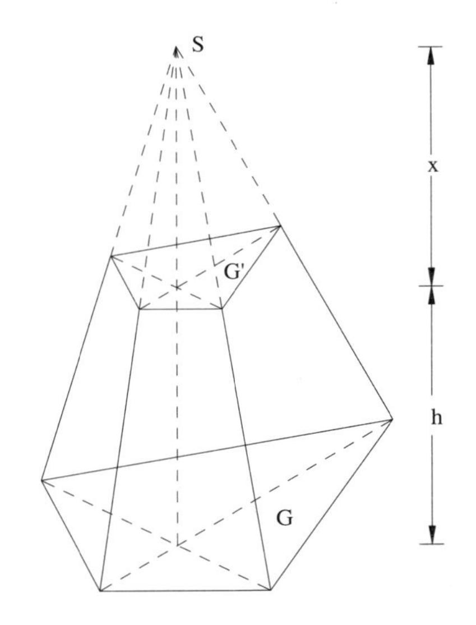

Aus den Gesetzen der zentrischen Streckung folgt:

$G : G' = (h + x)^2 : x^2 \Rightarrow \sqrt{G} : \sqrt{G'} = (h + x) : x$

$\Rightarrow \quad x \cdot \sqrt{G} = (h + x) \cdot \sqrt{G'} = h \cdot \sqrt{G'} + x \cdot \sqrt{G'}$

$\Rightarrow \quad x \cdot \sqrt{G} - x \cdot \sqrt{G'} = h \cdot \sqrt{G'}$

$\Rightarrow \quad x\,(\sqrt{G} - \sqrt{G'}) = h \cdot \sqrt{G'}$

$\Rightarrow \quad x = \frac{h \cdot \sqrt{G'}}{\sqrt{G} - \sqrt{G'}} \qquad \Big| \cdot \frac{\sqrt{G} + \sqrt{G'}}{\sqrt{G} + \sqrt{G'}}$

$\Rightarrow \quad x = \frac{h \cdot \sqrt{G'} \cdot (\sqrt{G} + \sqrt{G'})}{G - G'}$

Setzt man diesen Ausdruck für x in den obigen Ausdruck für V ein, so erhält man:

$V = \frac{1}{3} G \cdot h + \frac{1}{3} (G - G') \cdot \frac{h \cdot \sqrt{G'} \cdot (\sqrt{G} + \sqrt{G'})}{(G - G')}$

$= \frac{1}{3} G \cdot h + \frac{1}{3} h \cdot \sqrt{G'} (\sqrt{G} + \sqrt{G'})$

$= \frac{1}{3} G \cdot h + \frac{1}{3} h \cdot \sqrt{G' \cdot G} + \frac{1}{3} h \cdot G' = \frac{1}{3} h\,(G + \sqrt{G \cdot G'} + G') \Rightarrow$

$V_{Stumpf} = \frac{1}{3} h \cdot (G + \sqrt{G \cdot G'}) + G')$

146. a) Nur Überlegungsfigur!

Die Grundfläche ABC ist ein gleichseitiges Dreieck, dessen Schwerlinien gleich den Höhen sind. ($h = \frac{a}{2}\sqrt{3}$ im gleichseitigen Dreieck)

$\overline{BF} = \frac{2}{3}\,\overline{BM'} = \frac{2}{3} h = \frac{2}{3} \cdot \frac{a}{2} \sqrt{3}$

$= \frac{4}{3} \sqrt{3}$ cm $\approx 2{,}31$ cm

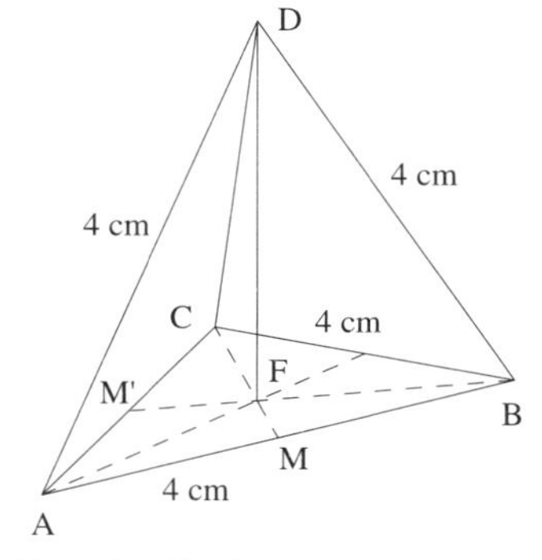

b) Im rechtwinkligen Dreieck BFD gilt der Satz des Pythagoras:

$h^2 + \overline{BF}^2 = a^2 \Rightarrow h^2 = a^2 - \overline{BF}^2 = 16 - \frac{16}{3} = \frac{32}{3} \Rightarrow$

$h = \sqrt{\frac{32}{3}}$ cm $\approx 3{,}27$ cm

c) Man konstruiert das Dreieck BFD in wahrer Größe.

Der gesuchte Winkel α ist eingezeichnet.

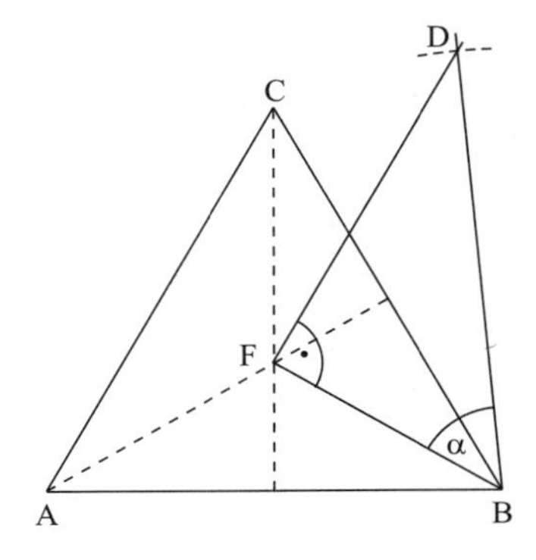

d) Das Dreieck M'FD wird in wahrer Größe konstruiert.

Der gesuchte Winkel β ist eingezeichnet.

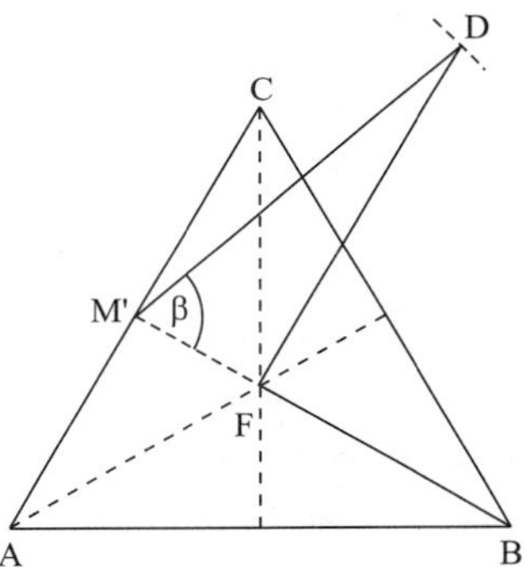

e) Fasst man A als Zentrum einer zentrischen Streckung mit dem Faktor m = 2 auf, wird ℓ auf h abgebildet, d. h.

$\ell = \frac{1}{2}\text{h} = 1{,}63$ cm.

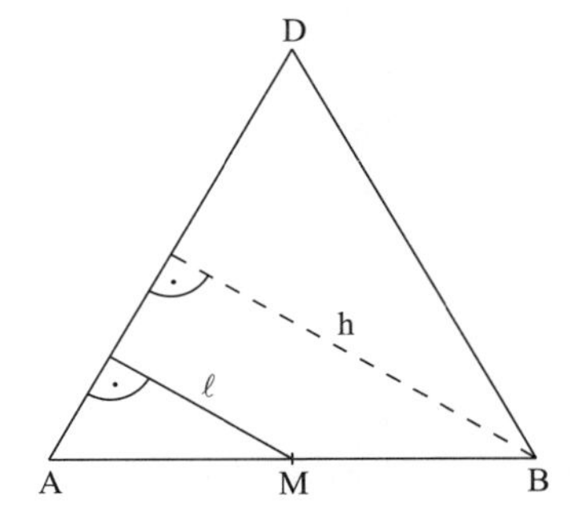

147. a) Nur Überlegungsfigur!

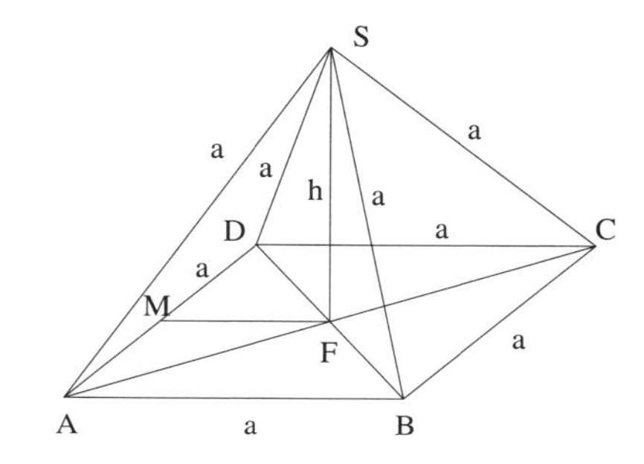

Im rechtwinkligen Dreieck AFS gilt der Satz des Pythagoras:

$\overline{AS}^2 = \overline{AF}^2 + h^2 \Rightarrow$

$h^2 = \overline{AS}^2 - \overline{AF}^2$

$= a^2 - \left(\frac{a}{2}\sqrt{2}\right)^2$

$= a^2 - \frac{1}{2}a^2 = \frac{1}{2}a^2 \Rightarrow$

$h = \frac{a}{2}\sqrt{2} \Rightarrow$

$V = \frac{1}{3} \cdot G \cdot h = \frac{1}{3} \cdot a^2 \cdot \frac{a}{2}\sqrt{2} = \frac{a^3}{6}\sqrt{2}$ oder

$V = \frac{1}{2} V_{\text{Oktaeder}} = \frac{1}{2} \cdot \frac{a^3}{3}\sqrt{2} = \frac{a^3}{6}\sqrt{2}$

$O = a^2 + 4 \cdot \frac{1}{2} a \cdot \frac{a}{2}\sqrt{3} = a^2 + a^2\sqrt{3}$
$= a^2(1 + \sqrt{3})$

b) $V = \frac{a^3}{6}\sqrt{2} = \frac{32}{3}\sqrt{2} \Rightarrow \frac{a^3}{6} = \frac{32}{3} \Rightarrow a^3 = 64 \Rightarrow a = 4$ cm

c) Das rechtwinklige Dreieck AFS in wahrer Größe gibt den Winkel ε.

Im Falle des halben Oktaeders gilt: ε = 45°

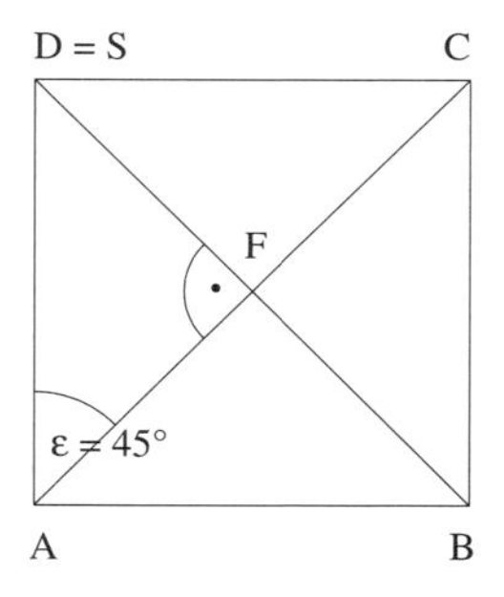

Das rechtwinklige Dreieck MFS in wahrer Größe gibt den Winkel φ.

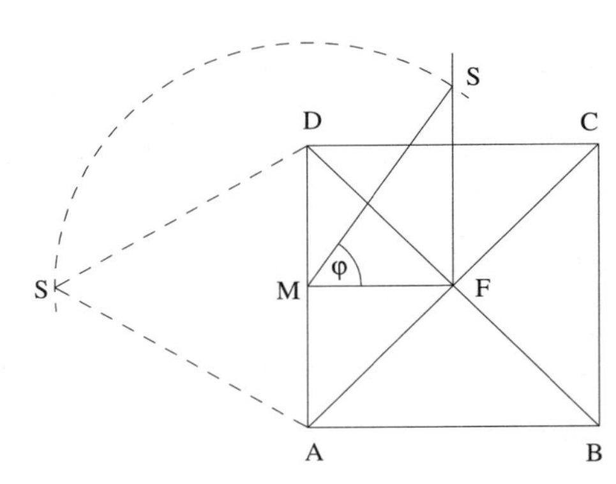

d) Der Faktor der zentrischen Streckung mit Zentrum S ist $m = \frac{1}{3}$.

$V' = m^3 \cdot V = \left(\frac{1}{3}\right)^3 \cdot V = \frac{1}{27} V$

ist das Volumen der Pyramide, die oben abgeschnitten wird.

$\Rightarrow \; V_{Stumpf} = V - \frac{1}{27} V = \frac{26}{27} V$

$\Rightarrow \; \frac{V'}{V} = \frac{1}{26} \;\; \Rightarrow \; V' : V = 1 : 26$

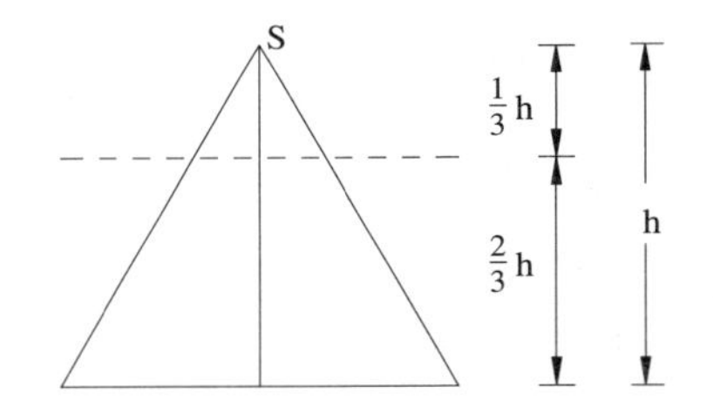

148. a) Nur Überlegungsfigur!

x' ist die Länge der Verbindungsstrecke zweier Seitenmitten.

Damit gilt $x' = \frac{1}{2} d$.

Für die Diagonale d gilt:

$d^2 = x^2 + x^2 = 2x^2 = 4a^2 \; \Rightarrow$

$d \; = 2a \; \Rightarrow$

$x' \; = a \, ; \;\; 2h = x = a\sqrt{2} \;\; \Rightarrow$

$V_{Okt} = \frac{a^3}{3}\sqrt{2}$

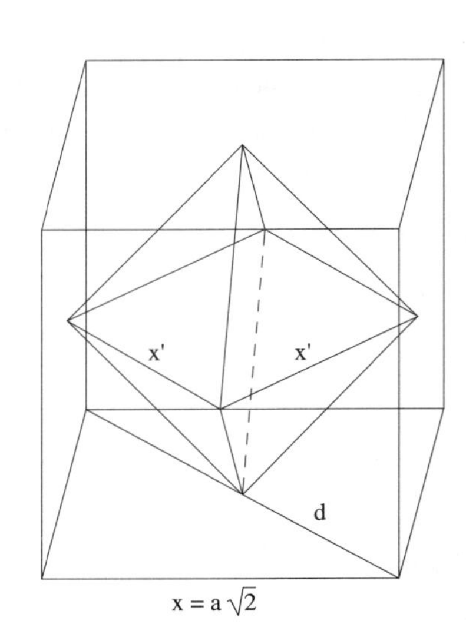

b) Für die Oberfläche des Oktaeders gilt:

$O_{Okt} = 2a^2 \sqrt{3}$

Für die Oberfläche des Würfels gilt:

$O_W = 6 \cdot x^2 = 12a^2 \Rightarrow \frac{O_{Okt}}{O_W} = \frac{2a^2\sqrt{3}}{12a^2} = \frac{\sqrt{3}}{6}$

149. Oberfläche Tetraeder mit der Kantenlänge x:

$O_{Tetr} = x^2 \sqrt{3}$

Oberfläche Oktaeder mit der Kantenlänge y:

$O_{Okt} = 2y^2 \sqrt{3}$

Es gilt:

$O_{Tetr} = O_{Okt} \Rightarrow x^2 \sqrt{3} = 2y^2 \sqrt{3} \Rightarrow x^2 = 2y^2 \Rightarrow$

$\frac{x^2}{y^2} = 2 \Rightarrow \frac{x}{y} = \sqrt{2} \Rightarrow x : y = \sqrt{2} : 1$

Die Kantenlängen verhalten sich wie $\sqrt{2} : 1$.

150.

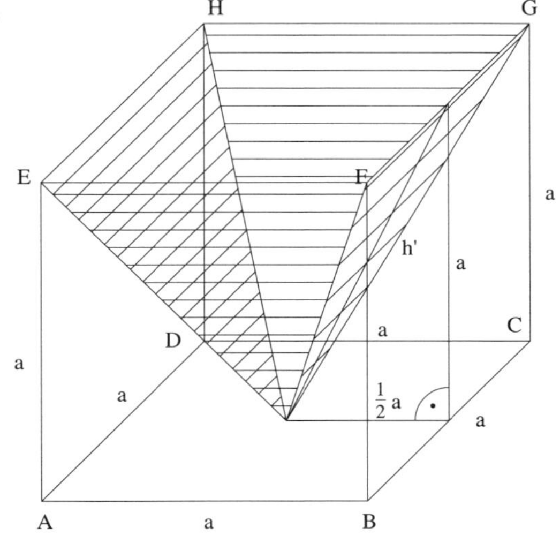

$V = V_{Würfel} - V_{Pyramide} = a^3 - \frac{1}{3} a^2 \cdot a = a^3 - \frac{1}{3} a^3 = \frac{2}{3} a^3$

$O = 5 \cdot A_{\square} + 4 \cdot A_{\Delta}$

Die Höhen der Dreiecke errechnen sich mit Hilfe des Satzes von Pythagoras:

$h'^2 = \left(\frac{1}{2} a\right)^2 + a^2 = \frac{1}{4} a^2 + a^2 = \frac{5}{4} a^2 \Rightarrow h' = \frac{a}{2}\sqrt{5} \Rightarrow$

$O = 5 \cdot a^2 + 4 \cdot \frac{1}{2} a \cdot \frac{a}{2}\sqrt{5} = 5 \cdot a^2 + a^2 \sqrt{5} == a^2 (5 + \sqrt{5}) \approx 7{,}24\ a^2$

Ihre Meinung ist uns wichtig!

Ihre Anregungen sind uns immer willkommen. Bitte informieren Sie uns mit diesem Schein über Ihre Verbesserungsvorschläge!

Titel-Nr.	Seite	Vorschlag

Bitte hier abtrennen

Zutreffendes bitte ankreuzen!

Die Absenderin/der Absender ist:

- ☐ Lehrer/in in den Klassenstufen: ______
- ☐ Fachbetreuer/in
  Fächer: ______
- ☐ Seminarlehrer/in
  Fächer: ______
- ☐ Regierungsfachberater/in
  Fächer: ______
- ☐ Oberstufenbetreuer/in
- ☐ Schulleiter/in
- ☐ Referendar/in, Termin 2. Staats-
  examen: ______
- ☐ Leiter/in Lehrerbibliothek
- ☐ Leiter/in Schülerbibliothek
- ☐ Sekretariat
- ☐ Eltern
- ☐ Schüler/in, Klasse: ______
- ☐ Sonstiges: ______

Unterrichtsfächer: **(Bei Lehrkräften!)**

STARK Verlag
Postfach 1852
85318 Freising

16-V1M

Bitte ausfüllen und im frankierten Umschlag
an uns einsenden. Für Fensterkuverts geeignet.

Kennen Sie Ihre Kundennummer?
Bitte hier eintragen.

Absender **(Bitte in Druckbuchstaben!)**

Name/Vorname

Straße/Nr.

PLZ/Ort

Telefon privat **Geburtsjahr**

E-Mail-Adresse

Schule/Schulstempel **(Bitte immer angeben!)**

(Bitte blättern Sie um)

Englisch Grundwissen

Englisch Grundwissen 5. Klasse
Bayern, Baden-Württemberg .... Best.-Nr. 90505
Englisch Grundwissen 5. Klasse .... Best.-Nr. 50505
Klassenarbeiten Englisch 5. Klasse mit CD ...... Best.-Nr. 905053
Englisch Grundwissen 6. Klasse
Bayern, Baden-Württemberg .... Best.-Nr. 90506
Englisch Grundwissen 6. Klasse .... Best.-Nr. 50506
Klassenarbeiten Englisch 6. Klasse mit CD ...... Best.-Nr. 905063
Englisch Grundwissen
1. Lernjahr als 2. Fremdsprache
Bayern, Baden-Württemberg .... Best.-Nr. 905052
Englisch Grundwissen
1. Lernjahr als 2. Fremdsprache .... Best.-Nr. 505052
Englisch Grundwissen
2. Lernjahr als 2. Fremdsprache
Bayern, Baden-Württemberg .... Best.-Nr. 905062
Englisch Grundwissen
2. Lernjahr als 2. Fremdsprache .... Best.-Nr. 505062
Englisch Grundwissen 7. Klasse .... Best.-Nr. 90507
Englisch Grundwissen 8. Klasse .... Best.-Nr. 90508
Englisch Grundwissen 9. Klasse .... Best.-Nr. 90509
Englisch Grundwissen 10. Klasse .... Best.-Nr. 90510
Englisch Übertritt in die Oberstufe .... Best.-Nr. 82453
Kompakt-Wissen Kurzgrammatik .... Best.-Nr. 90461

Englisch Textproduktion

Textproduktion 9./10. Klasse .... Best.-Nr. 90541

Englisch Leseverstehen

Leseverstehen 5. Klasse .... Best.-Nr. 90526
Leseverstehen 6. Klasse .... Best.-Nr. 90525
Leseverstehen 8. Klasse .... Best.-Nr. 90522
Leseverstehen 10. Klasse .... Best.-Nr. 90521

Englisch Hörverstehen

Hörverstehen 5. Klasse mit CD .... Best.-Nr. 90512
Hörverstehen 6. Klasse mit CD .... Best.-Nr. 90511
Hörverstehen 7. Klasse mit CD .... Best.-Nr. 90513
Hörverstehen 9. Klasse mit CD .... Best.-Nr. 90515
Hörverstehen 10. Klasse mit CD .... Best.-Nr. 80457

Englisch Rechtschreibung

Rechtschreibung und Diktat
5. Klasse mit 3 CDs .... Best.-Nr. 90531
Rechtschreibung und Diktat
6. Klasse mit CD .... Best.-Nr. 90532
Englische Rechtschreibung 9./10. Klasse ...... Best.-Nr. 80453

Englisch Wortschatzübung

Wortschatzübung 5. Klasse mit CD .... Best.-Nr. 90518
Wortschatzübung 6. Klasse mit CD .... Best.-Nr. 90519
Wortschatzübung Mittelstufe .... Best.-Nr. 90520

Englisch Übersetzung

Translation Practice 1 / ab 9. Klasse .... Best.-Nr. 80451
Translation Practice 2 / ab 10. Klasse .... Best.-Nr. 80452

Englisch: Zentrale Prüfungen

Jahrgangsstufentest Englisch
6. Klasse mit CD Gymnasium Bayern .... Best.-Nr. 954661
Zentrale Klassenarbeit Englisch mit CD
10. Klasse Gymnasium Baden-Württemberg Best.-Nr. 80456
Mittlerer Schulabschluss/Sek I
Mündliche Prüfung Englisch Brandenburg .... Best.-Nr. 121550
Besondere Leistungsfeststellung Englisch mit CD
10. Klasse Gymnasium Sachsen .... Best.-Nr. 1454601
Besondere Leistungsfeststellung Englisch
10. Klasse Gymnasium Thüringen .... Best.-Nr. 165461

Französisch

Rechtschreibung und Diktat 1./2. Lernjahr
mit 2 CDs .... Best.-Nr. 905501
Französisch im 2. Lernjahr .... Best.-Nr. 905503
Französisch im 3. Lernjahr .... Best.-Nr. 905504
Wortschatzübung Mittelstufe .... Best.-Nr. 94510
Kompakt-Wissen Kurzgrammatik .... Best.-Nr. 945011
Zentrale Klassenarbeit Französisch
10. Klasse Gymnasium Baden-Württemberg .. Best.-Nr. 80501

Latein

Latein I/II im 1. Lernjahr 5./6. Klasse G8 ...... Best.-Nr. 906051
Latein I/II im 2. Lernjahr 6./7. Klasse G8 ...... Best.-Nr. 906061
Latein I/II im 1. Lernjahr 5./7. Klasse G9 ...... Best.-Nr. 90605
Latein I – 6. Kl. Latein als 1. Fremdsprache G9 Best.-Nr. 90606
Latein II im 2. Lernjahr G9 .... Best.-Nr. 906082
Übersetzung im 1. Lektürejahr .... Best.-Nr. 906091
Wiederholung Grammatik .... Best.-Nr. 94601
Wortkunde .... Best.-Nr. 94603
Kompakt-Wissen Kurzgrammatik .... Best.-Nr. 906011

Geschichte

Kompakt-Wissen Geschichte
Unter-/Mittelstufe .... Best.-Nr. 907601

Biologie/Chemie

Besondere Leistungsfeststellung Biologie
10. Klasse Gymnasium Thüringen .... Best.-Nr. 165701
Besondere Leistungsfeststellung Chemie
10. Klasse Gymnasium Thüringen .... Best.-Nr. 165731
Chemie 8. Klasse Bayern .... Best.-Nr. 90731
Chemie – Mittelstufe 1 .... Best.-Nr. 80731

Ratgeber „Richtig Lernen"

Tipps und Lernstrategien – Unterstufe .... Best.-Nr. 10481
Tipps und Lernstrategien – Mittelstufe .... Best.-Nr. 10482

Bestellungen bitte direkt an: STARK Verlagsgesellschaft mbH & Co. KG
Postfach 1852 · 85318 Freising · Tel: 08161 / 179-0 · FAX: 08161 / 179-51
Internet: www.stark-verlag.de · E-Mail: info@stark-verlag.de

16-V1M